1+X 职业技能等级证书家庭理财规划配套教材

家庭理财规划（初级）

主　编　李　洁　张　然

副主编　蒋洪平　吴书新　曾凡华　翟瑞卿
　　　　秦国炜　蒋丽鸿　韩　乐

西安电子科技大学出版社

内 容 简 介

本书为家庭理财规划的入门教材。全书以任务驱动为主线，围绕国家政策、金融基础知识、国内金融机构及常见的理财产品进行项目任务设计，从理财从业人员的角度出发，讲解了理财从业人员的从业基本要求以及如何为客户出具理财规划方案，包括客户关系的建立、客户信息的整理与分析、理财方案启动、理财方案执行及后续跟踪等。

本书理论与实践相结合，紧密结合我国金融市场发展情况和人民生活收入水平，由浅入深地对家庭理财规划设计进行讲解，内容实用，语言精练、通俗易懂，适用于家庭理财规划的初学者，使其能够清楚地为客户介绍服务内容，撰写家庭理财规划书并协助其签署合同。

图书在版编目(CIP)数据

家庭理财规划：初级 / 李洁，张然主编. —西安：西安电子科技大学出版社，2021.12
(2023.6 重印)
ISBN 978-7-5606-6235-0

Ⅰ. ①家… Ⅱ. ①李… ②张… Ⅲ. ①家庭管理—财务管理—教材 Ⅳ. ①TS976.15

中国版本图书馆 CIP 数据核字(2021)第 209965 号

策　　划　毛红兵　刘玉芳
责任编辑　刘玉芳　王芳子
出版发行　西安电子科技大学出版社(西安市太白南路 2 号)
电　　话　(029)88202421　88201467　　邮　　编　710071
网　　址　www.xduph.com　　电子邮箱　xdupfxb001@163.com
经　　销　新华书店
印刷单位　陕西天意印务有限责任公司
版　　次　2021 年 12 月第 1 版　　2023 年 6 月第 2 次印刷
开　　本　787 毫米×1092 毫米　1/16　印　张　20.5
字　　数　481 千字
印　　数　3001～5000 册
定　　价　58.00 元
ISBN 978-7-5606-6235-0/TS
XDUP 6537001-2

序

党的十九大报告对新时代中国经济社会发展做出了两个重要论断，即社会主要矛盾的转化和发展阶段的转换。中国特色社会主义进入新时代，我国社会主要矛盾已经转化为人民日益增长的美好生活需要和不平衡不充分的发展之间的矛盾。中国经济发展已进入换挡升级的中高速增长时期，要支撑经济社会持续、健康发展，就必须推动中国经济向全球产业价值链中高端升级，要实现这一目标，需要大批的技能人才作支撑。

我国近期出台的一系列职教改革措施中，都将1+X证书制度试点作为重要任务。国家发展改革委、教育部印发的《建设产教融合型企业实施办法(试行)》中将承担实施1+X证书制度试点任务作为产教融合型企业建设的重要任务。教育部、财政部《关于实施中国特色高水平高职学校和专业建设计划的意见》也将深化复合型技术技能人才培养培训模式改革，率先开展“学历证书+若干职业技能等级证书”制度试点作为“双高计划”的重要改革发展任务。

针对理财行业，从人才供给端分析，1+X证书试点工作可以依托《国家职业教育改革实施方案》的要求，在职业院校开展家庭理财规划1+X课程体系建设，面向的学生可以在获得学历证书的同时，通过取得家庭理财规划职业技能等级证书，夯实可持续发展基础，拓展就业创业本领，拓宽职业持续成长通道。从市场需求端出发，《2021中国财富私人报告》显示，2020年中国个人可投资资产总规模达241万亿人民币，2018—2020年年均复合增长率为13%；预计到2021年年底，可投资资产总规模将达268万亿人民币，对家庭综合资产配置、理财规划的需求会更加强劲。

平安国际智慧城市科技股份有限公司(以下简称“平安智慧城市”)是平安集团旗下专注于新型智慧城市建设的科技公司，着力为职业教育打造出“知鸟”智能培训一体化平台(以下简称“知鸟平台”)。知鸟平台通过AI+培训创新，推出七大AI引擎，为政府、企业提供智能化职业教育培训整体解决方案，同时向个人提供终身学习服务。基于平安集团的综合金融能力、强大的科技实力、庞大的内容资源和丰富的金融行业经验，知鸟平台作为智能培训组织，可基于教育培训及行业培训的经验，根据职业成长案例完成对应行业岗位画像，绘制智能学习地图，为学员提供有针对性的职业规划和岗位学习地图，精准推荐学考内容，全面赋能职业教育和成人教育。

平安智慧城市于2020年6月参与1+X证书制度第四批试点，经批准加入职业教育培训评价组织以及职业技能等级证书名单，获批的职业技能培养方向为“家庭理财规划”。此认证是面向家庭理财规划从业人员职业能力水平认证的考核体系，用于评价家庭理财规划从业人员对金融资产合理运用、风险管理、节税设计和财产及财产传承设计等知识的掌握程度，以及运用家庭理财的方法和工具为用户制订切合实际的、具有可操作性的财务方案的能力。

本课程体系紧紧围绕“以行业及市场需求为导向，以职业专业能力为核心”的理念，力求还原家庭理财规划应用场景，采用项目任务加应用实践的方式突出体现职业特点，按照育训结合、长短结合、内外结合的要求，开展高质量职业培训，以满足家庭理财规划职业技能培训与鉴定考核的需要，解决课堂理论知识与行业应用场景脱节的问题。本系列课程致力于打通学历教育和职业培训之间的隔阂，为我国建设社会主义现代化强国源源不断地输送经得起时代考验的“大国工匠”。

本书是该课程体系的初级教材，融入了符合新时代特色社会主义的新政策、新需求、新信息、新方法，以培养可满足家庭理财规划职业需求的技能人才为目标，采用项目化教学法编写，追求与相关岗位的无缝对接。本书共设八个项目，每个项目的内容都与家庭理财规划岗位的实际工作要求有机结合，以项目为载体，循序渐进地设置若干任务，便于教学过程中以任务为驱动引导学生发挥主体作用，在充分掌握理论知识、具备独立思考能力后才能完成任务。另外，每个项目均设置了 1～2 个具有实践性、自主性、发展性、综合性、开放性的实战演练项目，通过完成实战演练项目可帮助学生整理该项目中所要学习的知识内容，引导学生将理论知识进行实操运用并深度掌握，培养举一反三的能力，最终达到能够响应客户需求的效果。同时，在此过程中还能帮助学生建立团队意识，增强表达能力，树立榜样力量。

本书精心设计为多点思考式，思考点贯穿于每个任务解析中，通过能力拓展训练让学生在场景角色转换中进行代入式思考。通过本书的学习，学生能够对家庭理财行业的概况有所了解，对所面对的客户需求有所认知，做好相应的知识技能准备，继而搭建对家庭理财规划工作流程步骤的基本架构，最终能够根据客户层次完成较为全面的理财规划报告撰写，以及跟踪理财规划方案的实施。

本书的编写团队教师均为“双师型”教师。本书以任务为引导，配合项目式教学方法，将大量实景化、具象化的案例及实践引入教学过程，为课程带来市场一线的新思路、新产品，弥补传统课程教材在专业实践经验方面的缺陷，让学生把所学知识运用到生活中，同时注重引导学生的创新能力和创新思维，以提高教学质量，更好地贯彻以就业为导向的职业教育教学理念，提高学生的职业能力，促进就业创业，引领行业发展方向，服务新产能、新业态。

2021.9.14

1+X 职业技能等级证书（家庭理财规划）配套教材

编委会名单

刘元发　长沙民政职业技术学院
吕清泉　广西生态工程职业技术学院
吕彦霏　智赢未来教育科技有限公司
吕　勇　北京经济管理职业学院
年　艳　义乌工商职业技术学院
蒲林霞　成都职业技术学院
宋　芬　烟台职业学院
王　超　四川财经职业学院
王大友　长沙商贸旅游职业技术学院
王惠凌　重庆城市管理职业学院
吴庆念　浙江经济职业技术学院
吴书新　河北师范大学汇华学院
吴　双　天津城市职业学院
肖欢明　浙江商业职业技术学院
徐　然　江苏商贸职业学院
杨小兰　重庆财经职业学院
袁金宇　山东外贸职业学院
张春辉　北京电子科技职业学院
张　宁　平安国际智慧城市科技股份有限公司
张显未　深圳职业技术学院
赵根宏　深圳信息职业技术学院
赵红梅　天津商务职业学院
钟小平　上海中侨职业技术大学
朱春玲　青岛职业技术学院
朱　江　江苏财经职业技术学院
左　莉　山东电子职业技术学院

前　言

随着社会经济的发展，居民收入水平逐渐提高，居民受教育程度明显提高，理财概念不再停留在银行储蓄阶段，规划家庭财富、提升家庭管理水平的意识逐渐形成，人们希望能够通过理财产品投资和理财工具的运用实现资产源源不断增值，实现家庭基本保障和保值增值需求。同时，金融行业迅速发展，市场规模不断扩大，逐渐成为最热门的行业。尤其是近几年来，中国金融市场正在走向国际化，对专业性人才的需求迫切，理财行业市场急需资深、专业的理财规划师。

本书为家庭理财规划提供指导，帮助即将步入和刚刚步入理财行业的从业者熟悉理财规划的内容，为进一步的深入学习奠定基础。

一、本书特点

本书以为客户出具家庭理财规划方案为主线，通过理论与实践相结合的方式，详细地介绍家庭理财从业人员需具备的职业道德和职业技能，以及如何出具理财规划书，涉及多个金融知识应用技能，主要包括资金时间价值利率的计算、金融理财产品的收益与风险分析、家庭资产负债表和家庭收支表的编制、家庭财务数据的计算与分析、理财规划方案的设计、理财规划书的编写及方案的执行和跟踪等。全书知识点讲解详尽，有利于在提高学生实际应用水平和项目能力的同时，加深其对理论知识的掌握，并在便于教师教学、学生理解的同时，还保持一定的知识深度。

本书结构条理清晰、内容详细，每个项目都通过项目概述、项目背景、项目演示、思维导图、思政聚焦、教学目标、任务内容(包括任务描述、任务解析、能力拓展)、实战演练等模块进行相应知识的讲解。其中，项目概述对本项目的学习内容进行简单介绍；项目背景模拟技能的实际应用情景引入学习的主要内容；项目演示运用实例串联整个项目的学习内容；思维导图清楚地展示了本项目的学习脉络；思政聚焦对本项目学习的思想高度进行要求；教学目标对本项目内各知识点的掌握情况和能力目标提出要求；任务内容中的任务描述对当前任务的实现进行概述，任务解析对当前任务进行具体的讲解，能力拓展对当前任务进行思考与补充，实战演练通过实际案例分析实现对所学知识即学即用。

本书充分依托现代教育技术手段，以“融合”“共享”“互动”为特色，注重专业教学内容与职业能力培养的有效对接，很好地解决了学与练、练与用的难题；同时，通过信息化、数字化方式，使用PPT课件资源帮助学生梳理项目知识点，运用二维码建立数字资源链接，将教学视频、音频、互动游戏等多媒体资源呈现给学生，寓教于乐，有效激发学生的学习兴趣。

二、本书主要内容

本书共设八个项目。

项目一详细介绍了理财及理财行业，包括建立财商思维，理财行业的发展情况及人才需求、岗位设置情况，我国理财行业的监管制度体系和从事理财行业需具备的职业道德等内容。

项目二详细介绍了资金时间价值及其应用，包括认识资金时间价值，计算资金时间价值以及资金时间价值在家庭理财规划中的应用等内容。

项目三详细介绍了理财从业人员应有的信息素养，包括认识信息及经济信息，如何培养理财从业人员应具备的信息素养，家庭理财规划工作中应关注收集理财相关信息等内容。

项目四详细介绍了金融理财产品及工具，包括掌握金融基础知识，辨别理财产品及工具的分类，运用家庭理财产品及工具满足不同层次的家庭理财需求等内容。

项目五详细介绍了理财规划的基本知识，包括概览家庭理财规划，在家庭理财规划设计中灵活应用理财投资定律，从不同角度体会家庭理财规划流程等。

项目六详细介绍了家庭理财规划工作准备，包括建立客户关系、关注客户的财务及非财务信息等内容。

项目七详细介绍了正式启动家庭理财规划工作，包括初步形成家庭理财规划方案，正式出具家庭理财规划书等内容。

项目八详细介绍了理财规划方案执行与跟踪，包括签署家庭理财规划方案合同，执行家庭理财规划方案，跟踪家庭理财规划方案的执行等内容。

本书编写团队的教师均为“双师型”教师，他们结合各自的行业经验和教学能力编写了本书。平安国际智慧城市科技股份有限公司张然负责确定各项目目标及项目架构；陕西职业技术学院李洁确定本书的指导思想并负责编写项目一、项目三、项目四；河北机电职业技术学院蒋洪平负责编写本书的项目二、项目六；河北师范大学汇华学院吴书新负责编写本书的项目五、项目七、项目八。

编写组其他成员对本书的编写及出版都给予了大力支持，名单如下：

深圳职业技术学院　　　　　　　　曾凡华
山东劳动职业技术学院　　　　　　翟瑞卿
平安国际智慧城市科技股份有限公司　秦国炜
重庆工程职业技术学院　　　　　　蒋丽鸿
智赢未来教育科技有限公司　　　　韩　乐

由于时间仓促，编者水平有限，书中难免有疏漏和不当之处，敬请广大学习者提出批评意见。

编　者
2021.8

目　　录

项目一

认识理财及理财行业

项目概述

本项目旨在让学生建立财商思维，熟悉理财及理财行业，了解理财行业监管及从业人员的职业道德等，让学生学习财富和财商，提升财商思维，认识理财及理财行业的概况，探索理财行业的发展，了解行业人才的需求，熟悉我国理财业务的监管制度体系、理财人员职业道德要求，帮助未来迈入理财行业的人员为今后从事理财行业工作奠定基础。

项目背景

2020年12月初，中国银行业协会与清华大学五道口金融学院联合发布《中国私人银行发展报告暨中国财富管理行业风险管理白皮书(2020)》，如图1-1所示。

图1-1　中国财富管理行业风险管理白皮书

这是中国银行业协会连续第二年发布私人银行行业发展报告，该报告可作为观测个人及家庭理财情况的重要参考。表 1-1 对各银行的私人银行管理资产规模做出了统计。

表 1-1　各银行私人银行管理资产规模

银行名称	开业时间/年	资产管理规模/亿元		私人银行客户数/人	
		2019 年	同比增速	2019 年	同比增速
招商银行	2007	27,237	12%	154,742	11%
中国银行	2007	19,720	31%	136,666	11%
工商银行	2008	19,720	12%	136,666	12%
建设银行	2008	15,093	12%	142,739	12%
农业银行	2009	14,040	17%	123,333	25%
平安银行	2013	7,339	46%	43,800	55%
交通银行	2013	6,092	14%	47,191	15%
中信银行	2007	5,651	24%	41,918	16%
兴业银行	2011	5,292	31%	40,191	24%
民生银行	2008	4,687	14%	31,338	13%
浦发银行	2011	4,500	9%	30,800	4%
光大银行	2011	3,737	15%	32,207	17%
华夏银行	2013	1,618	20%	9,847	17%
浙商银行	2015	1,235	25%	8,480	20%
广发银行	2013	1,085	21%	9,084	21%
北京银行	2011	1,076	11%	8,582	5%
邮储银行	尚未设立私行部	1,070	20%	9,813	18%

在全球疫情的大背景下，2020 年中国 GDP 实际增速 2.3%，成为全球唯一实现经济正增长的经济体，呈现出强大的韧性和复苏能力。这一年中，财富市场的表现基本上未受到疫情影响，资产管理规模仍在持续扩大。2018 年至 2019 年宏观经济增速放缓，我国私人银行业却仍呈现出蓬勃的发展态势。

如图 1-2 所示，2018 年至 2019 年间中资私人银行的总体资产管理规模从 12.20 万亿元增至 14.12 万亿元，增长率达 15.74%。私人银行客户数从 86.69 万人增至 103.14 万人，增长率达 18.98%。2019 年年底，中国高净值人群较上一年增长近 6.45%，总量达到 132 万人，银行理财总规模增长 5.98%，达到 23.40 万亿元。我国的个人财富增长已成为带动亚太区乃至全球个人财富增长的有力引擎。随着人们投资理念的日趋成熟，投资者的财富管理除了在增值方向有所需求外，还在财富传承方面有所凸显，2020 年中国高净值人群中超过 78%的人群已经准备运用家庭理财规划做出资产传承安排。

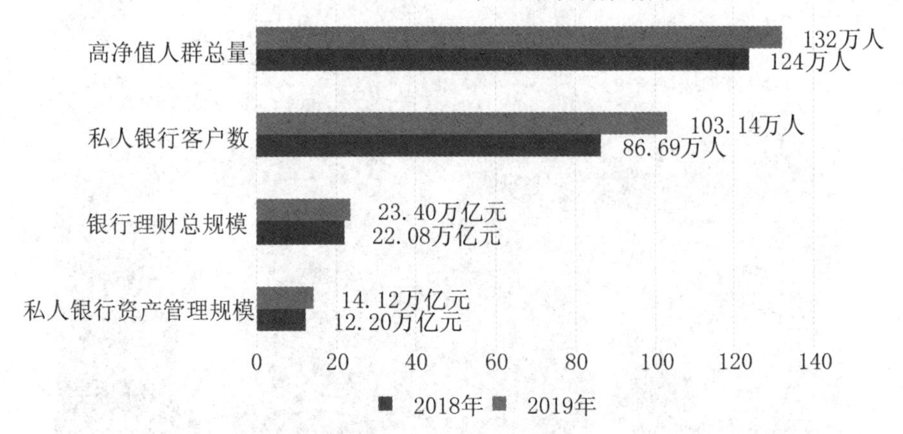

图 1-2　2018 年至 2019 年理财市场数据增长图

理财规划师拥有专业的信息数据收集渠道，可以为客群节约收集理财金融相关信息的时间及精力。客户在理财规划师的专业服务和协助下可实现财富增值和传承，避免了因自身金融专业能力不足而导致的投资损失。

项目演示

某职业技术学院的商学院与甲金融机构开展校企合作(见图 1-3)，共同培养金融理财行业人才。

①张院长，我公司想在您学校招聘3名实习生，主要负责接待和引导客户，您有推荐的学生吗？
②好的，欢迎您公司过来招聘。这几个学生都不错，我再让他们巩固一下理财知识，后期参加您公司的面试。
金融机构经理
商学院张院长

图 1-3　校企合作

商学院的张院长和甲金融机构的经理进行谈话沟通之后，开始对商学院的学生进行宣讲(见图 1-4)。

图 1-4　宣讲

学生小琪听到张院长公布的实习面试消息后，非常想把握这次机会，所以制订了回顾理财知识的学习计划，计划流程如图 1-5 所示。

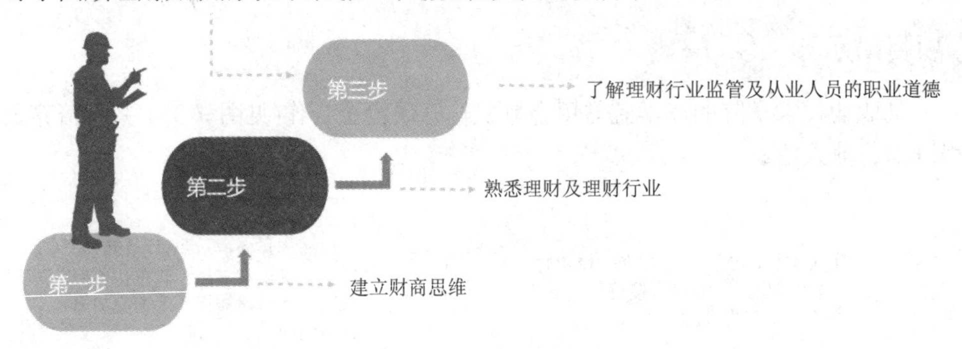

图 1-5　学习计划

思维导图

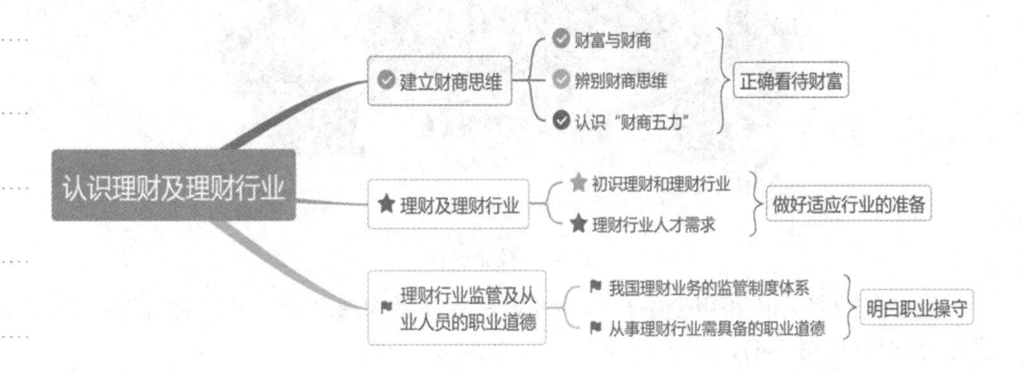

思政聚焦

理财从业人员应熟悉行业的法律法规及要求，把好“合法合规”关；同时还需要具备与职业相匹配的职业操守、职业道德素质；要认真对待客户的风险承受能力调研结果，设计与之匹配的理财规划。理财从业人员不能因一己私利推荐与客户实际需求不一致的产品。比如因为某产品业务提奖高、分配任务多或对本岗位的业绩指标有要求就违背理财从业人员的职业操守，向客户推荐或配置偏离其实际情况的理财产品及工具。

教学目标

知识目标

◎了解财富生态系统和高财商的具体反映。

◎熟悉理财行业的现状及适用的法律法规。

◎掌握理财从业人员就业岗位应具备的素质及职业操守。

能力目标

◎培养“财商五力”，向“富人思维”靠近。

◎具备理财行业岗位要求的基本素质。

学习重点

◎掌握理财行业的现状及需求，做好适应行业的准备。

◎对照理财相关法律法规和理财从业人员的职业道德要求建立目标。

任务1 建立财商思维

【任务描述】

- 理解财富与财商。
- 辨别两种财商思维。
- 清楚“财商”的提升方向。

任务解析1 理解财富与财商

一、财富生态系统

提到财富，人们脑海里第一时间会将它与金钱、资金、财产、资产等词挂钩，有时还会认为“金钱就是财富”“财富就是金钱”。其实在人的一生中，财富是一个生态系统，它包含了非常多的因素，从身体健康、亲情家庭、婚姻事业到人际关系、金钱资产、知识心态等，每一样都值得重视，值得花时间去创造和维护。

为什么有那么多人为了追求金钱而忽略其他财富呢？其实并不是大家认为其他方面不重要，而是无法将不同的财富进行相互转换。

如图1-6所示，人类的财富是一个生态系统，健康的身体是首要的，它是开展事业的本钱，又是幸福家庭的保障。幸福的家庭能让爱情升华，给事业增加动力；保持良好的心态可以创造良好的人际关系，还可以成就成功的事业，进而创造金钱财富和荣誉；个人通过不断学习，增加知识，将学习的知识融入生活的方方面面后能够造就个人超强的竞争力，为事业成功和家庭幸福保驾护航。

图1-6 人类财富的生态系统

可见，人类财富生态系统中的各要素之间会相互作用、相互影响。财富生态系统中的每个要素也都非常关键，需要平衡重视、均衡发展，否则任何一个要素出了问题都将影响到其他财富要素，破坏整个财富生态系统的完整度。所以，在对财富的管理过程中，不能一味地将目光聚焦于追求金钱而忽略其他方面，这将导致其他财富的不断流失。

二、财商

财商是指人认识和驾驭金钱的能力，是体现在财务方面的智力，即理财的智慧。它最早由美国作家兼企业家罗伯特·清崎在其著作《富爸爸，穷爸爸》(见图1-7)中提出。

图 1-7　课外读物《富爸爸，穷爸爸》

书中，作者以亲身经历的财富故事展示了低财商的“穷爸爸”和高财商的“富爸爸”之间截然不同的财富观，通过他们对金钱及金钱规律的不同认识和应用，展现两者之间的财商水平差异。一个人的财商处于怎样的水平会通过人的财富观念、财富素养、财富创造能力三个方面反映出来。

(一) 财富观念

财富观念是指人对于财富的基本看法与观点，是创造财富的动力基础。财富观念包含人们怎样认识和使用金钱及对待金钱的态度，是人们对如何获取财富的认知。没有正确的财富观念很难赚取更多的钱，即使幸运赚到了也很难持续保持财富增长。

所谓“君子爱财，取之有道”，拥有正确财富观念的人会认识到天上不会掉馅饼，财富和金钱需要通过个人的努力和奋斗拼搏去获得。在有了财富和金钱后要善于使用、从容驾驭，而不是被它左右。要努力成为财富的真正主人，使它创造更大的价值。

(二) 财富素养

财富素养是人在积累财富过程中必须具备的素质，是实现财富自由的基础保障。拥有较高财富素养的人知道财富的积累需要依靠勤奋、节俭、诚实、坚持等优秀的个人品质与良好的素养才能实现，他们会主动摒弃不切实际的暴富想法，避免投机取巧的行为，否则只会弄巧成拙。

(三) 财富创造能力

财富创造能力是人充分发挥主观能动性实现财富增值的能力。拥有财富创造能力的人可以认清自己的优劣势，分辨市场、经济和环境等因素的变化，探明哪些变化会在未来致使自身陷入困境，哪些因素能使个人财富实现积累增值，既不会盲目地挥金如土，也不会谨慎地毫无作为，而是有策略地进行财富创造。

任务解析 2　辨别两种财商思维

财商思维是指人在正确认识财商内涵的基础上研究如何创造和运用金钱，使之为人们服务的一种思维方式。具有财商思维的人能够认识到财商思维对个人生存、生活的重要性，努力提高自身对财富的认知能力，正确培养自身财富素养，加强自身的财富创造能力，以“高财商”人群为榜样并向其靠近。

在具有财商思维的人的财富观念里，学会运用各种工具，研究并掌握如何实现财务自由的方法是永无止境的目标，而金钱只是结果。他们意识到能够越早具有财商思维越有利于促进“高财商”的养成，越早正确认识金钱及金钱定律越有助于自身理财能力与创富能力的提高。当一个人具备了正确的财富观念、较好的财富素养以及一定的财富创造能力时，财商思维就得到深化。

课外链接：金钱定律

金钱定律是指一些关于金钱的普遍被人们认同的正确观点。

金钱是慢慢流向那些愿意理财的人，它会留在懂得珍惜它的人身边，从那些不懂得理财的人身边溜走；金钱并不会理会那些急于求成的人。

财商思维说起来抽象，但是在人们对待财富的具体行为中可见端倪。当对财富的认知处于较低水平时，往往会对金钱非常渴求、急功近利，但是却只想象未来总有一天会拥有财富，而从不付诸行动去创造现金流。他们在对自身财富水平不满意的时候不是主动学习、求进步、求改变，而是怨天尤人，自认命运不济。同时，还有些人会歪曲“勤俭节约”的美德，一味地通过压缩生活成本、降低生活品质去实现“节流”，以为能够实现财富跃升，而不去考虑怎样才能增加收入，实现“开源”，尽快完成财富的原始积累。当遇到困难或失败的时候，不反思、

不改变，会不断为自身找理由、找借口，通过自我安慰的方式消极面对。以上这些具体表现都反映了低水平的财商思维，如果一直不改变就会始终处于较低的财富水平。可以将以上具有这些表现的人群思维形容为“消极思维”。

与上述思维不同，还有一些人会通过对宏观趋势的判断，以及对生活的观察去谋划、选择未来的财富增值路径和目标。他们有了想法就会积极主动去实施、实现。对于这些人而言，命运掌握在自己手中，现在的财富只是人生的初始牌面，他们相信通过每天学习、不断挑战、步步为营就可以改变现在的困境。他们通过不懈努力增强“开源”能力，通过多种方式增加收入。他们非常珍惜过往的经历，在遭遇失败后，会认真分析失败的原因并寻找通向成功的方法；在获得成功后，会复盘推演事件，找寻复制成功的逻辑与模型。这些具体表现都是财商思维处于高水平的反映，他们即便现阶段财富水平不高，但是财富总量会随着时间的推移稳步上行。这类人群的财商思维可以形容为“积极思维”。

由此可见，“消极思维”与“积极思维”并不在于现阶段财富的多少，而在于对待金钱、财富、人生的思维方式的差异。思维方式的差异将直接引导行为表现，具体表现如图 1-8 所示。

消极思维	积极思维
目光短浅　急功近利 功利和急躁会使人丧失头脑的清醒，导致在致富过程中屡屡为自己的草率买单。	**深谋远虑　促进成功** 积极的人往往能够理性面对财富，稳步实现财富的不断增长。
幻想多于行动 常常停留在幻想中，或者有一些行动，但遇到困难问题的时候常常退缩。	**勤于行动** 崇尚“不行动就不会成功”的理念。是梦想就去实现，有目标就去达成。
怨天尤人 把贫穷归于命运的不公，否定自己的学习能力。用借口来安慰自己，说自己这里没有天赋那里没有条件。 安于现状，贪图安逸。	**改变命运** 认为贫富主要在于自身的努力，如果不努力，财富就会流失以至于消失。 敢于挑战自我，超越自我，勇敢地走出舒适区。
注重“节流” 靠省钱来增加财富。 如：少一些购物，少一些生活支出，少一些朋友聚会等。	**注重“开源”** 靠赚钱来增加财富。 如：扩大企业规模，增加销售规模，拓展理财渠道等。
为失败找借口 面对失败的时候常常找客观理由为自己开脱，然后心安理得地接受失败。	**为成功找方法** 全面分析问题的原因，并努力寻找解决问题、通往成功的方法。

图 1-8　两种思维的不同行为表现

任务解析3 认识“财商五力”

要成为具有高财商的人，应以“财商五力”为抓手开启财商培养之路。这五力分别为学习力、趋势力、杠杆力、选择力、心态力，如图1-9所示。

- 学习力：从无到有，用心学习
- 趋势力：把握趋势，事半功倍
- 杠杆力：适度运用，杠杆增效
- 选择力：准确判断，敢于抉择
- 心态力：良好心态，理性应对

图1-9 “财商五力”的构成

一、学习力

学习力是人提高财商最基本的能力。通过学习可以在各领域经历从无到有的过程，坚持用心学习可以从对财富领域一无所知到熟练掌握。在财富管理领域投入时间和精力，不断提高学习效率和增强学习效果，通过多种途径来充实提高自己，如通过浏览财经新闻积累信息量，通过阅读经济研究报告培养数据敏感性，通过研究公司财务报表熟知收入、支出、负债等财务概念以加强专业性等。

课外链接：巴菲特的“午餐”

“股神”巴菲特每年都会以高昂的价格拍卖一次“共进午餐”的机会。普通人对付出高昂代价获得的午餐到底吃什么好奇，而拍得午餐的人则更重视这顿午餐所能和巴菲特独处交流学习的珍贵时间。

2006年，步步高创始人段永平以62万多美元获得与巴菲特共进午餐的机会。事后段永平做客网易新闻财经时表示他因这顿午餐受益匪浅，并向巴菲特回信表示：“听君一席话，胜读十年书。”

二、趋势力

趋势力是人对未来趋势的判断和把握方向的能力。事物发展的必然性即是事物联系与发展过程中确定的趋势，在一定条件下具有不可避免性。在财富领域的认识和实践中，必须重视发展的必然规律与发展趋势，并以此为依据制订目标和计划，正所谓“顺势者昌，逆势者亡”。

趋势具有极强的惯性，这在资本市场尤为突出，要善于利用市场的惯性实现财富增值。跟随趋势交易是实现财富增值的重要技术和战术，即势不变则守，势变则动。

三、杠杆力

杠杆力在物理学上的解释是通过杠杆和支点的配合，用较小的作用力抬高数倍于作用力的重物的力量。而在财富领域，杠杆力则是人运用现有的少量资产撬动、放大倍数资产的能力。

在家庭财富规划中，根据客户的风险承受能力适当利用杠杆原理可以实现财富快速增长，但对杠杆运用的适宜性、适度性要准确把握，否则会有导致财务危机的隐患。

家庭资产中最常运用杠杆力的典型案例即是贷款购房(见图 1-10)。购房人以房款首付为作用力，以支付贷款利息为支点，以银行贷款资金为杠杆，获取放大倍数的资金来获得房产。当然，在贷款中运用杠杆力要考虑家庭的收入及负债情况，盲目地购置房产会有断供风险以及房产价值下跌带来的资产缩水风险等。

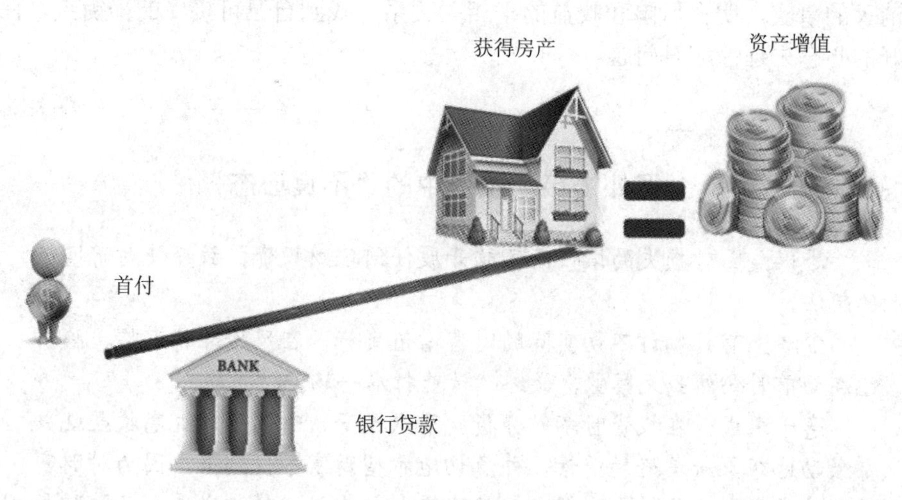

图 1-10　房产购置杠杆

想一想：

张先生2015年以首付8万元购得一套20万元的房产，向银行贷款12万。2019年以60万元的价格卖掉，购房4年来向银行支付本息约5万元。

张先生这套房产是如何运用杠杆力的？

四、选择力

选择力是人面对选择时客观分析和果断抉择的能力。它需要经过日积月累逐渐提高，不是一蹴而就的。通过有意识地长期关注、了解和适当收集相关行业信息来丰富判断依据、理顺判断思路、提高判断准确性，培养出财富“望远镜”。这副“望远镜”能够让我们看得更远、更清楚，在机会到来前就做好准备从而获取更大的收益；在危险到来时能识破危险，绕道而行。

五、心态力

心态力是人在面临投资风险和收益时能够保持平稳心态，理性做出进退抉择的能力。财富经营过程中，人们普遍都具有对风险的厌恶和对高收益的期待心态，要注重对心态力的培养，知道投资与风险是贯穿财富经营始终的，且两者不可分割，要学会看待、调整两者的关系；要清醒地接受风险只可分散或转移但不可能被消灭的事实，明白风险和收益的正相关关系，找到自己可接受的平衡点，保持良好的心态去理性应对问题。

课外链接：投资中的“不良心态”

恐惧：因对损失的惧怕而不敢开展任何理财投资，放弃使财富增值的想法。

贪婪：盲目制订不切实际的财富增值目标，在风险即将来临、陷阱已在面前时仍然毫无察觉，最终“竹篮打水一场空”。

急于求成：在投资时不做分析就跟风投资，听到别人说高收益就兴奋激动地想象着美好的前景，并急切地希望财富尽快到来。因为对财富的急迫追求而无法做出冷静正确的决策，与古话讲的“欲速则不达”如出一辙，难以获得设想的投资结果。

【能力拓展】

- 对照图 1-8 中的“消极思维”和“积极思维”的具体表现，看看你是哪一种思维。

- 犹太人自称是最富有、“财商”最高的民族，请了解并看看与任务 1 中所描述的内容有何异同。

- 谈谈你自己的“财商五力”，已具备的能力是哪些，需要培养建立的能力是哪些，你将如何去建立缺失的财商能力。

任务2　熟悉理财及理财行业

【任务描述】

- 认识理财及理财行业的发展。
- 知道理财行业人才需求状况和行业岗位设置及要求。

任务解析1　初识理财和理财行业

一、理财和理财行业概况

理财是对资产所有者的资本金和负债资产进行科学合理的运作，以实现财务的保值增值的一系列管理活动。理财按照资产所有者的不同，划分为公司理财、机构理财、个人理财和家庭理财等。本任务主要围绕个人及家庭理财开展。

个人理财，是以个人为单位，在对其收入、资产、负债等数据进行分析整理的基础上，根据个人对风险的偏好和承受能力，结合预定目标，运用诸如储蓄、保险、证券、外汇、收藏、住房投资等多种手段管理资产和负债，合理安排资金，从而在个人可以接受的风险范围内实现资产增值最大化的过程。

家庭理财区别于个人理财的是，家庭理论以家庭为单位，除了实现资产保值、增值外，同时需要实现抵御家庭风险、财富传承等目标。它的主要内容还包括对家庭收入和支出的计划和管理，对家庭风险的识别和转移，对后代传承财产的方案设计等。

个人及家庭理财需要开展资产负债的管理并实现一系列财务目标，这对资产所有者而言具有一定的专业知识门槛，使其难以独立进行财富规划、管理和实施，因此能进行专业服务的理财行业形态应运而生。理财行业是指具有专业金融投资能力的商业银行、保险公司、证券公司、基金管理公司等金融机构拓展其业务范围，利用自身的专业和信息优势向拥有资产且具有财务保值、增值需求的个人、家庭提供综合理财服务，帮助其实现资产增值及其他财富管理需求的服务行业。

在我国提供理财服务的金融机构中，商业银行占据主要地位。但近年来，保险公司、证券公司、证券投资基金公司、银行理财子公司以及财富管理机构等都基于自身的专营业务特色开展了理财相关业务，并逐步扩大了理财市场份额和占有率。

二、探究理财行业的发展

从1978年改革开放至今，我国理财行业先后经历了萌芽、起步、快速发展等

阶段，自 2018 年开始进入转型阶段(见图 1-11)。我国理财行业萌芽阶段主要是商业银行个人储蓄业务的开办，但那时还没有专门的理财概念。起步阶段的标志性事件是 2002 年招商银行“金葵花理财”业务的推出。而后经过 4 年的发展，2006 年，各家银行都基本完成了理财业务的初步布局。2006 年以后，理财业务的服务理念和具体形态由单一化、分散化向综合化、系统化转变，行业制度和管理规范框架已逐渐完善；随着互联网技术的应用，理财业务的办理和客户数据的采集分析开始向数字化转变，这使得理财服务机构提供的产品和服务能够更加精准地触达客户需求，较之前更加高质、高效。2018 年监管机构对理财市场做了新的规范要求，这开启了我国理财市场的转型之路，预计于 2022 年初步完成转型。

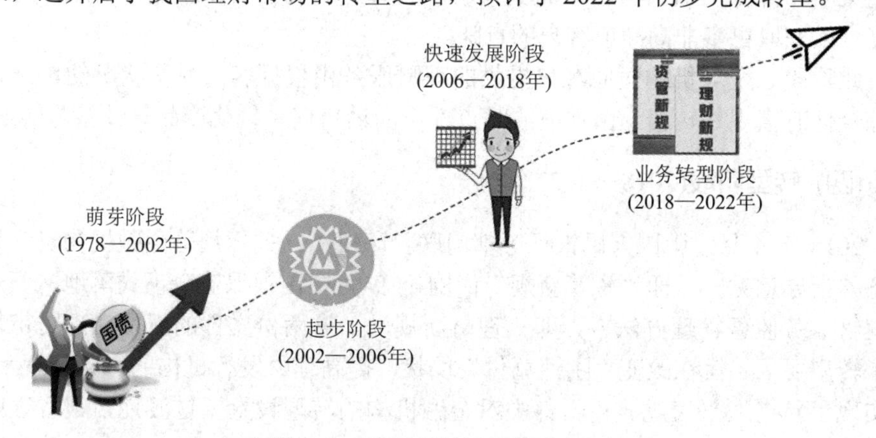

图 1-11 我国理财行业发展阶段

(一) 萌芽阶段(1978—2002 年)

1978 年改革开放后，先进的企业经营模式和管理方法开阔了国内企业的视野。1984 年，人民银行改制成立了工、农、中、建四大国有银行，从此国内诞生了商业银行。但直到 20 世纪 90 年代中期，我国的商业银行才开始陆续办理个人业务，最初以银行储蓄及承销国债为主。

2001 年 12 月 11 日中国正式加入世界贸易组织，国内的个人理财业务面临新的发展机遇，各家商业银行开始关注到这片富有潜力的市场，纷纷借鉴外资银行的成功经验尝试占领市场。

(二) 起步阶段(2002—2006 年)

随着我国经济的发展，城乡居民的收入呈稳定递增趋势，人们拥有的财富不断增加，富裕居民以及高端富有人群逐渐扩大，人们对于金融服务的需求不再只局限于运用储蓄存款获取利息，新的理财需求开始出现，理财观念逐步成形，国内商业银行的理财业务也逐渐成形，市场平稳起步，中国进入了一个前所未有的理财时代。

招商银行在 2002 年推出的“金葵花理财”业务，真正拉开了国内个人理财业务的竞争序幕。个人理财产品凭借其市场风险小且收益稳定的特点，吸引了广大客户争相购买；同时，理财产品的推出有助于加强国内商业银行的实力竞争，增

加银行优质客户数量，加快银行创新改革的综合化进程。

(三) 快速发展阶段(2006—2018 年)

2007 年，中国银行成立国内首家私人银行部，随后各家银行也纷纷成立相关业务部门，向高净值客户提供专门服务，并设立私人理财顾问、财富中心顾问等新的行业岗位，个人及家庭理财业务沿着新的具有潜力的“高净值客户”市场方向不断挖潜，“财富管理”观念开始酝酿成长。

随着市场竞争的加剧，金融机构对理财市场占有率的增长需求使得其不得不调整策略、降低门槛、丰富产品类型，不断尝试服务创新以拓宽理财服务对象的广度，以获取更多非高净值客户的青睐。

此阶段，金融机构面向客户提供的理财服务由根据客户财富状况的单一推荐向综合化财富规划转变，由零散的时点性产品销售向系统化产品设计服务转变。

(四) 转型阶段(2018—2022 年)

2018 年 4 月，中国人民银行等部门联合印发了《关于规范金融机构资产管理业务的指导意见》，即“资管新规”；同年 9 月中国银保监会正式落地《商业银行理财业务监督管理办法》，即“理财新规”。这两份文件的下发对理财市场做出了转型要求，旨在改变“刚性兑付”现状，提高理财发行机构的产品管理水平。为实现“新老”平稳过渡，文件中对金融机构的转型设置了过渡期，银行理财产品需在 2022 年底完成转型。

转型阶段对我国的理财行业市场做了重构，将银行理财分为综合类和基础类并进行分类管理，禁止商业银行发行分级理财产品，再次强调禁止资金池操作，对银行理财进行一系列的限制性投资，禁止银行理财投资非标资产时嵌套证券期货资管产品。

“资管新规”和“理财新规”及后续下发的一系列管理细则共同构筑起新的理财行业监管框架，促使理财行业实现平稳转型，为维护财富管理市场的稳定有序、规范理财行业的长远健康发展奠定基础。

任务解析 2　理财行业人才需求

一、理财行业人才需求状况

目前我国理财市场规模远远超过 1000 亿元人民币，已经成为全球个人金融业务增长最快的国家之一。胡润研究院发布的《2020 胡润财富报告》显示，我国满足“富裕家庭”，即家庭资产超过 600 万元的家庭已突破 500 万户，以此计算我国应有 160 万以上的理财服务人员才能够覆盖市场需求。另外，随着大众理财意识的建立，理财资金门槛越来越低，对能够提供客观、全面理财服务的理财从业人员的需求仍在持续增长。

课外链接：胡润财富报告中的家庭财富值划分

- 富裕家庭：等值不低于 600 万元人民币资产；
- 高净值家庭：等值不低于千万元人民币资产；
- 超高净值家庭：等值不低于亿元人民币资产；
- 国际超高净值家庭：等值不低于 3000 万美元资产。

根据理财行业发展较为成熟的国家的情况研究，合理的理财人员与服务家庭配比标准为至少每三个家庭应配有一个专业的理财人员，而当下我国只有不到 10%的消费者的财富得到了专业管理，在美国这一比例达到 58%，保守估计我国理财行业从业人员的缺口大于 20 万人。相信随着行业的成熟，未来我国的理财服务人员配比一定会越来越高。

二、理财行业岗位设置及要求

从广义上说，从事个人和家庭理财及财富管理工作的人员都是理财从业人员，他们在商业银行或非银行金融机构进行与理财及财富管理相关的服务工作。从狭义上说，理财从业人员主要指商业银行对应的理财序列岗位人员，他们是理财行业中金融专业知识水平最高、综合能力最强的服务者，故此处以商业银行理财序列岗位为例展开介绍。

商业银行所设的理财序列岗位一般有大堂经理助理、大堂经理、理财经理助理、理财经理、高级理财经理、私人银行财富顾问、私人银行高级财富顾问等，这些岗位所对应的综合能力素质要求是从低到高逐级增加的，如图 1-12 所示。

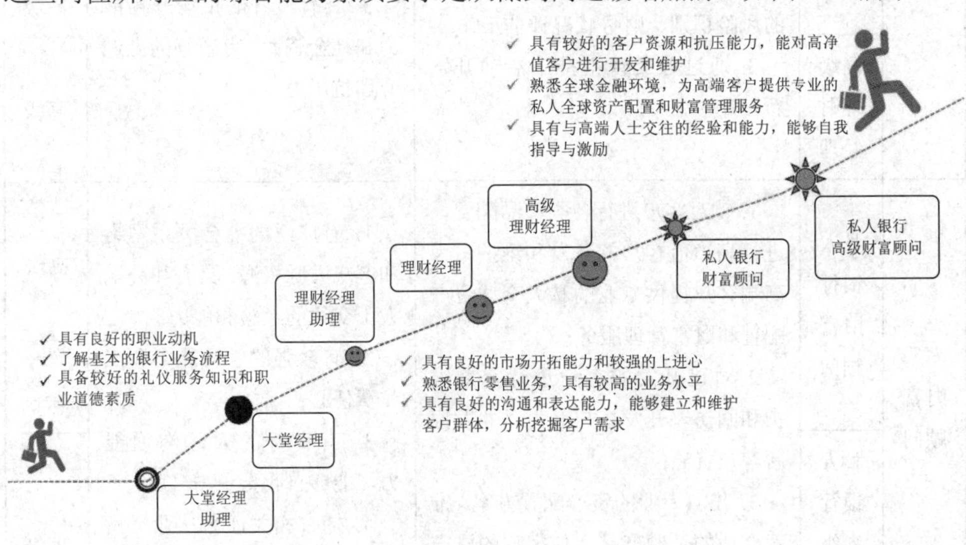

图 1-12 商业银行理财序列岗位设置

图 1-12 所示的理财服务岗位对应的岗位职责及能力要求、水平详见表 1-2。

表 1-2　银行机构理财服务岗位职责及能力要求、水平表

<table>
<tr><th>岗位序列</th><th>岗位名称</th><th>岗位职责</th><th>能力要求</th><th>能力水平</th></tr>
<tr><td rowspan="2">大堂经理</td><td>大堂经理助理</td><td rowspan="2">1. 迎送、引导、分流客户，耐心解答客户咨询，指导客户填写各类凭证及业务办理；
2. 指导客户了解和使用各种自助机、电话银行和网上银行，并积极鼓励客户使用离柜服务渠道分流、疏导客户，同时做好网点自助设备的使用管理及故障报修工作；
3. 负责受理客户和协调客户投诉及突发事件；
4. 积极维护网点形象和大堂营业秩序，确保网点正常运行</td><td rowspan="2">1. 具备较好的礼仪服务知识和职业道德素质；
2. 普通话标准，有良好的沟通能力及客户服务意识；
3. 有耐心，仔细认真，有责任感，应变能力和沟通能力较好</td><td>入门–初级</td></tr>
<tr><td>大堂经理</td><td>初级–中级</td></tr>
<tr><td rowspan="3">理财经理</td><td>理财经理助理</td><td rowspan="3">1. 建立和维护客户群体，分析挖掘客户需求；
2. 根据客户需求，为客户提供理财咨询、投资建议、财务分析和规划等全方位的理财服务，做好客户的风险识别、财务状况评估工作；
3. 通过各类营销推广活动开发新客户</td><td rowspan="3">1. 熟悉银行零售业务，了解各类个人客户的金融需求；
2. 具有较高的业务水平，无违法行为；
3. 具有良好的市场开拓能力和社会资源，有较强的上进心和抗压力</td><td>初级–中级</td></tr>
<tr><td>理财经理</td><td>中级–高级</td></tr>
<tr><td>高级理财经理</td><td>高级</td></tr>
<tr><td rowspan="2">财富顾问</td><td>私人银行财富顾问</td><td rowspan="2">1. 针对客户进行各类产品配置，进行高净值客户的开发和维护，为高端客户提供专业的私人全球资产配置和财富管理服务；
2. 对已开发的客户进行定期维护和回访，开发客户潜力，并发掘新客户资源；
3. 出具专业的资产配置方案，推荐合适的金融产品；使客户的资产在安全、稳健的基础上保值升值；持续跟进与服务，获得客户信赖</td><td rowspan="2">1. 有广泛的社会关系网络和客户人脉资源，具有和高端人士交往的经验和能力；
2. 有较强的学习能力和工作责任心；
3. 有良好的人际沟通能力，能够自我指导与激励；
4. 拥有相关证券从业资格及 AFP、CFP、CFA 或 CPA 等相关执业证书</td><td>高级–顶级</td></tr>
<tr><td>私人银行高级财富顾问</td><td>顶级</td></tr>
</table>

图 1-13 是某商业银行在其官方网站上发布的理财序列岗位的招聘需求。

银行杭州分行理财经理岗　营销类
银行 / 银行杭州分行
工作城市：杭州市 湖州市 绍兴市 嘉兴市 义乌市 台州市
面试城市：杭州市

私行财富管理培训生　管培类
银行 / 银行厦门分行
工作城市：厦门市
面试城市：厦门市

理财经理　营销类
银行 / 私行财富管理部
工作城市：苏州市
面试城市：苏州市

深圳分行财富管理培训生　营销类
银行 / 银行股份有限公司深圳分行
工作城市：深圳市
面试城市：深圳市

理财经理　营销类
银行 / 私行财富管理部

杭州分行私行财富培训生　营销类
银行 / 银行杭州分行

图 1-13　某商业银行的理财序列岗位的招聘需求

图 1-14、图 1-15 分别为某商业银行在其官网上发布的理财经理和财富培训生岗位的职责和聘任要求。

银行杭州分行理财经理岗

银行-银行杭州分行
职位类别：营销类

岗位职责：

1、了解银行金融财富产品，进行专业化理财服务，以客户为中心，不断挖掘和满足客户需求，成为精通资产配置、财富管理的专业人才；

2、维护与拓展各类财富客户，促进财富客户资产规模的持续增长，为客户提供个性化的投资建议和理财方案，实现客户财富的保值增值；

3、开展交叉销售，以资产配置方式向客户销售投资理财类产品及其他金融产品，不断提升财富客户在我行的总资产，促进客户升级。

岗位要求：

1、本科及以上学历；

2、专业不限，经济学、管理学、数学、计算机科学与技术等相关专业优先；

3、对金融行业感兴趣，积极主动、有较强的学习能力、创新意识、逻辑思维能力、善于沟通表达、团队协作、责任担当。

图 1-14　商业银行理财经理的岗位职责和聘任要求

天津分行私行财富培训生

平安银行-平安银行天津分行

职位类别：营销类

岗位职责：

以培养优秀的财富管理领域专家为目标：

1、为个人客户提供财富管理、资产配置等全方位一站式综合金融解决方案；

2、在轮岗机制下，借助平安集团综合金融和科技赋能优势，快速提升金融技能及管理技能，成为“全资产配置”+“大财富管理”人才；

3、为团队提供合理化建议，提升团队各项品质；

4、贯彻合规及风控制度要求，确保业务品质及合规服务。

岗位要求：

1、本科及以上学历；

2、经济管理类、文科类、科技类及复合知识背景优先；

3、认同银行文化，有创新精神；

4、有良好的敬业精神和合作精神，较强的思考和分析能力，实践经验丰富者优先。

工作城市：

天津市

面试城市：

天津市

图 1-15　商业银行财富培训生的岗位职责和聘任要求

非银行金融机构设置的理财服务相关岗位更加突出专营领域的特色，如证券公司设置投资顾问岗、投资经纪岗；基金公司设置基金投资顾问岗；保险公司设置保险经纪人等。

理财从业人员在不同职业阶段时，可以将上述不同业务序列层次岗位的具体能力要求作为进步和提升的参考依据，以此为目标逐步提升自己的综合实力从而实现工作岗位的晋升。

【能力拓展】

- 请思考，作为一名家庭成员，是应该先做个人理财规划还是家庭理财规划呢。
- 你认为个人理财和家庭理财的关系应该怎样去突出和协调？

- 请分别登录银行、保险公司、证券公司网站看看是否有理财相关岗位的招聘信息。
- 每一类机构至少找出一条信息，对比其中对岗位人员的能力要求有什么异同。

任务 3　理财行业监管及从业人员职业道德

【任务描述】

- 了解我国理财行业的监管制度体系和主要监管法律法规文件。
- 按照理财行业从业人员需具备的职业道德要求自己。

任务解析 1　我国理财行业的监管制度体系

我国的金融监管机构是中国人民银行、中国银保监会和中国证监会，也被简称为“一行两会”，其中，中国银保监会对银行理财业务发挥最主要的监管作用。另外，我国金融行业的各个协会在其对应领域也要发挥自律机制，是增强金融行业安全、防范金融风险的重要补充手段之一。

我国理财行业相关的法律体系中，处于最高地位的法律主要有《中华人民共和国信托法》《中华人民共和国保险法》《中华人民共和国证券法》《中华人民共和国证券投资基金法》《中华人民共和国商业银行法》《中华人民共和国银行业监督管理法》等。在理财业务实施过程中也会与《中华人民共和国民法典》《个人所得税法》等有所交叉。

在上述法律框架体系之下，还有一系列行政法规和部门规章及规范性文件共同构成对理财行业的规范。其中，最主要的有 2018 年 4 月由中国人民银行、中国银保监会、中国证监会、国家外汇管理局联合印发的《关于规范金融机构资产管理业务的指导意见》，又称“资管新规”；随后 7 月中国人民银行下发《关于进一步明确规范金融机构资产管理业务指导意见有关事项的通知》；2018 年 9 月中国银保监会发布了《商业银行理财业务监督管理办法》，又称“理财新规”，随

后 12 月又下发了《商业银行理财子公司管理办法》。我国正在以“资管新规”+“理财新规”为核心建立一套全新的理财行业监管制度体系。目前我国理财行业监管制度(部分)如表 1-3 所示。

表 1-3 理财行业监管制度(部分)

权重	名 称	现 行 版 本	颁发机构
法律	《中华人民共和国信托法》	2001 年 4 月 28 日发布	全国人民代表大会常务委员会
	《中华人民共和国保险法》	2015 年 4 月 24 日修订	
	《中华人民共和国商业银行法》	2015 年 8 月 29 日修订	
	《中华人民共和国银行业监督管理法》	2006 年 10 月 31 日修订	
	《中华人民共和国证券法》	2019 年 12 月 28 日修订	
	《中华人民共和国证券投资基金法》	2015 年 4 月 24 日修订	
部门规章	★《关于规范金融机构资产管理业务的指导意见》	2018 年 4 月 28 日发布	中国人民银行 中国银保监会 中国证监会 国家外汇管理局
	《关于进一步明确规范金融机构资产管理业务指导意见有关事项的通知》	2018 年 7 月 20 日发布	中国人民银行办公厅
	★《商业银行理财业务监督管理办法》	2018 年 9 月 28 日发布	中国银保监会
	《商业银行理财子公司管理办法》	2018 年 12 月 2 日发布	中国银保监会

《关于规范金融机构资产管理业务的指导意见》

《商业银行理财业务监督管理办法》

续表

权重	名　称	现 行 版 本	颁发机构
业务规范	《关于进一步规范商业银行结构性存款业务的通知》	2019 年 10 月 18 日发布	中国银保监会
	《理财公司理财产品销售管理暂行办法》	2021 年 05 月 27 日发布	中国银保监会
	《关于规范现金管理类理财产品管理有关事项的通知》	2021 年 06 月 11 日发布	中国银保监会 中国人民银行

对于理财从业人员而言，必须熟悉理财业务涉及的法律法规及业务规范，细致了解《商业银行理财业务监督管理办法》的要求，才能合法、有序地开展日常工作，尤其需要重点掌握以下两方面规定的具体内容。

一、关于加强理财产品销售合规管理方面的规定

(1) 规范销售渠道，实行专区销售和双录。延续现行理财监管规定，要求银行通过本行或其他银行业金融机构销售理财产品；通过营业场所向非机构投资者销售理财产品的，应实施专区销售，对每笔理财产品销售过程进行录音录像。

(2) 加强销售管理。银行销售理财产品还应执行《商业银行理财业务监督管理办法》附件关于理财产品宣传销售文本管理、风险承受能力评估、销售过程管理、销售人员管理等方面的具体规定。

(3) 引入投资冷静期。对于私募理财产品，银行应当在销售文件中约定不少于 24 小时的投资冷静期。冷静期内，如投资者改变决定，银行应当遵从投资者意愿，解除已签订的销售文件，并及时退还投资者的全部投资款项。

二、关于加强投资者适当性管理方面的规定

(1) 区分公募和私募理财产品。公募理财产品面向不特定社会公众发行，风险外溢性强，在投资范围、杠杆比例、流动性管理、信息披露等方面的监管要求相对审慎；私募理财产品面向不超过 200 名合格投资者非公开发行，投资者风险承受能力较强，投资范围等监管要求相对宽松。

(2) 遵循风险匹配原则。延续现行理财监管要求，规定银行应对理财产品进行风险评级，对投资者风险承受能力进行评估，并根据风险匹配原则，向投资者销售风险等级等于或低于其风险承受能力等级的理财产品。

(3) 设定单只理财产品销售起点。将单只公募理财产品销售起点由 5 万元降至 1 万元。

(4) 个人首次购买理财产品需进行面签。个人首次购买理财产品时，应在银行

网点进行风险承受能力评估和面签。

任务解析2　理财从业人员的职业道德要求

理财从业人员从事理财服务活动应该遵循基本的行为规范要求，具备理财行业的职业道德。理财行业职业道德是指与理财业务活动紧密联系的符合理财行业特点的道德准则、道德情操与道德品质要求的总和，它可概括为守法遵规、正直诚信、客观公正、专业胜任、专业精神、保守秘密、恪尽职守七个方面(见图1-16)。理财从业人员必须深入扎根职业道德的土壤，发出七大职业道德的叶芽，最终才能在理财职业生涯中开花结果。

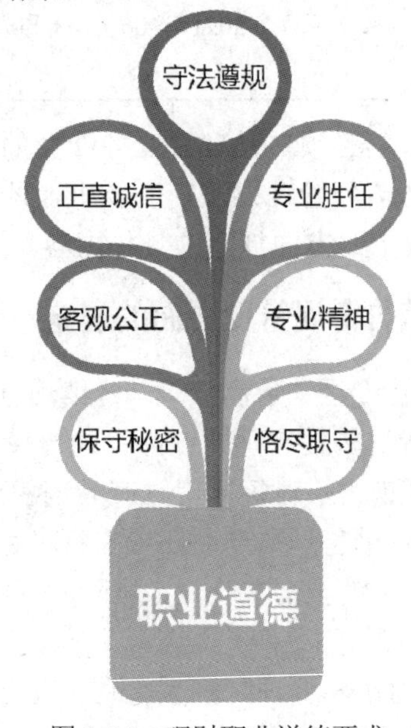

图1-16　理财职业道德要求

一、守法遵规

理财从业人员应以国家法律法规为行为准绳，遵守社会公德。金融领域比其他领域更易发生与信任相关的不道德行为，究其根本在于金融运作的都是“别人的钱”，因此意味着金融领域中的机构和个人很容易因贪婪发生欺诈、操纵、违约和不公平交易。

二、正直诚信

诚信是对于一个社会公民核心价值观的基本要求，对于理财从业者更要强调这一点。客户选择委托他人进行理财正是因其自身专业能力有限，选择信任理财从业人员。作为理财从业者，应该具有诚信精神，接受客户的委托后要如实向客户反馈信息，不应因一己私利用虚假或误导性的广告来夸大自身的胜任能力，或欺诈客户、向客户虚报信息。理财从业人员也不应向同行、政府部门、司法机构

或者其他任何个人和组织提供虚假或者误导性的信息。

三、客观公正

“客观”要求理财从业人员要从实际出发，尊重客观事实，依托客观数据作为分析基础，不单纯依靠主观臆断开展业务；“公正”要求理财从业人员从业务的科学性、客户利益的合法性以及行业道德规范及法规要求出发公正地分析问题和处理问题。

“客观公正”要求理财从业人员应当诚实公平地提供服务，不得因经济利益、关联关系、外界压力等因素影响其客观公正的立场；理财从业人员要公正诚实地披露其在提供专业服务过程中遇到的利益冲突，并积极寻求解决问题的合理途径。

四、专业胜任

理财从业人员要充分运用专业培训机会，按时完成继续教育，坚持自学专业知识；要善于从工作实践中不断总结经验教训，通过不断学习提高自身的业务水平和服务能力，最终实现个人综合职业素养的不断提升。对那些尚不具备胜任能力的领域，要主动向专业人员咨询或聘请专家协助工作，也可以将客户介绍给其他具备能力的人员。

五、专业精神

理财从业人员应该具有理财职业的专业精神，按照行业各项规范和准则要求开展业务。在提供理财服务的过程中，不仅应尊重和礼貌对待客户，还应与同业者互相协作、充分合作，共同维护和提高该行业的公众形象及服务质量。

六、保守秘密

理财从业人员应具有保密意识，在未经客户书面许可的情况下不得向合同关系以外的第三方透漏任何有关客户的个人信息，要做到保守秘密。仅在以下情况发生时，理财从业人员可以披露与使用相关信息：客户开立或咨询经纪账户、为达成交易或为执行客户某项具体要求、以协议形式认可、依法要求披露信息、客户针对理财从业人员进行失职指控需进行申辩、与客户之间产生民事纠纷需要披露等。

七、恪尽职守

理财从业人员为客户提供服务应及时、周到、勤勉，对客户的理财规划方案做到充分计划、监督实施。理财从业人员必须要充分掌握所经营的理财产品的特征，根据客户的具体情况提供有针对性的理财建议；充分调研理财产品的市场情况、收益状况及风险应对情况，做到紧跟市场、更新数据。要及时向客户做出详实的解释说明并辅助其完成合法的理财投资活动。

【能力拓展】

- 你去银行办理过业务吗？你认为接待你的理财从业人员是否具备上述职业道德呢？

- 银保监会的全称是什么？它是什么时候基于我国怎样的监管需求成立的？

实战演练 1　财富经营大比拼

实战演练

讲课视频

游戏参考资料

【任务发布】

每个参与比拼的学生选择已设定角色，他们拥有不同的职业、处于不同的年龄阶段、拥有各不相同的家庭情况和资产。请认真对待每一个“自己”，用心经营、管理所拥有的财富，做出正确的消费和投资决策，争取在财富赛道中胜出！

【任务展示】

这是一个财富经营竞赛游戏，每个学生在已设定的角色中抽取一个，每个角色对应一笔初始财富值及所持现金数量，将信息记录在 A4 纸上，由每个小组指定一名组长担任“审计师”，记录组员的投资行为。

“审计师”指定一名组员担任“银行家”角色，由“银行家”负责办理每个角色的资金运转及现金存取账务记录。

每个角色按顺序抽取行为卡片，自行评估风险并做出是否实施的抉择。如经营管理不善或投资失败，导致所持的原始财富归零或负债无法偿还，则破产，提前出局。

建议游戏时长 2 课时，下课时总财富值最高者获胜。

【步骤指引】

- 老师根据游戏参考资料表制作游戏角色卡片和行为卡片。
- 将学生分组，并指定组长担任“审计师”，确定组内的“银行家”。
- 老师向学生讲解游戏步骤及规则。
- 游戏过程中老师不对学生的投资问题进行解答，依靠其自身完成财富经营。
- 游戏结束后由每组获胜的同学分享自己的经营心得并由老师总结梳理。

【实战经验】

实战演练 2　解读中国民生银行北京航天桥支行理财案

【任务发布】

请阅读案件背景材料，分析涉案人都触犯了哪些法律法规，他们的哪些行为与理财从业人员应具备的职业道德背道而驰。

【任务展示】

解读中国民生银行北京航天桥支行理财案

1. 案件介绍

2017 年 4 月，民生银行北京管理部(分行)航天桥支行发生高额理财风险事件，百余名投资人在该支行购买的理财产品系支行行长张颖等人伪造。民生银行立即向公安部门报案，公安部门于 4 月 13 日将张颖带走调查取证。

2019 年 12 月 27 日，北京市中院一审判决张颖无期徒刑，判处共犯肖野有期徒刑 10 年。2020 年 11 月 29 日，二审法院判决维持张颖的一审判决，改判肖野有期徒刑 9 年，并处罚金人民币 9 万元。

北京市高级人民法院的刑事判决书和北京银监局对该案件做出的相应处罚分别见图 1-17、图 1-18。

张颖、肖野合同诈骗二审刑事判决书

案　由 合同诈骗 点击了解更多　　案　号 (2020) 京刑终96号"> (2020) 京刑终96号

发布日期 2020-12-10　　浏览次数 3441

北京市高级人民法院

刑 事 判 决 书

（2020）京刑终96号

抗诉机关（原公诉机关）北京市人民检察院第一分院。

上诉人（原审被告人）张颖，女，1980年3月27日出生，汉族，中国民生银行股份有限公司（以下简称民生银行）北京分行航天桥支行原行长，住北京市海淀区。因涉嫌犯职务侵占罪于2017年4月13日被羁押，因涉嫌犯合同诈骗罪于同年5月19日被逮捕。

辩护人孟粉、聂素芳，北京市京都律师事务所律师。

上诉人（原审被告人）肖野，男，1983年5月21日出生，汉族，民生银行北京分行航天桥支行原副行长，住辽宁省锦州市。因涉嫌犯职务侵占罪于2017年4月17日被羁押，因涉嫌犯合同诈骗罪于同年5月19日被逮捕。

辩护人王晓乐，北京市炜衡律师事务所律师。

辩护人周俊，北京尚公（屯昌）律师事务所律师。

北京市第一中级人民法院审理北京市人民检察院第一分院指控原审被告人张颖犯合同诈骗罪、肖野犯帮助毁灭证据罪一案，于2019年12月27日作出（2018）京01刑初69刑事判决。宣判后，北京市人民检察院第一分院提出抗诉，张颖、肖野提出上诉。本院依法组成合议庭，公开开庭进行了审理。北京市人民检察院指派检察员王拓依法出庭支持抗诉，上诉人张颖及其辩护人孟粉、聂素芳，上诉人肖野及其辩护人王晓乐、周俊到庭参加诉讼。本案经合议庭评议，现已审理终结。

图 1-17　判决书

北京银监局行政处罚信息公开表

（中国民生银行北京分行，张颖、肖野、何蕊、王涛、王晓红、李亚慧、何舒琼、王飞、王秋雨、隗亚囡、张剑、周瑾、王月玮）

行政处罚决定书文号			京银监罚决字〔2017〕22号
被处罚当事人	个人姓名		张颖、肖野、何蕊、王涛、王晓红、李亚慧、何舒琼、王飞、王秋雨、隗亚囡、张剑、周瑾、王月玮
	单位	名称	中国民生银行北京分行
		法定代表人（主要负责人）姓名	马琳
主要违法违规事实（案由）			中国民生银行北京分行下辖航天桥支行涉案人员销售虚构理财产品以及北京分行内控管理严重违反审慎经营规则。 张颖、肖野、何蕊、王涛、王晓红、李亚慧、何舒琼、王飞、王秋雨、隗亚囡、张剑、周瑾、王月玮为责任人。
行政处罚依据			《中华人民共和国银行业监督管理法》第四十六条、第四十八条
行政处罚决定			责令中国民生银行北京分行改正，并给予合计2750万元罚款的行政处罚。 对张颖给予取消终身的董事、高级管理人员任职资格，禁止终身从事银行业工作的行政处罚。 对肖野、何蕊分别给予禁止终身从事银行业工作的行政处罚。 对王涛、王晓红、李亚慧、何舒琼、王飞、王秋雨、隗亚囡分别给予禁止1年内从事银行业工作的行政处罚。 对张剑、周瑾分别给予警告并处50万元罚款的行政处罚。 对王月玮给予取消5年的董事、高级管理人员任职资格的行政处罚。
作出处罚决定的机关名称			北京银监局
作出处罚决定的日期			2017年11月21日

图 1-18　处罚信息公开表

2. 案件过程梳理

1) 案件时间线

按照时间将案件发生的关键事件梳理如图 1-19 所示。

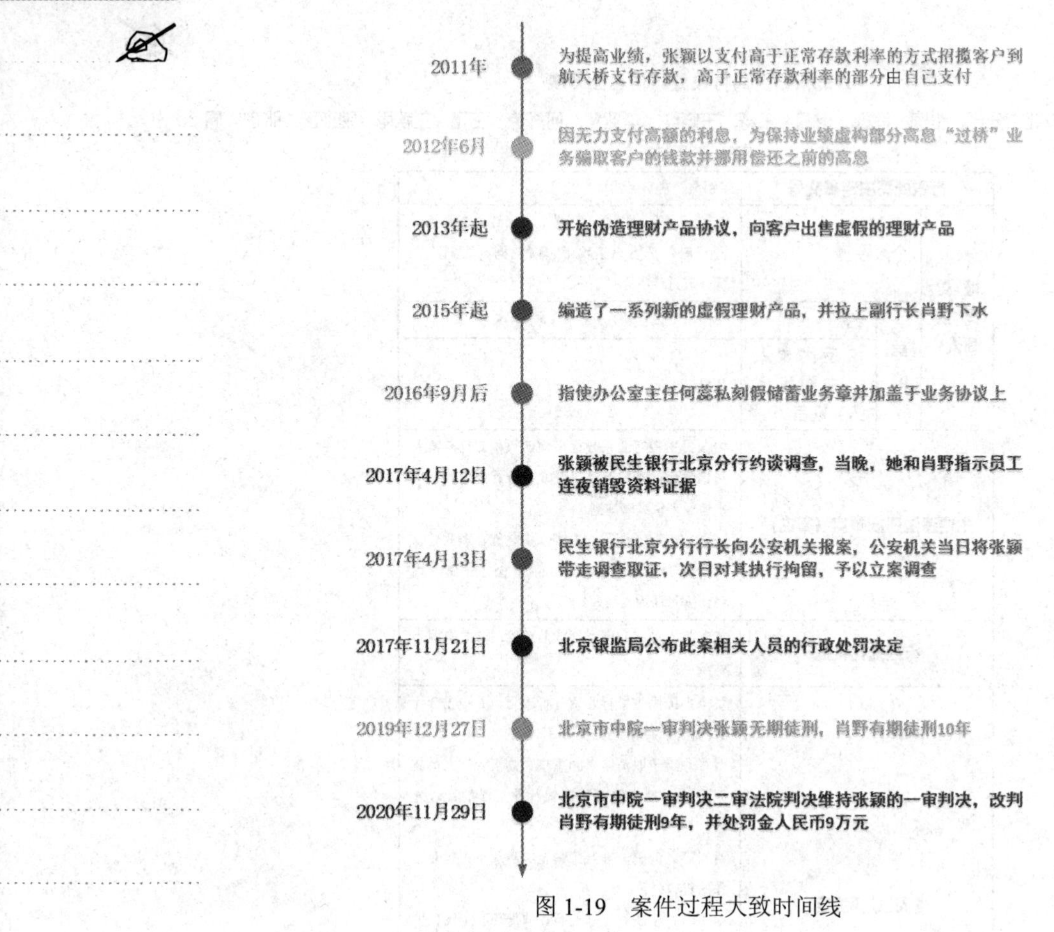

图 1-19　案件过程大致时间线

2) 涉案人员关系及行为

该案件具体涉案人员的行为和人员关系如图 1-20 所示。

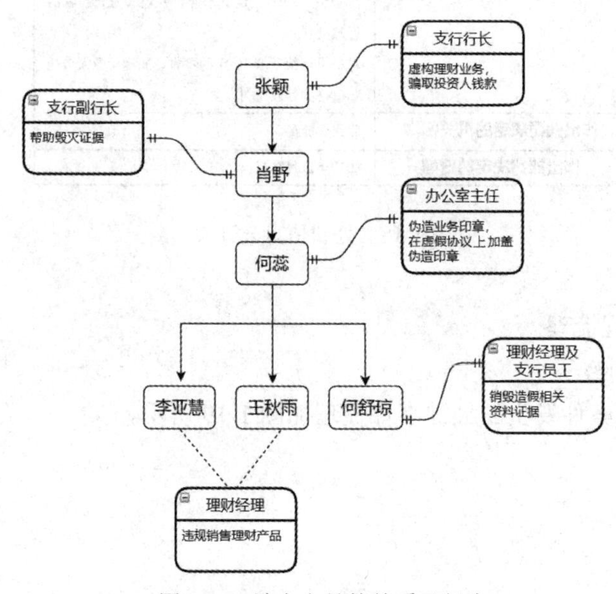

图 1-20　涉案人员的关系及行为

【步骤指引】

- 老师解读上述案例，根据案件背景材料协助学生梳理其中的涉案人员。
- 向学生提供本案适用的法律法规，框选涉及的区域内容。
- 学生根据涉案人员的具体行为比对相关法规条款。
- 学生自行分析涉案人员的行为违背了哪些理财从业人员职业道德。

【实战经验】

项目二

资金时间价值及其应用

项目概述

本项目通过让学生完成认识资金时间价值、资金时间价值的计算及资金时间价值在家庭理财规划中的应用等任务，使其理解资金时间价值的基本概念，熟悉利息及利率，掌握年金的种类和计算方法，能够完成单利、复利、年金终值、年金现值的计算；培养学生运用资金时间价值帮助客户家庭解决子女教育金储备、保险缴费、房产资金支出规划等问题，为培养学生在家庭理财规划中必备的理财计算能力打下坚实的基础。

项目背景

资金经过一定时间的投资和再投资后其价值往往会有所增加，即人们俗称的“钱生钱”，其本质就是资金具有时间价值(图 2-1)。这些增加的价值不产生于生产和制造领域，而是产生于社会资源的流通领域。

图 2-1　资金时间价值

资金时间价值是现代财务管理的基本观念之一，被称为理财的“第一原则”，它反映的是由于时间因素的作用而使现在的一笔资金高于将来某个时期的同等数量的资金的差额或者资金随时间推延所具有的增值能力。

资金时间价值与经济生活息息相关，且被广泛应用于家庭理财中，无论是与日常生活紧密相关的教育、购房、医疗、保险等领域，还是利用闲置资金进行的

股票和债券投资都会应用到资金时间价值。

项目演示

经过选拔，小琪的表现符合甲金融机构的实习标准。小琪入职后被安排跟着机构的理财主管吴经理做相关辅助工作(图 2-2)。

图 2-2　吴经理与小琪交流工作

为了能更好地完成吴经理分配的任务，小琪决定回顾所学的资金时间价值相关理财知识，制订了如图 2-3 所示的学习计划。

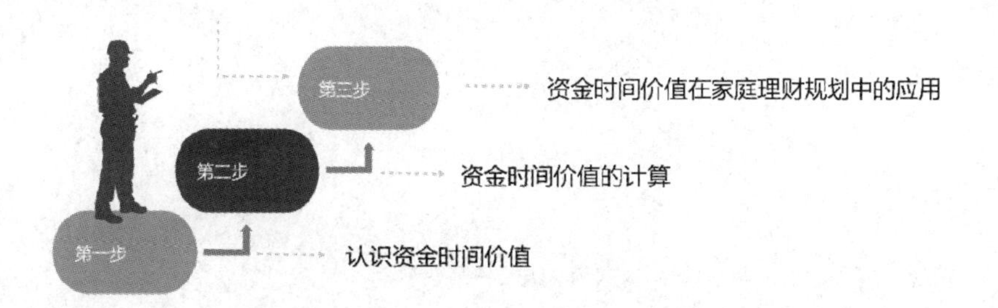

图 2-3　学习计划

思维导图

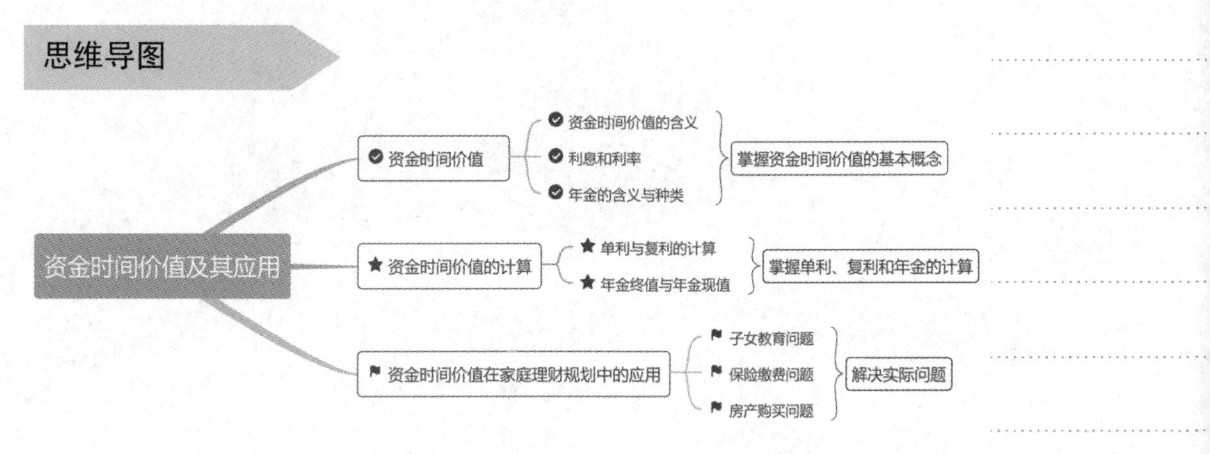

思政聚焦

家庭理财规划从业人员应当参加相应协会所要求的教育培训，具备相应的专业知识和经验，应当在其所能胜任的范围内为客户提供家庭理财规划服务。对于那些尚不具备胜任资格的领域，家庭理财规划从业人员可以聘请专家协助工作，向专业人员咨询；或者将客户介绍给其他相关组织。同时，家庭理财规划从业人员应当完成协会规定的继续教育内容，保持和提高其专业能力。

教学目标

知识目标

◎理解资金时间价值的含义。

◎掌握利息、利率及利息的计算方式。

◎熟悉年金含义及其种类。

能力目标

◎能够计算复利终值、复利现值、年金终值、年金现值。

◎运用资金时间价值解决家庭理财实际问题。

学习重点

◎复利终值、复利现值、年金终值、年金现值的计算。

◎运用资金时间价值解决家庭理财实际问题。

任务 1　认识资金时间价值

【任务描述】

- 理解资金时间价值，熟悉终值和现值。
- 认识利息、利率及单利、复利两种计息方式。
- 掌握几种年金的含义及其种类。

任务解析 1　理解资金时间价值

一、资金时间价值

资金时间价值是资金经历一定时间的投资和再投资后所增加的价值。通常情况下，它是在不考虑市场风险和通货膨胀因素下的社会平均利润率。假定银行年利率为 3%，今天将 100 元存入银行，一年后可获得 103 元，这增加的 3 元钱就是 100 元从存入到取出这段时间所对应的资金时间价值。资金时间价值无处不在。

课外链接：人人皆可做慈善

说起做慈善，感觉距离我们很遥远，如果理解了货币时间价值，你也可以成为一个捐款上千万的慈善家。

美国开国元勋富兰克林于 1790 年逝世。他在自己的遗嘱中写道，他将分别向波士顿和费城捐赠 1000 美元设立奖学金。捐款由当地政府用最保守的方法去投资，但必须等他死后 200 年方能使用。等到 1990 年时，付给费城的捐款已经变成 200 万美元，而给波士顿的已达到 450 万美元。听起来不可思议，但是真实存在。其实，富兰克林这 1000 美元变成 200 万美元和 450 万美元，费城捐款的最终年平均投资收益率为 r=3.87%，同理可以得出波士顿捐款的年平均投资收益率为 4.3%，其实这个收益并不高。现在银行 3 年定期最高有 4.125%，都能达到这个收益，即这 1000 元美元如果不去投资，放在银行存定期 200 年，也能达到这个水平。

二、终值和现值

终值是指一定量的资金折算到未来某一时点所对应的金额，又名将来值，现在俗称为“本利和”。例如，银行 1 年期定期存款利率为 3%，10 000 元本金存入 1 年后可取出本金 10 000 元，利息收入 300 元，共计 10 300 元，这 10 300 元就是

存入本金 10 000 元的本利和，也是它的终值。

现值是指一定量的资金在未来某一时点上的价值折算到现在所对应的金额，又名折现值、贴现值。例如，银行 1 年期定期存款利率为 3%，你想在一年后从银行取出 10 000 元，那么就需要计算 1 年后这 10 000 元的现值并存入对应数额的资金，现值的计算过程将在任务 2 中展开讲解。

现值和终值是一定量资金在前后两个不同时点上对应的价值，其差额即为该时间段的资金时间价值。如上述例子中，对现在而言，1 年后的本利和为 10 300 元，它是本金 10 000 元在 1 年后的终值；对 1 年后而言，获得的 10 300 元折算到现在是 10 000 元，它是 1 年后的 10 300 元折算的现值。

任务解析 2　熟悉利息和利率

一、利息

利息是借款人支付给贷款人使用贷款资金的代价，即贷款人因借出资金使用权而从借款人那里获得的报酬。如图 2-4 所示，甲将 5 个金币借给乙，约定半年后乙要向甲归还 6 个金币，那么多出来的 1 个金币即为甲出借 5 个金币半年时间所获得的利息。

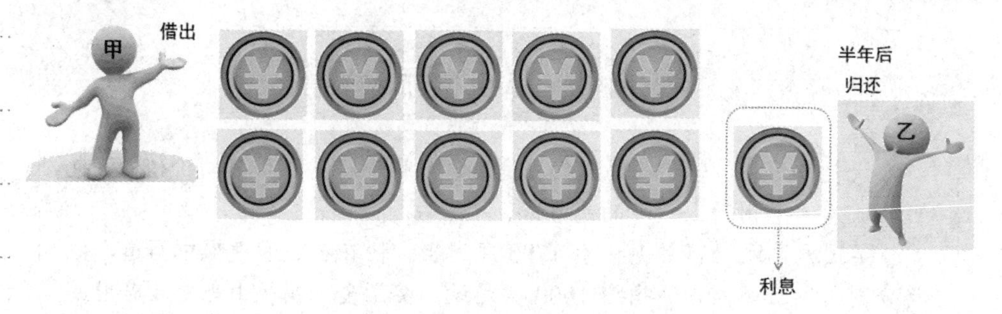

图 2-4　利息

二、利率及其分类

利率是利息率的简称，它是指一定时期内利息额与借贷本金的比率。利率可通过多个角度进行划分，常用的类型划分如表 2-1 所示。

表 2-1　利率类型划分表

划分依据	利率类别
按时间单位	年利率、月利率、日利率
按期限长短	短期利率：期限在 1 年以内对应的利率
	长期利率：期限在 1 年以上对应的利率
按与通货膨胀的关系	名义利率：合同或单据上标明的利率，是以名义货币表示的利息率，没有剔除通货膨胀因素
	实际利率：名义利率扣除通货膨胀因素后的真实利率

续表

划分依据	利率类别
按利率的确定方式	法定利率：由政府金融管理部门或中央银行确定的利率
	市场利率：按市场资金借贷供需关系所确定的利率
按计算方法的不同	单利：在约定期限内，只对本金计算利息，对本金所产生的利息不再另外计算利息
	复利：每经过一个计息期后，都要将所生利息加入本金，以本金及产生利息作为基数计算下期的利息
按利率在借贷期内是否可调整	固定利率：在借贷期内不会调整利率，发放的利息固定
	浮动利率：在借贷期内按实际情况适当调整利率，发放的利息不固定
按国家政策意向的不同	一般利率：不享受任何优惠条件的利率
	政策利率：针对某些部门、行业或产品所实施的优惠利率
按银行业务要求的不同	存款利率：在金融机构存款所获得的利息与本金的比率
	贷款利率：从金融机构贷款所支付的利息与本金的比率

三、利息的计算

利息的计算有单利计息法和复利计息法两种，人们日常使用的是单利计息法。

单利计息时，只对本金计算利息，对利息不再计算利息。如 1 年期银行存款利率为 3%，存入 10 000 元的 1 年利息为 300 元，如存入 3 年，每次到期后无论是否将利息取出，3 年后获得的本息均为 10 900 元。

复利计息时，除对本金计算利息之外，每经过一个计息期所得到的利息也要转为本金再次计算利息，逐期滚算，俗称“利滚利”。如 1 年期银行存款利率为 3%，存入 10 000 元的的 1 年利息为 300 元，如存入 3 年，每次到期后不取利息，则会将本金与利息再次存入，3 年后获得本息共计 10 927.27 元。

表 2-2 和表 2-3 分别采用单利和复利两种计息方法，演算当 1 年期银行存款利率为 3%时，存入本金 10 000 元，连续 5 年的利息及本利和。

表 2-2　单利计息法利息演算

使用年限	本　金	单利计算年末计息	年末本利和
1	10 000	10 000 × 3% = 300	10 300
2	10 000	10 000 × 3% = 300	10 600
3	10 000	10 000 × 3% = 300	10 900
4	10 000	10 000 × 3% = 300	11 200
5	10 000	10 000 × 3% = 300	11 500

表 2-3 复利计息法利息演算

使用年限	本 金	复利计算年末计息	年末本利和
1	10 000	10 000 × 3% = 300	10 300
2	10 300	10 300 × 3% = 309	10 609
3	10 609	10 609 × 3% = 318.27	10 927.27
4	10 927.27	10 927.27 × 3% = 327.82	11 255.09
5	11 255.09	11 255.09 × 3% = 337.65	11 592.74

通过演算过程可知，单利计息法下每期的利息都一样，而复利计息法下每期的利息都有增加，并且随着时间的推移，增加的幅度越来越大，最后的计息结果当然是运用复利计息获得的利息要比单利计息高。可见，单利计息时资金价值呈线性增长，而复利计息法下资金价值随期数呈指数级增长。如果拉长时间视角，对本金进行复利计息的总收益将大幅超过单利计息。

任务解析 3 熟悉年金及其种类

年金是指在一定时期内每隔一段相同时间发生相同金额的收支，这段相同时间也称“时间单位”。计算年金最常用的时间单位是“年”。判断一项支出是否为年金，可通过其是否具有连续性、间隔时间相等性、等额性三个特点进行。如一个支付款项可同时满足年金的三个特点，就可以确定其本质为年金。现实生活中分期付款赊购、分期偿还贷款、发放养老金等都是较为常见的年金形式。

例如，判断“连续 5 年每年年初支付 10 000 元购买某商品”这一支出事项是否为年金。首先看其是否满足连续性，该笔支出需要持续 5 年显然是具有连续性的；再看其支付是否满足间隔时间相等性，该笔支出于每年年初发生，也就是以 1 年为固定的间隔时间，满足了年金间隔时间相等性的要求；最后再看其是否具有等额性，该项支出每次都要支付 10 000 元，满足年金的等额性要求，所以可以判断该项支出的本质是年金。

家庭理财规划中，常用的年金形式包括普通年金(后付年金)、即付年金(预付年金)、递延年金和永续年金等。

一、普通年金

普通年金又称为后付年金，是指一定时期内，每期期末发生的等额现金流量。年金一般用时间轴表示，“0”表示第一年年初，“1”表示第一年年末，“2”表示第二年年末，以此类推。年金收支具体金额一般用大写字母 A 表示。普通年金收支方式如图 2-5 所示。

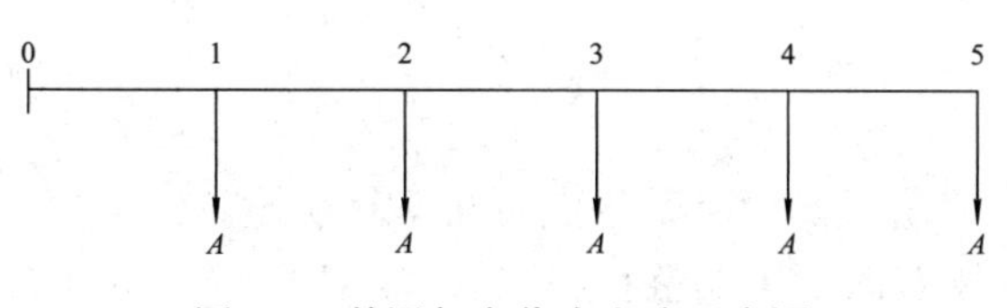

图 2-5　普通年金收支方式示意图

二、预付年金

预付年金又称为先付年金，是指一定时期内，每期期初发生的等额现金流量。预付年金收支方式如图 2-6 所示。

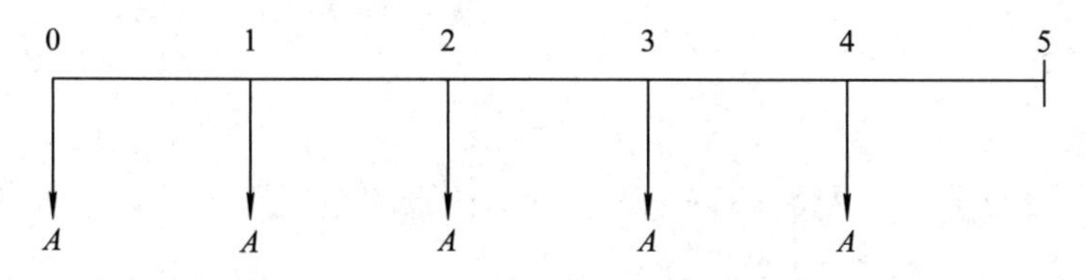

图 2-6　预付年金收支方式示意图

三、递延年金

递延年金是指第一次支付发生在第二期或第二期以后的普通年金。递延年金收支方式如图 2-7 所示。

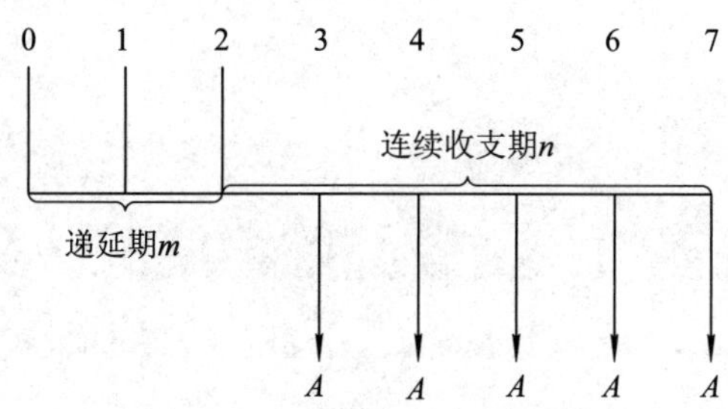

图 2-7　递延年金收支方式示意图

四、永续年金

永续年金是无限期等额收付的特种年金，是普通年金的特殊形式。由于其是一系列没有终止时间的现金流，因此没有终值，只有现值。永续年金收支方式如图 2-8 所示。

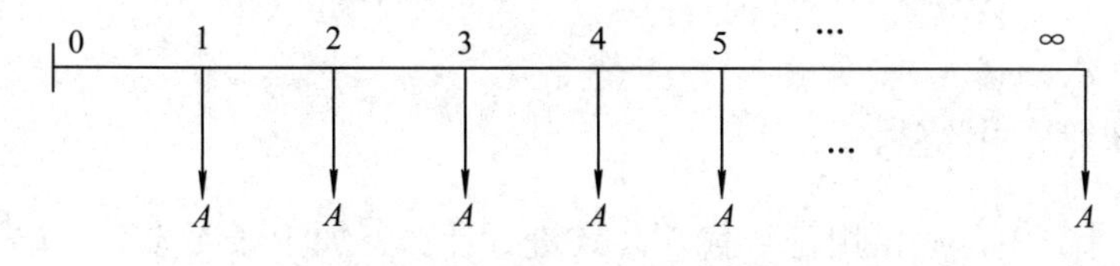

图 2-8　永续年金收支方式示意图

【能力拓展】

- 你知道银行活期存款和定期存款的利率分别是多少吗？
- 查一查央行发布的 1 年期整存整取利率，计算 20 000 元存入银行后，运用单利计息法和复利计息法可在 3 年后分别获得多少钱。

- 除了 72 法则外，复利还有 115 法则，请查阅相关资料了解并掌握。

任务 2　资金时间价值的计算

【任务描述】

- 能够理解单利终值和单利现值的含义并熟练计算。
- 能够理解复利终值和复利现值的含义并熟练计算。
- 能够理解年金终值和年金现值的含义并熟练计算。

任务解析 1　单利和复利的计算

一、利息计算常用符号

在利息计算中，经常用符号代入公式进行计算，如 P 表示本金，i 表示利率，I 表示利息，F 表示终值，t 表示时间，如表 2-4 所示。

表 2-4　单利计算公式符号

符　号	表示内容	解　　释
P	本金	又称期初金额或现值
i	利率	通常指每年利息与本金之比
I	利息	一定本金在某期限可获得的资金时间价值
F	本金与利息之和	又称本利和或终值
t	时间	单位：年/季/月/日
n	期数	计息次数

二、单利和复利的计算

单利和复利是两种不同的利息计算方式，计算终值和现值后，可得出单利终值和单利现值、复利终值和复利现值。

(一) 单利终值和单利现值

单利终值是指一定量资金按单利计息方式计算的本利和；单利现值是单利终值的对称概念，是指未来一定时间的特定资金按单利计息方式计算的现在价值。

(二) 单利终值和单利现值的计算

单利终值和单利现值的计算公式如表 2-5 所示。

表 2-5　单利终值与单利现值的计算公式

项　目	计算公式	解　　释
单利利息计算	$I = P \times i \times t$	利息等于本金乘以利率和时间
单利终值	$F = P + I = P + P \times i \times t$	单利终值等于本金和利息之和
单利现值	$P = F / (1 + i \times t)$	单利终值的逆运算

客户李先生在 S 机构存入 3 年期银行存款 10 万元，年利率为 3.7%，按单利计息法计算 3 年后的本利和。计算过程如下：

✓　**计算单利利息**

单利利息的计算公式为： $I = P \times i \times t$

$$I = 100\,000 \times 3.7\% \times 3 = 11\,100\ (元)$$

✓　**计算单利终值**

单利终值的计算公式为： $F = P + P \times i \times t$

$$F = 100\,000 + 11\,100 = 111\,100\ (元)$$

如李先生现在打算存一笔钱，年利率为 3.7%，按单利计息法计算，3 年后打算取出 111 100 元，现在应存入本金数额的计算过程如下：

✓ **计算单利现值**

确认计算公式：$P = F / (1 + i \times t)$

确认已知数值：$F = 111\ 100$，$i = 3.7\%$，$t = 3$

将已知数值代入公式：$P = 111\ 100/(1 + 3.7\% \times 3)$

得出计算结果：$P = 100\ 000$ (元)

(三) 复利终值和复利现值

1. 复利终值及计算

复利终值是指一定量资金按复利计算的本利和，计算公式为

$$F = P \times (1 + i)^n$$

其中，F 表示终值，P 表示现值，i 表示利率，n 表示期数。$(1 + i)^n$ 是复利终值系数，用符号$(F/P, i, n)$表示，故复利终值的计算公式也可表示为

$$F = P \times (F/P, i, n)$$

复利终值系数$(F/P, i, n)$可查附表 1 或通过 Excel 函数求得。

客户李先生在 X 机构投保复利计息的保单，保单期限为 5 年，年利率为 4%，按复利计息法计算保单价值，其计算过程如表 2-6 所示。由此表可以更清晰地看到运用复利终值计算公式计算复利终值的过程。

表 2-6 复利终值的计算过程

使用年限	本 金	复利计算年末计息	年末本利和	复利终值
1	10 000	10 000 × 4% = 400	10 400	12 166.53
2	10 400	10 400 × 4% = 416	10 816	
3	10 816	10 816 × 4% = 432.64	11 248.64	
4	11 248.64	11 248.64 × 4% = 449.95	11 698.59	
5	11 698.59	11 698.59 × 4% = 467.94	12 166.53	

✓ 计算复利终值

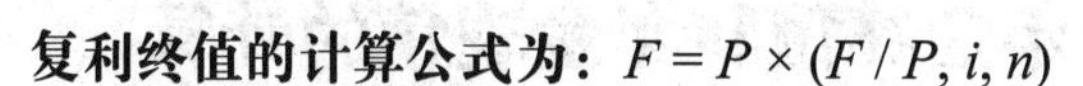

复利终值的计算公式为：$F = P \times (F / P, i, n)$

将本金代入公式：$F = 10\,000 \times (F/P, 4\%, 5)$

查复利终值系数(附表 1)：$(F/P, 4\%, 5) = 1.216\,653$

将数值和系数值代入公式：$F = 10\,000 \times 1.216\,653 = 12\,166.53$ **(元)**

练一练

李先生现在将 1000 元存入 S 机构，存款年利率为 6%，1 年计复利 2 次，则 5 年后李先生可取出的资金的复利终值为多少？

2．复利现值及计算

复利现值是复利终值的对称概念，是指未来一定时间的特定资金按复利计算后折算到现在的价值。复利现值的计算公式为

$$P = F \times (1 + i)^{-n}$$

其中，$(1 + i)^{-n}$ 是复利现值系数，用符号$(P/F, i, n)$表示，故复利现值的计算公式也可表示为

$$P = F \times (P/F, i, n)$$

复利现值系数$(P/F, i, n)$的值可通过查附表 2 或者 Excel 函数求得。

如客户李先生欲在 5 年后获得本利和 10 000 元，此时的投资报酬率为 10%，计算他现在应投入多少元才能在 5 年后获得 10 000 元(已知复利现值系数$(P/F, 10\%, 5) = 0.621$)，计算过程如下：

✓ 计算复利现值

复利现值的计算公式为：$P = F \times (1 + i)^{-n} = F \times (P/F, i, n)$

已知复利现值系数：$(P/F, 10\%, 5) = 0.621$

将终值数值和系数代入公式：$P = 10\,000 \times 0.621 = 6210$ **(元)**

练一练

假定李先生打算存入 S 机构一笔资金，5 年后想取出 600 000 元，存款年利率为 3%，并以复利计息，1 年计复利 1 次，准备 5 年后取出该笔款项购买住房，请计算他需要每年存入多少钱。

任务解析 2 年金终值和年金现值的计算

一、计算普通年金终值和现值

(一) 普通年金终值

普通年金终值是指每期期末等额收付款项 A 的复利终值之和。普通年金终值公式推导过程如图 2-9 所示。

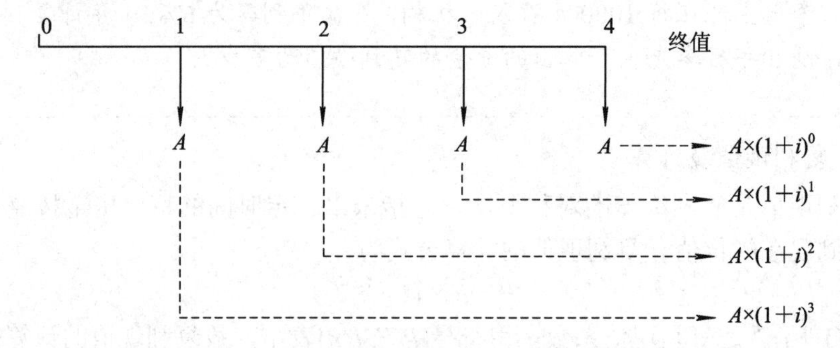

图 2-9 年金终值公式推导图

由图 2-9 可看出，第一年年末年金 A 在第 4 年的复利终值为 $A\times(1+i)^3$；第二年年末年金 A 在第 4 年的复利终值为 $A\times(1+i)^2$；第三年年末年金 A 在第 4 年的复利终值为 $A\times(1+i)$；第四年年末年金在第 4 年的复利终值为 A，普通年金终值就是各年年金复利终值之和，则普通年金终值的计算公式为

$$F=A+A\times(1+i)+A\times(1+i)^2+A\times(1+i)^3+\cdots+A\times(1+i)^n$$

经过整理，得出普通年金终值计算公式如下：

$$F=A\times\frac{(1+i)^n-1}{i}$$

称为年金终值系数，用 $(F/A, i, n)$ 表示

其中，$\frac{(1+i)^n-1}{i}$ 是年金终值系数，用符号 $(F/A, i, n)$ 表示，故年金终值的计算公式也可表示为

$$F=A\times(F/A, i, n)$$

年金终值系数 $(F/A, i, n)$ 可通过查年金终值系数表(附表 3)得到，也可通过 Excel 函数求得。

李先生从现在开始连续 3 年每年年末替孩子存一笔教育金 20 000 元，准备给

刚上高中的女儿毕业后留学之用，假设此笔教育金的年利率为3%(不考虑利息税)。请问3年后李先生可以取出的教育金共计多少。

✓ **思路整理如下：**

确认年金类型：每年年末存入20 000元是一笔普通年金。

确认求值本质：求3年后可取出的教育金金额的本质是求年金终值。

确认使用的计算公式：$F = A \times (F/A, i, n)$

查年金终值系数(附表3)：$n = 3$，$i = 3\% \rightarrow (F/A,3\%,3) = 3.091$

将数值和系数代入公式：$F = A \times (F/A, 3\%, 3)$

$= 20\ 000 \times 3.091 = 61\ 820$ (元)

练一练

李先生拟购一套房，对于付款方式，开发商提出两种方案供李先生选择：

(1) 5年后一次性付120万元；

(2) 从现在起每年年末付20万元，连续支付5年。

计算在目前的银行存款年利率3%的情况下，李先生选择哪种付款方式更合理。

(二) 普通年金现值

普通年金现值是指每期期末等额收付款项A的复利现值之和。年金现值公式推导过程如图2-10所示。

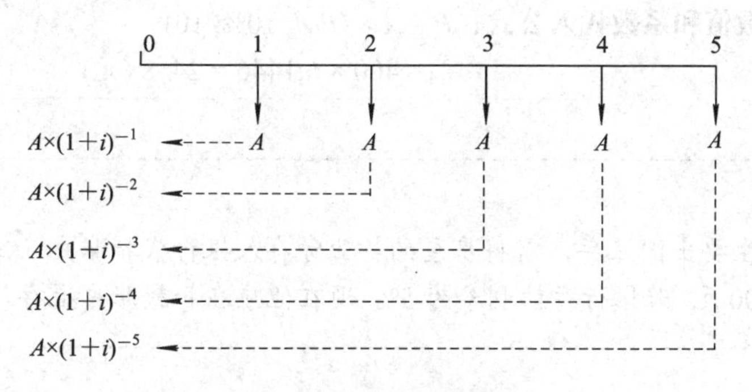

图2-10　年金现值公式推导图

由图2-10可看出，第一年年末年金复利现值为$A \times (1 + i)^{-1}$；第二年年末年金复利现值为$A \times (1 + i)^{-2}$；第三年年末年金复利现值为$A \times (1 + i)^{-3}$；第四年年末年金复利现值为$A \times (1 + i)^{-4}$；第五年年末年金复利现值为$A \times (1 + i)^{-5}$，普通年金现值就是每年年金复利现值之和，普通年金现值的计算公式为

$$P = A \times (1 + i)^{-1} + A \times (1 + i)^{-2} + A \times (1 + i)^{-3} + A \times (1 + i)^{-4} + \cdots + A \times (1 + i)^{-n}$$

经过整理，得出普通年金现值计算公式如下：

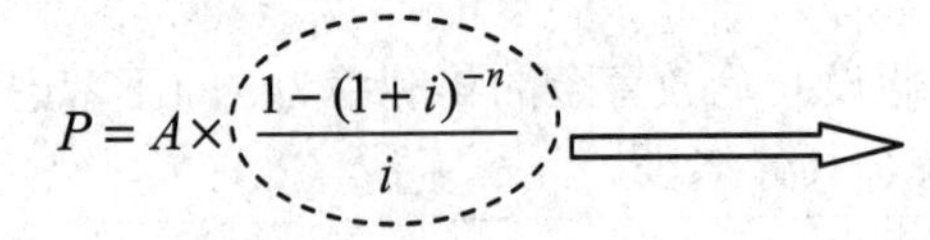

称为年金现值系数，用$(P/A, i, n)$表示

其中，$\frac{1-(1+i)^{-n}}{i}$是年金现值系数，用符号$(P/A, i, n)$表示，故年金现值的计算公式也可表示为

$$P = A \times (P/A, i, n)$$

年金现值系数$(P/A, i, n)$的值可通过查年金现值系数表(附表4)得到，也可通过Excel函数求得。

李先生欲购买一份10年期的医疗保险，保费缴交方式可选择每年年末交400元，假设这10年期间存款利率均为年利率10%，李先生这10年交的医疗保险总价值是多少？

✓ **思路整理如下：**

- **确认年金类型：每年年末存入固定金额400元是一笔普通年金。**
- **确认求值本质：求其缴交资金的总价值的本质是求年金的现值。**
- **确认使用的计算公式：**$P = A \times (P/A, i, n)$
- **查年金现值系数：**$i = 10\%$，$n = 10 \rightarrow (P/A, 10\%, 10) = 6.1446$
- **将数值和系数代入公式：**$P = A \times (P/A, 10\%, 10)$ $= 400 \times 6.1446 = 2458$ (元)

练一练

李先生要出国三年，需将房屋的物业费存入银行代扣账户，每年物业费需付10 000元，若银行存款利率为5%，现在他应在扣款账户上存入多少钱？

二、计算预付年金终值和年金现值

(一) 预付年金终值

预付年金终值是指每期期初等额收付款项A的复利终值之和。预付年金终值公式推导过程如图2-11所示。

预付年金终值的计算公式为

$$F = A \times (1+i) + A \times (1+i)^2 + A \times (1+i)^3 + A \times (1+i)^4 + A \times (1+i)^5$$

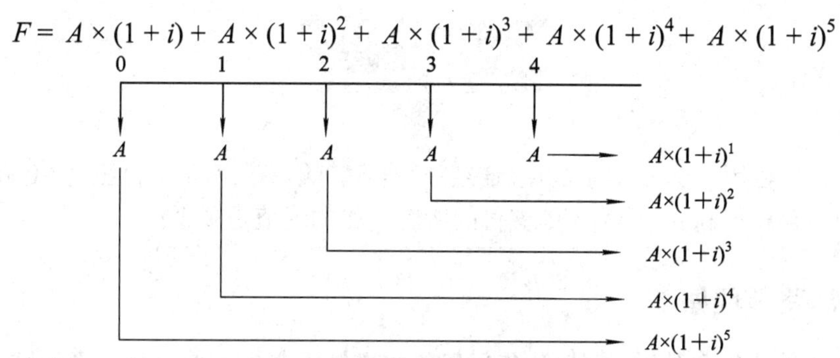

图 2-11　预付年金终值公式推导图

由此可知，预付年金终值和同期普通年金终值相比，期数加 1，系数减 1，经过整理，计算公式如下：

$$F = A \times [(F/A, i, n+1) - 1] \quad 或 \quad F = A \times (F/A, i, n) \times (1+i)$$

李先生从现在开始连续 8 年每年年初替女儿存一笔金额为 10 000 元的教育金，以备刚上初三的女儿大学毕业后读研深造之用。此教育金提供的年利率为 10%(不考虑利息税)，李先生在 8 年后支取该笔教育金，可支取多少本息？

✓ **思路整理如下：**

确认年金类型：每年年初存入 10 000 元是一笔预付年金。

确认求值本质：求 8 年后这笔钱有多少的本质是求预付年金终值。

确认使用的计算公式： $F = A \times [(F/A, i, n+1) - 1]$

$= A \times (F/A, i, n) \times (1+i)$

查年金终值系数： $(F/A, 10\%, 9) = 13.579$

将数值和终值系数代入公式： $F = 10\,000 \times [(F/A, 10\%, 8+1) - 1]$

$= 10\,000 \times (13.579 - 1) = 125\,790$ (元)

练一练

李先生连续 10 年，每年年初存入银行 1000 元，银行存款年利率为 4.5%，则他第 10 年末可从银行取出多少本息？

(二) 预付年金现值

预付年金现值是指每期期初等额收付款项 A 的复利现值之和。预付年金现值可通过普通年金现值系数求出，和同期普通年金值相比，期数减 1，系数加 1，经过整理，预付年金现值计算公式为

$$P = A \times [(P/A, i, n-1) + 1] \quad 或 \quad P = A \times (P/A, i, n) \times (1+i)$$

李先生租用一套 2 居室房屋，连续 10 年每年年初向房东支付租金 20 000 元，假设当期存款年利率为 5%，则支付的所有房租的现值是多少?

✓ **思路整理如下：**

确认年金类型：连续 10 年每年年初支付租金 20 000 元是一笔预付年金。

确认求值本质：求最终合计支付租金的现值是多少的本质是求预付年金的现值。

确认使用的计算公式： $P = A \times [(P/A, i, n-1) + 1]$
$= A \times (P/A, i, n) \times (1 + i)$

查年金现值系数： $(P/A, 5\%, 10) = 7.7217$

将数值和系数代入公式： $P = 20\,000 \times (P/A, 5\%, 10) \times (1 + 5\%)$
$= 20\,000 \times 7.7217 \times (1 + 5\%) = 162\,155.7$ (元)

练一练

李先生欲购买一处价值 50 万元的商品房，可选择一次付清或者分期付款。如果分期支付房款，需连续支付 20 年，每年年初缴纳 50 000 元。假设同期存款年利率为 6%，计算分期付款的现值，并分析选择哪种付款方式对购房有利。

三、递延年金现值

要计算递延年金现值，应先计算 n 期普通年金现值，然后再以 n 期普通年金现值为基础计算 m 期复利现值。递延年金现值公式推导过程如图 2-12 所示。

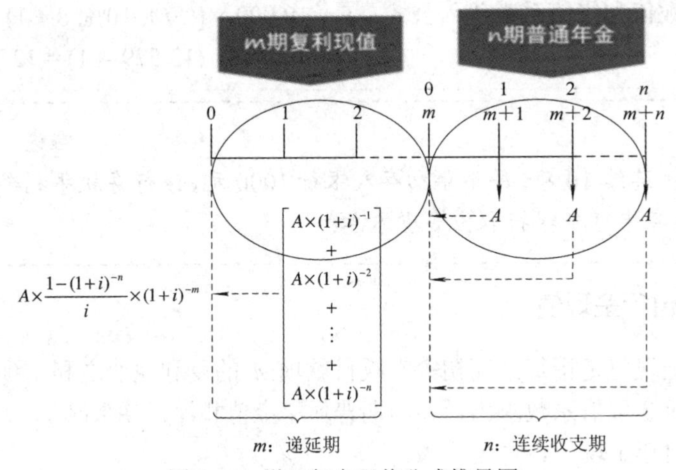

图 2-12 递延年金现值公式推导图

递延年金现值计算公式为

$$P = A \times (P/A, i, n) \times (P/F, i, m)$$

其中，$(P/A, i, n)$的值查年金现值系数表(附表 4)可得，复利现值系数$(P/F, i, n)$的值查复利现值系数表(附表 2)可得。

李先生向银行借入一笔年利率为 8%的贷款，前 5 年不用还本付息，从第 6 年至第 15 年每年年末偿还本息 10 000 元，计算这笔贷款所有还款的现值为多少。

✓ **思路整理如下：**

确认年金类型：前 5 年不用还本付息，从第 6 年至第 15 年每年年末偿还本息 10 000 元，共偿还本息 10 年，是一笔递延年金。

确认求值本质：求偿还本息的现值的本质是求递延年金的现值。

确认使用的计算公式：$P = A \times (P/A, i, n) \times (P/F, i, m)$

查年金现值系数：$(P/A, 8\%, 10) = 6.710$

查复利现值系数：$(P/F, 8\%, 5) = 0.6806$

将数值和系数代入公式：$P = 10\,000 \times (P/A, 8\%, 10) \times (P/F, 8\%, 5)$

$= 10\,000 \times 6.710 \times 0.6806 = 45\,668.26$ (元)

练一练

李先生年初存入银行一笔款项，从第六年年末开始，每年取出 10 000 元，到第 20 年年末全部取完，银行存款年利率为 4%，问最初一次性存入银行的款项是多少。

四、永续年金现值

无限期定额支付的普通年金，称为永续年金，典型的例子就是“存本取息”。永续年金没有终止的时间，也就没有终值，只可计算现值。永续年金现值的计算公式为

$$P = A / i$$

李先生持有的永续年金每年年末的收入为 10 000 元，年利率为 10%，求该项

永续年金的现值 P。

✓ **思路整理如下：**

确认年金类型：已知是一笔永续年金。

确认求值本质：求永续年金的现值。

确认使用的计算公式：$P = A / i$

将数值代入公式：$P = 10\ 000 / 10\% = 100\ 000$ (元)

【能力拓展】

- 以你熟悉的家庭分期付款买房或者买车的实例为基础，计算全额付款和分期付款所支付的资金总额差额为多少，并分析原因。

任务3 资金时间价值在家庭理财规划中的应用

【任务描述】

- 运用资金时间价值解决子女教育储备金存入问题。
- 运用资金时间价值解决保险缴费期限、频次及方式等问题。
- 运用资金时间价值解决房产购买的贷款方式、还款方式等问题。

任务解析1 解决子女教育金储备问题

子女教育规划是理财规划中的重要组成部分，孩子的成长教育有较长的时间跨越，子女教育规划应该充分考虑资金的时间价值。那应该如何对子女教育规划进行资金时间价值的计算呢？我们通过下面李教授为女儿做的一个教育储备金计划进行了解。

李教授欲为目前正读高中一年级的女儿顺利考上大学准备一笔入学学费约 3 万元，按目前 1 年期存款利率 4%计算，已知$(P/F, 4\%, 3) = 0.889$，现在需要一次

性存入多少钱才能在 3 年后取得 3 万元的学费？

✓ **思路整理如下：**

确认计算对象：存一笔钱到期后取出，不满足年金特点，是一般求值。

确认求值本质：求现在存入多少钱在 3 年后可取出 3 万元的实质是求 3 年后 3 万元的现值。

确认使用的计算公式：题目没有说明存款是按单利还是复利计息，按两种计息方式分别计算：

单利现值公式：$P=\dfrac{F}{1+i\times t}$

复利现值公式：$P=F\times(P/F,i,n)$

✓ **计算过程如下：**

单利现值：

将已知数值代入公式：$P=3/(1+4\%\times3)=2.67857$ (**万元**)

复利现值：

查复利现值系数表：$i=4\%$，$n=3\rightarrow(P/F,4\%,3)=0.889$

将已知数值代入公式：$P=3\times0.889=2.667$ (**万元**)

另外，家长还可以通过衡量计算资金时间价值实施教育储备资金计划，为下一代做就业、创业的启动资金计划。

企业家李女士想准备一笔 100 万元事业启动资金，这笔钱在 10 年后用于给儿子大学毕业后创业历练。通过与其理财经理沟通，李女士决定给孩子设立一个创业基金，每年向银行存入一笔钱，于 10 年后取出。

假设银行年利率为 5%，已知年金终值系数$(F/A,5\%,10)=12.5779$，那么李女士每年年末需要存入多少资金才能在 10 年后取出 100 万元资金呢？

✓ **思路整理如下：**

确认计算对象：每年年末存入一笔固定金额的钱，连续存入 10 年，是普通年金。

确认求值本质：求现在存入多少钱在 10 年后可取出 100 万元的实质是知道终值，利用终值公式求年金期缴数 A**。**

确认使用的计算公式：$F=A\times(F/A,i,n)$，**推导出** $A=F/(F/A,i,n)$

已知年金终值系数：$(F/A,5\%,10)=12.5779$

将数值和系数代入公式：$A=F\times(F/A,5\%,10)=1\,000\,000/12.5779$

$=79\,504.53$ (**元**)

任务解析 2　处理保险缴费问题

制定保险规划时，要充分考虑到保费缴纳的合理性和保额发挥作用的适度性。不同险种选择缴费期限的不同，最后所带来的利益影响也有不同。对于中长期保险的保费和保额，要尽量平衡这两者之间的关系，选择适合的缴费期限也对平衡的效果有着重要影响。保险费用缴纳的期限有趸缴和期缴两种。趸缴是指在购买保险时一次性缴纳全部保费，在保险合同范围内享受长期保障；期缴是指按照合同约定的固定期限分期缴纳保费并享受合同范围内的对应保障。常见的期缴周期有月缴、年缴、3 年缴、5 年缴、10 年缴。

同一款保险产品，从保费费率角度比较，趸缴保费低于期缴保费。但从资金时间价值角度则需计算趸缴和期缴的资金现值后做出费用多少的判断，一般保险的保障期限越长，越要考虑资金时间价值。

李先生欲购买一份 10 年期的医疗保险，保费缴纳方式可选择每年年末缴纳 400 元或一次性趸缴 2300 元，假设这 10 年期间存款利率均为年利率 10%，李先生应如何选择更为划算？

✓ **思路整理如下：**

方式一：

- **确认计算对象：按年存入固定金额 400 元是一笔普通年金。**
- **确认求值本质：计算缴纳资金的总价值的实质是求普通年金的现值。**
- **确认使用的计算公式：**$P = A \times (P/A, i, n)$
- **查系数表：**$i = 10\%, n = 10 \rightarrow (P/A, 10\%, 10) = 6.1446$
- **将数值和系数代入公式：**$P = A \times (P/A, 10\%, 10) = 400 \times 6.1446 = 2458$ (元)

✓ **方式二：**

- **确认计算对象：一次性缴纳的 2300 元即资金的现值，无需进行计算。**

比较两种方案，方式一总缴交价值 2458 元大于方式二缴交资金价值 2300 元，因此选择方式二更为划算。

任务解析 3　房产购买资金规划问题

李女士家庭资产和欲购入房产情况如表 2-7 所示，运用资金时间价值完成其对欲购置住房的相关方案设计。

表 2-7　个人资产及欲购置房产信息表

资 产 情 况	
明细	金额
存款	10 万元
基金购置成本	10 万元
基金现值	14 万元
月收入	0.7 万元
可还贷资金(月)	0.3 万元
欲购置房产情况	
欲购置房产总价	35 万元
房屋面积	90 平方米
购房首付比例	30%
按揭贷款比例	70%
按揭贷款期限	10 年

注：商业银行 5 年以上贷款年利率为 7.83%，个人购第一套房优惠 15%。

一、房产可贷款额、总价及单价估算

(一) 可贷款额估算

1. 确定可贷款估算是求年金现值

每月可还贷资金 0.3 万元，贷款 10 年，贷款利率已知，本质就是求年金问题，每月还贷额度现值之和就等于可贷款额度，实质就是对年金现值求和。

✓ **思路整理如下：**

确认计算对象：房贷偿还满足年金的特点，是一笔普通年金。

确认求值本质：计算可贷额度就是求每月还款额度的现值之和，实质是求普通年金的现值。

确认使用的计算公式：$P = A \times (P/A, i, n)$

即　可贷款额 = 月供额 $\times (P/A, i, n)$

2. 运用公式进行计算

若根据年金现值公式计算则需确定系数，求得系数中的 i 和 n，即每期对应的利率和所需缴费的期数，然后查询系数表确定系数后即可计算出年金现值。

✓ **思路整理如下：**

计算公式元素的值： $i = 7.83\%\,(\text{年}) \times 0.85 / 12\,(\text{月}) = 0.555\%\,(\text{月})$

$n = 12\,(\text{期}) \times 10\,(\text{年}) = 120\,(\text{期})$

查年金现值系数表： $i = 0.555\%$，$n = 120 \rightarrow (P/A, 0.555\%, 120) = 87.44$

将数值和系数代入公式： $P = A \times (P/A, 0.555\%, 120)$

$= 3000 \times 87.44 = 262\,320\,(\text{元})$

说明：本书附录系数表中可查询 $n = 1 \sim 50$ 的对照值，当期数过大时不便使用系数表查询，可运用 Excel 中的财务函数求得。

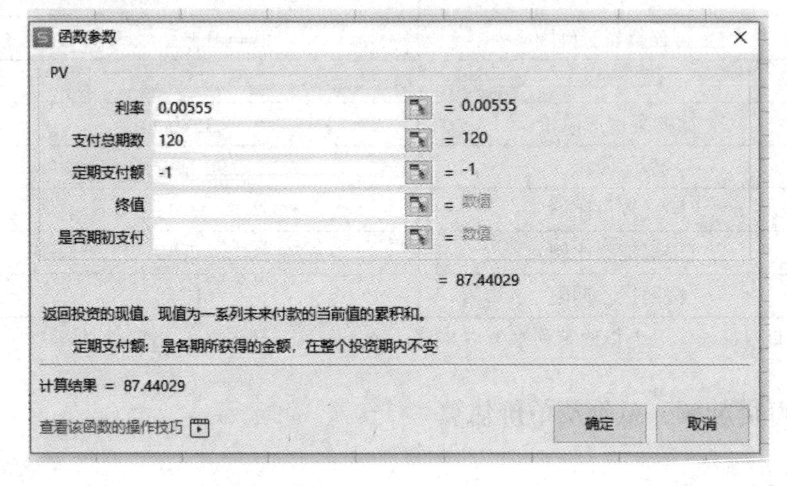

(二) 房款总额估算

根据计算结果可知，李女士所购住房款的可贷金额为 262 320 元，根据表 2-7 可知，住房贷款为房产全款的 70%，则可计算出房屋全款和首付款。

$$\text{可购房款总额} = \frac{\text{可贷资金总额}}{70\%} = \frac{262\,320}{70\%} = 374\,743\,(\text{元})$$

$$\text{首付款额} = \text{可购房款总额} - \text{可贷资金额度} = 374\,743 - 262\,320 = 112\,423\,(\text{元})$$

(三) 商品房单价估算

李女士欲购入的房产面积为 90 平方米，则每平方米的单价为

$$\text{商品房单价} = \frac{\text{可购房总额}}{\text{房屋面积}} = \frac{374\,743}{90} = 4164(\text{元})$$

二、住房贷款还款方式的选择

住房贷款的还款方式有等额本息和等额本金两种。等额本息还款每月以相等

的金额偿还贷款本息。等额本金还款每月等额偿还借款本金，借款利息随应还本金减少而逐月递减。两种还款方式的具体差别见表 2-8。

表 2-8　等额本息及等额本金对比表

	等额本息还款	等额本金还款
计算原理	指贷款人将本金分摊到每个月内，同时付清上一交易日至本次还款日之间的利息	指在还款期内把贷款数总额等分，每月偿还同等数额的本金和剩余贷款在该月所产生的利息
还款金额分布	每个月还款金额不变，压力均等。但是前期还的利息多，本金少，后期还的本金多，利息少	随着每月的还款本金额固定，所需还的利息越来越少，每月还款总额递减。还款前期压力大，后期压力小
利息总额	相对较多	相对较少
适用情形	不适合准备提前还款的人	适合在前段时间还款能力强的贷款人
计算公式	$A = P / (P/A, i, n)$	$A = P / n + (P - P_1)i$
	A：每期还款数　P：贷款总额　P_1：累计已还本金　n：还款期数　i：利率	

李女士最终购房总价款为 374 743 元，首付房款 30%，剩余款项贷款，10 年还清，贷款月利率 0.555%。计算等额本息还款和等额本金还款每月分别需要还款多少。(贷款总额保留整数，月还款额保留两位小数。)

✓ **思路整理如下：**

计算贷款总额：贷款总额 = 应付房款 × 未付房款比例

$= 374\,743 \times (1 - 30\%) = 262\,320$ (元)

确认期数及利率：$n = 12$ (期) × 10 (年) = 120 (期)

$i = 0.555\%$

✓ **按照等额本息还款计算：**

确认计算对象：房贷偿还满足年金的特点，是一笔普通年金。

确认求值本质：计算等额本息月还款额实质是求普通年金的期缴数 A。

确认使用的计算公式：$P = A \times (P/A, i, n)$，**推导出** $A = P/(P/A, i, n)$

计算贷款总额：贷款总额 = 应付房款 × 未付房款比例

$= 374\,743 \times (1 - 30\%) = 262\,320$ (元)

查年金现值系数：$i = 0.555\%$，$n = 120 \rightarrow (P/A, 0.555\%, 120) = 87.44$

将数值和系数代入公式：$A = P \times (P/A, 0.555\%, 120)$

$= 262\,320/87.44$

$= 3000$ (元)

✓ **等额本金还款**

确认计算对象：房贷每期还款数额不同，不具备年金特征，按期计算还款金额即可。

确认求值本质：就是计算每期等额归还的贷款本金与尚未归还的本金所产生的利息之和。

确认使用的计算公式：$A = (P/n) + [(P-P_1) \times i]$

（P：本金；n 还款期数；P_1：已还本金）

将数值代入公式(此处以第 1、2 期和最后 1 期还款计算为例)：

第 1 期还款金额：

$$A = \frac{262\,320}{120} + [(262\,320 - 0)] \times 0.555\%$$
$$= 2186 + 1455.88$$
$$= 3641.88\ (\text{元})$$

第 2 期还款金额：

$$A = \frac{262\,320}{120} + [(262\,320 - 2186)] \times 0.555\%$$
$$= 2186 + 1443.47$$
$$= 3629.74\ (\text{元})$$

后续期数还款计算同上，以此类推计算出自第 54 个月起还款总额低于 3000 元。

最后 1 期还款金额：

$$A = \frac{262\,320}{120} + 2186 \times 0.555\% = 2186 + 12.13 = 2198.13\ (\text{元})$$

对比两种还款方式，在等额本金还款方式的第 1～53 个月里，还款额均超出了李女士的支付能力 0.3 万元/月，所以建议她采用等额本息的方式还款。

【能力拓展】

● 整理出你家庭主要的投资方式，分析各种投资方式背后都涉及了哪些资金时间价值理论。

实战演练 1　帮王先生确定住房贷款的还款方式

实战演练
讲课视频

【任务发布】

根据王先生的情况，计算出他按照等额本息还款每月还款多少钱，计算他按照等额本金还款的前 6 个月每月分别还款多少，并填写等额本息还款表和等额本金还款表。

【任务展示】

1．王先生家庭情况介绍。

王先生购买了一套总价 105 万的住房，首付 42 万，向银行取得商业性抵押贷款 63 万，贷款年限 25 年，年利率 6%。王先生了解到目前贷款还款方式有两种，一种是等额本金还款方式，另一种是等额本息还款方式。王先生夫妻工作相对较稳定，有一定的积蓄，两人月收入合计在 10 000 元左右。请为王先生分析计算两种还款方式下的月还款安排计划，并针对王先生目前收入状况提供选择哪种还款方式更为有利的建议。已知 $(P/A, 0.5\%, 300) = 155.2069$。

表 2-9　王先生住房贷款信息

借款金额	贷款年限	利率	还款方式	
630 000 元	25 年	6%	等额本息	等额本金

2．请按照等额本息还款方式对王先生的住房贷款计算月还款额，并完成表 2-10 的填写。

表 2-10　等额本息还款表

借款金额	贷款年限	年利率	期数	月利率	每月还款额
630 000 元	25 年	6%			

3．请按照等额本金还款方式对王先生的住房贷款计算第 1～6 期的月还款额，并完成表 2-11 的填写。

表 2-11　等额本金还款表(1～6 期)

1 期	2 期	3 期
4 期	5 期	6 期

【还款方式选择及建议】

【步骤指引】

- 老师对两种还款方式的计算方法进行讲解，回顾计算流程及公式。
- 学生根据两种还款方式计算各自的还款金额。
- 学生根据计算出的两种还款方式的还款金额，比较分析哪种还款方式合适。

【实战经验】

实战演练 2 有资金价值意义的生日礼物

【任务发布】

请看看小星会收到来自祖父母赠与的价值多少的成人礼，并协助小星的爸爸妈妈完成为她准备现金价值生日礼物的计划，填写表格中的空缺内容。最后分析小星的家人采用这样的方式为她过生日有什么与众不同的意义。

【任务展示】

1．小星的生日背景。

小星今年 12 岁，祖父母将一份面值 5000 元，以单利计息的 10 年期债券作为生日礼物赠送给她，这张债券的票面年利率为 4%，这张债券到期时的价值是多少？

同时，她的父母计划从小星 19 岁至她 22 岁生日时，每年赠与她 10 000 元资金作为礼物。

为了给小星准备好这份生日礼物，小星的爸爸妈妈从今年开始每年用等额资金购买年收益率 6%的理财产品 B。请问：小星的爸爸妈妈需要在小星 12～18 岁时平均每年存入多少资金用以购买理财产品 B，才能使小星从 19 岁～22 岁每年从理财产品 B 取出 10 000 元的资金作为生日礼物？(提示：债券票据到期价值 = 票面面值 + 票面利息，票面利息 = 票面面值 × 票面利率 × 票面期限。)

2．请计算小星祖父母为其准备的礼物到期后的价值是多少，并填入表 2-12。

表 2-12 来自祖父母的礼物价值

	债券面值	期限	年利率	到期价值
祖父母的礼物	5000 元	10 年	4%	

3．小星的父母如果要按计划实现为她准备的生日礼，从现在开始一直到她 18 岁，平均每年应该购买多少理财产品 B？请计算后填入表 2-13。

表 2-13 来自父母的礼物价值

<table>
<tr><th></th><th>购买理财产品 B 的现值</th><th>年龄</th><th>价值</th></tr>
<tr><td rowspan="4">父母的礼物</td><td rowspan="4"></td><td>19 岁</td><td>10 000 元</td></tr>
<tr><td>20 岁</td><td>10 000 元</td></tr>
<tr><td>21 岁</td><td>10 000 元</td></tr>
<tr><td>22 岁</td><td>10 000 元</td></tr>
<tr><td colspan="3">12～18 岁平均每年存入金额</td><td></td></tr>
</table>

【步骤指引】

- 老师对小星祖父母、爸爸妈妈所作的资金价值礼物计划进行讲解。
- 同学将表格中所需填写的空缺内容转换成对应的计算对象。
- 运用正确的计算公式将已知信息代入公式进行运算。
- 得出相应结论并分析体现资金时间价值的生日礼物与你所知道的生日礼物对比有什么样的意义。

【实战经验】

项目三

理财从业人员应有的信息素养

项目概述

本项目通过认识信息及经济信息、培养信息素养和关注收集理财相关信息三个任务，对信息和经济信息的概念、特征和分类做介绍，对信息素养的主要内容和高信息素养的外在表现做讲解，对理财从业人员的信息素养培养和提升给予建议，详细讲述理财从业人员应关注收集的宏观经济信息、金融行业信息、理财客户信息的具体内容，帮助理财从业人员由浅入深逐步建立对信息素养的认知，明确信息素养的提升方向，树立理财行业工作岗位应具备的信息素养标准，为未来运用信息向客户提供精准的财富管理服务、利用信息完成高质量的理财规划做好准备。

项目背景

2018 年 4 月 13 日，教育部关于印发《教育信息化 2.0 行动计划》的通知如图 3-1 所示。《教育信息化 2.0 行动计划》是推进“互联网+教育”的具体实施计划。

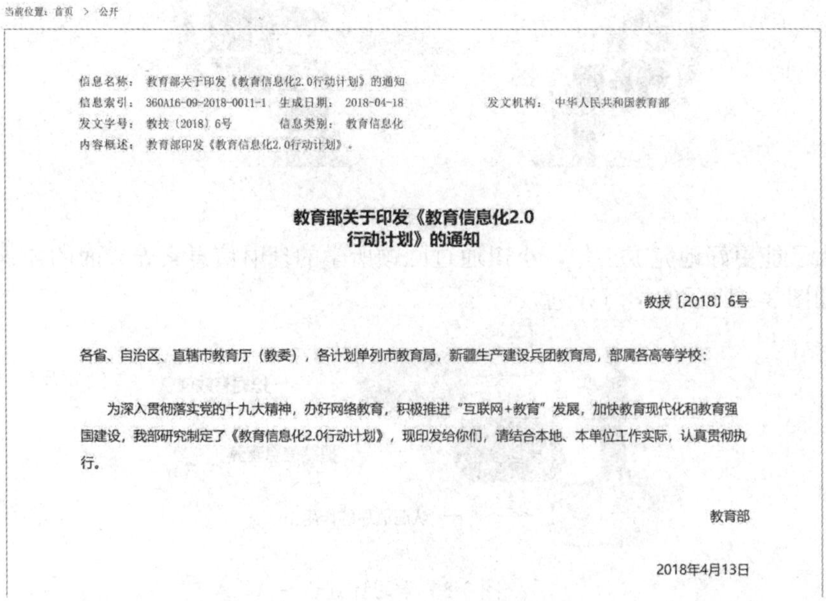

当前位置：首页 > 公开

信息名称：教育部关于印发《教育信息化2.0行动计划》的通知
信息索引：360A16-09-2018-0011-1　生成日期：2018-04-18　发文机构：中华人民共和国教育部
发文字号：教技〔2018〕6号　信息类别：教育信息化
内容概述：教育部印发《教育信息化2.0行动计划》。

教育部关于印发《教育信息化2.0行动计划》的通知

教技〔2018〕6号

各省、自治区、直辖市教育厅（教委），各计划单列市教育局，新疆生产建设兵团教育局，部属各高等学校：

为深入贯彻落实党的十九大精神，办好网络教育，积极推进“互联网+教育”发展，加快教育现代化和教育强国建设，我部研究制定了《教育信息化2.0行动计划》，现印发给你们，请结合本地、本单位工作实际，认真贯彻执行。

教育部

2018年4月13日

图 3-1　教育部关于印发《教育信息化 2.0 行动计划》的通知

人工智能、大数据、区块链等技术迅猛发展，将深刻改变人才需求和教育形态。该通知中指出，顺应智能环境下的教育是发展的必然选择。

以人工智能、大数据、物联网等新兴技术为基础，依托各类智能设备及网络传播的信息环境已经对信息生态开始重构，这对使用信息的人群所具备的信息素养水平提出了新要求。对于未来要成为理财从业人员的学生，更加需要掌握多样化的信息渠道，了解国家层面、行业层面的宏观信息以及客户层面的微观信息，否则将因错失“信号”而无法做出正确的市场判断，导致理财规划的实施结果和预期目标相差较大。因此，学习本项目，培养和提高信息素养水平对学生未来从事理财行业工作相当重要。

项目演示

淼淼身为大堂经理，通过与客户张先生的交谈，对他的个人信息有所了解(见图 3-2)。小琪作为实习生，协助淼淼一起整理和分析张先生所述的个人信息，为后续向张先生提供理财服务做好准备，以便在下次沟通交流时能为张先生配置符合他个人及家庭情况的理财产品和工具。

图 3-2　与客户交谈

为了能更好地完成工作，小琪通过回顾所学的理财信息素养方面的知识，制订了如图 3-3 所示的学习计划。

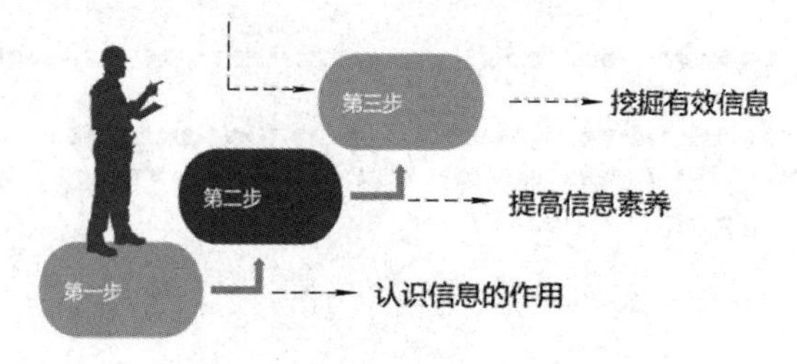

图 3-3　学习计划

思维导图

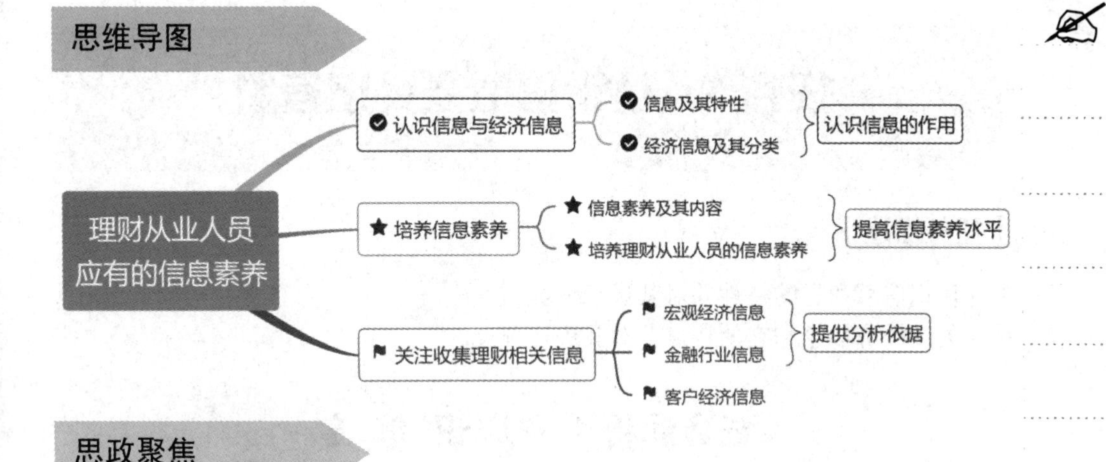

思政聚焦

作为理财从业人员，需要具备诚信这一优良品质，这也是理财从业人员的职业道德标准要求之一。

目前金融市场上的创新理财产品和投资工具层出不穷。证券公司、基金公司、保险公司都以便利交易为目的展开与银行的紧密合作。客户在享受到更加优化的理财服务的同时，对大量的理财产品和工具也产生了迷惑。面对理财业务的深度交叉营销，客户对理财产品和工具及其发行机构的判断、对理财产品和工具的本质和风险的识别难度越来越高。

理财从业人员应本着诚信之心向客户如实告知产品类型，让客户知晓其发行机构和风险水平，以便让客户结合自身的风险承受能力做出判断。要坚决杜绝违背诚信的具体行为，包括隐瞒产品风险、夸大产品收益、诋毁同业产品等，同时加强自身专业知识的学习和法律意识的培养，认真学习相关案例，加深对诚信职业道德的理解，守住合法合规的底线。

教学目标

知识目标

◎认识信息和经济信息，分别掌握其特性。

◎了解信息素养，熟悉理财从业人员应具备的信息素养。

◎掌握理财从业人员应关注收集的信息内容。

能力目标

◎能够独立完成经济信息的获取并有效筛选。

◎能够根据使用情景独立完成对可用经济信息的整合。

◎能够配合他人对整合的经济信息做出分析并得出结论。

学习重点

◎建立常用的经济信息获取渠道清单。

◎列出理财从业人员关注信息列表。

◎挖掘有效的金融行业信息及客户经济信息。

任务1 认识信息及经济信息

【任务描述】

- 认识信息和它的特性并对其进行分类。
- 关注经济信息和它的特点并对其进行分类。

任务解析1 认 识 信 息

信息又被称为资讯，各种能够反映客观事物的运动状态和变化的消息、情报、资料、指令等都可称为信息。它可以是报纸和杂志刊登的内容，也可以是手机APP中传达的各类消息，还可以是电视播放的节目、互联网门户网站推送的热点资讯，甚至网页中弹出的广告。

一、信息的特性

信息具有九大特性，即依附性、可传递性、时效性、价值性、再生性、可缩性、可处理性、可存储性和可预测性。

(一) 依附性

信息本身不具有具体形态，它需要依附在载体之上进行传播，体现出依附性。报纸、杂志上的信息依附于纸张，网络信息依附于计算机，广播、通话则依附于电子通信设备。

(二) 可传递性

信息通过传播载体实现传递，其传递方式随着载体的变化而变化。最传统的信息传递方式是“口口相传”“身体语言”，随后出现了手抄文字、印刷文字，近现代出现了广播、电话等，当今的信息传递方式在原有传播方式的基础上进行了部分替代及扩充，如计算机网络、移动设备、数字信号等可以传递信息，体现出信息具有可传递性。

(三) 时效性

信息会随着客观事物的变化而变化，同一信息在不同的时间传播给受众，这一信息的性质就会具有很大的差异。有的信息仅在一定时间段内对接收者的决策提供依据，可见信息的时效性很大程度上制约着其对接收者的决策所发挥的效果，这体现出信息具有时效性。例如，新闻就是时效性较强的一类信息，但是对新闻

而言其内容不同时效性也有所不同。一般情况下，事件性新闻的时效性较强，会在较短时间内失效；非事件性新闻的时效性较弱，失效的时间就稍长一些。

(四) 价值性

信息能够满足接收者某方面的需要并指导其行为，这体现出信息具有价值性。评判信息价值的大小具有主观性，取决于接收者的需求及其对信息的认识、理解和利用的能力。例如，微信推送的健身营养补充素的广告，对于热爱健身的人或有计划开展健身活动的人而言具有价值性，而对于当下没有健身习惯或需求的人而言就会被视为无用信息直接划过，不会被了解或关注。

(五) 再生性

信息传播的过程中会被作为客体再利用，原生信息会被再度开发，通过对已有的原生信息的加工和提炼或截取扩充出新的信息，然后再被传播，即再生性信息开启新的传播进程，这个过程中原生的客观信息被转变为主观的再生性信息，体现出信息具有再生性。

如图 3-4 所示，商场通过网络广告、派发传单、微信推送的方式开展促销宣传，这些信息是商场发布的原生信息。看到广告的人在接收到了信息后自行加工并传播出商场的促销信息和自身的偏好信息，这个过程中接收信息者便将商场传播出的原生信息转变成了再生信息传播给了他人。

图 3-4　信息相关内容

(六) 可缩性

信息可被其接收者根据需要进行归纳、分类、提炼、截取等加工，成为更加便于运用的信息结果。这个最终的信息结果较原始的信息会有大幅的提炼压缩，体现出信息具有可缩性。

例如，我国在 2020 年开展了第七次全国人口普查，自 2020 年 11 月 1 日到 12 月 10 日进行入户登记，被调查人需要填写如图 3-5 所示的人口普查表，调查机构通过此表获取到了大量人口数据。

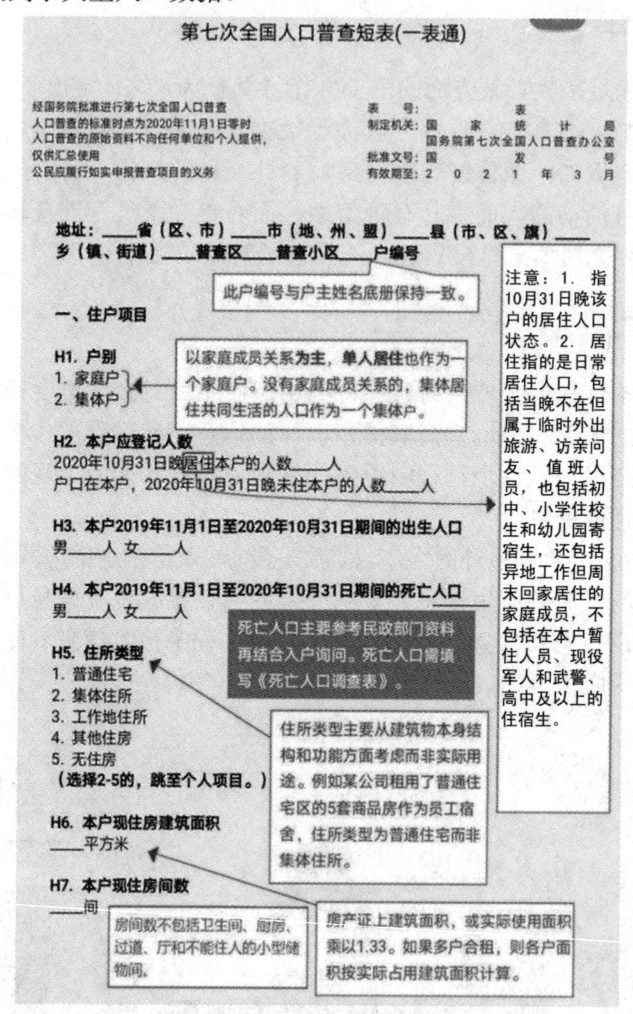

第七次全国人口普查短表(一表通)

经国务院批准进行第七次全国人口普查
人口普查的标准时点为2020年11月1日零时
人口普查的原始资料不向任何单位和个人提供，
仅供汇总使用
公民应履行如实申报普查项目的义务

表　号：　表
制定机关：国　家　统　计　局
国务院第七次全国人口普查办公室
批准文号：国　发　号
有效期至：2　0　2　1　年　3　月

地址：____省（区、市）____市（地、州、盟）____县（市、区、旗）____乡（镇、街道）____普查区____普查小区____户编号

此户编号与户主姓名底册保持一致。

注意：1. 指10月31日晚该户的居住人口状态。2. 居住指的是日常居住人口，包括当晚不在但属于临时外出旅游、访亲问友、值班人员，也包括初中、小学住校生和幼儿园寄宿生，还包括异地工作但周末回家居住的家庭成员，不包括在本户暂住人员、现役军人和武警、高中及以上的住宿生。

一、住户项目

H1. 户别
1. 家庭户
2. 集体户

以家庭成员关系为主，单人居住也作为一个家庭户。没有家庭成员关系的，集体居住共同生活的人口作为一个集体户。

H2. 本户应登记人数
2020年10月31日晚居住本户的人数____人
户口在本户，2020年10月31日晚未住本户的人数____人

H3. 本户2019年11月1日至2020年10月31日期间的出生人口
男____人 女____人

H4. 本户2019年11月1日至2020年10月31日期间的死亡人口
男____人 女____人

死亡人口主要参考民政部门资料再结合入户询问。死亡人口需填写《死亡人口调查表》。

H5. 住所类型
1. 普通住宅
2. 集体住所
3. 工作地住所
4. 其他住房
5. 无住房
（选择2-5的，跳至个人项目。）

住所类型主要从建筑物本身结构和功能方面考虑而非实际用途。例如某公司租用了普通住宅区的5套商品房作为员工宿舍，住所类型为普通住宅而非集体住所。

H6. 本户现住房建筑面积
____平方米

H7. 本户现住房间数
____间

房间数不包括卫生间、厨房、过道、厅和不能住人的小型储物间。

房产证上建筑面积，或实际使用面积乘以1.33。如果多户合租，则各户面积按实际占用建筑面积计算。

图 3-5　第七次全国人口普查短表(部分)

统计部门将人口普查短表中采集的信息做出汇总统计，根据分析所需的口径对其进行类别划分，如根据性别划分、年龄层划分、地域人口划分等。这些被分类归纳的数据经过进一步计算整理后可得出我国近 10 年的人口出生率、目前人口的年龄分布情况和地域人口规模分布占比等可使用的信息结果。这些可使用的信息结果是将人口普查的整个过程中采集到的庞大而零散的信息提炼、精简、汇总后形成的压缩性信息。相关部门以此作为分析基础，发布报告或白皮书，以供所需者做出相关决策时参考使用。

(七) 可处理性

信息是可以进行加工处理的，人们根据需求对原始信息进行分析和处理后形

成新的信息，然后使用。例如，以上所列的人口普查的例子就是对原始的信息进行加工处理后，使新的信息具备提供决策依据的作用。显然，信息是可以处理的。

(八) 可存储性

信息可以被接收方根据需要进行存储，其存储方式从古老的在竹简上刻画发展到在纸张上印刷，照相机、摄影机、录音设备的出现使影音像的存储成为可能，计算机的出现方便了人们使用文档处理软件输入文字并保存。这些影音像和文档信息均可在计算机硬盘、U 盘、网络云盘等存储设备中存储，体现出信息具有可存储性。

(九) 可预测性

人们可以根据既有信息传达的内容对和此信息内容相关的领域的未来发展趋势进行预测和推演，还可以通过在既往信息中发现的规律，对未来的数据浮动做出估计，体现出信息具有可预测性。例如：现实中经济金融专家经常会根据当下的国家宏观政策、目前的社会行业发展数据、过去的企业财务报告等信息对股市走势做出预测；根据某些板块或股票的估值对未来股价做出判断，向投资者推荐现阶段处于低估值区的股票等。

二、信息的分类

信息可按照其内容、形式、载体、来源、性质、重要性、作用等多个角度进行分类，其中最常用的方式是按照形式不同进行分类。

按照信息的形式，可将其分为文字信息、图形图像信息、声音信息、视频信息等。其中文字信息和图形图像信息是有形的，声音信息是无形的，视频信息则是有形和无形结合的表现形式。

(1) 文字及图形信息是出现得较早、较为传统的，也是最基本、最常见的信息表现形式。它们以纸张为载体，通过报纸、杂志和书籍进行传播，现今它们基于计算机和移动终端在网页上和应用程序中进行传播。

(2) 声音信息包含在声音当中，它以声波的形式通过介质传播，具有传播效率高且易于接的特点。它不仅仅局限于人类的语言，在自然界中也广泛存在着。随着科技的发展，声音信息具备了更强的传播环境，这使得它的传播进一步加快，传播效率高的特点更加凸显。

(3) 视频信息是将文字及图形图像与声音信息结合，以电信号的方式对加工后的信息进行处理、存储、传送与重现的结果。过去它主要基于电视信号进行传播，而今则主要依赖于计算机网络和手机移动终端上安装的应用程序进行传播。

任务解析 2　认识经济信息

经济信息是从信息内容角度对信息进行划分后的一个细分领域，它伴随着经

济活动而存在，只要有经济活动发生就一定会产生与它相关的经济信息。人们通过接收、传递和处理经济信息，运用它所反映出的具体内容来加强对各经济管理环节之间联系的理解，更好地实现生产调控和管理。社会生产过程中无时无刻不在产生和使用经济信息，它是客观经济过程的基本构成要素之一。新华社中国经济信息社不定期针对国内外经济的重点、热点和焦点问题提供政策建议，发布《国家高端智库研究报告》和《经济分析报告》(见图 3-6)。

图 3-6　新华社中国经济信息社发布的《经济分析报告》

练一练

你主动获取过经济信息吗？试列举一二。

有没有一些你毫不关心的经济信息传递给你？它们都是以什么方式送达给你的？

对你而言无用的信息，你认为哪些人会愿意接收并使用它们？

一、经济信息的特点

经济信息除了具备信息所具有的特性之外，还在经济价值方面体现出自身的特性，主要体现在以下两方面。

(一) 经济信息的经济价值与其使用价值不可分离

经济信息在交换时不发挥效用也不产生经济价值，仅在交换后被实际应用时才发挥作用，体现出其经济价值。

如图 3-7 所示，小林早晨在地铁上听到新闻播报得知近期基金认购市场异常火爆，2021 年年初新发基金数量惊人，便咨询了有投资经验的王总。王总建议她不要盲目入市，需要了解更多的信息并考虑风险后再做抉择。

图 3-7　经济信息交流

在此过程中，小林在地铁上听到关于基金的新闻播报的那一刻，该信息并未发挥经济价值，只有当小林随后进行基金认购交易时这条信息的经济价值才得以体现。如果小林在听取王总建议并认真考虑后认为基金认购风险超出自己的承受能力，于是放弃投资，那么，地铁上这条信息就没有对小林发挥出经济价值。

(二) 经济信息的经济价值大小取决于被多少人所接收和应用

经济信息的经济价值大小衡量与一般物品不同。一般物品的价值量是确定的，仅在交换过程中发生转移，不会发生增值。经济信息的经济价值在传播前并不确定，其大小取决于被多少人所接收和应用，并随着传播范围的扩大、被使用次数的增加而逐步增大。例如，2019 年，中央 1 号文件中明确要实施“大豆振兴计划”，随后《黑龙江省 2020—2022 年玉米和大豆生产者补贴实施工作方案》通知在全省范围内施行统一的玉米和大豆生产者给予连续 3 年的补贴政策，对玉米和大豆生产者分别执行统一的玉米生产者补贴标准和大豆生产者补贴标准，鼓励农民种植玉米、大豆等。

此通知下发后，在政策实施区域内加入种植玉米、大豆等行列的农民越多，则此条通知的总经济价值越大。

二、经济信息的分类

经济活动范围十分广泛且复杂多样，本任务从经济信息的特征和内容两个角度对其进行划分。

(一) 根据经济信息的特征划分

根据经济信息的特征可将其划分为定性经济信息和定量经济信息。定性经济信息是指以非计量形式来描述经济活动状况，分析经济过程，总结经济活动规律的信息。定量经济信息是指以计量形式来表示经济活动的信息。当前经济信息的需求正从以定性为主逐步转向定性定量相结合并以定量为主的信息。

(二) 根据经济信息的内容划分

根据经济信息的内容可将其划分为宏观经济信息和微观经济信息。

1. 宏观经济信息

宏观经济信息反映的是整个国民经济及其经济活动和运行状态，它从全局的角度来描述经济活动变化和特征的信息，具有很强的综合性和概括性。它涵盖的是总量经济活动，如社会总供给与总需求、国民经济的总值及其增长速度、国民经济中的主要比例关系、物价总水平、劳动就业的总水平与失业率、货币发行的总规模与增长速度、进出口贸易的总规模及其变动等，主要是为宏观经济管理服务。

1) 宏观经济信息的主要内容

宏观经济信息的内容相当宽泛复杂，从宏观经济管理的学科知识中我们提取归纳后得出表 3-1，即宏观经济信息涵盖的主要内容。

表 3-1 宏观经济信息涵盖的主要内容

反映内容	常见分析
社会再生产基本条件	社会总人口、总劳动力、各种自然资源、国民财产及其构成情况、财政资金、银行资金以及外汇储备等
社会再生产过程及其成果	国内生产总值、国内生产净值及其构成情况
社会再生产主要比例关系	农、轻、重工业的比例，农业内部和工业内部的比例，生产和基本建设的比例
社会再生产效益	全社会投入与产出的比率、人民物质文化生活提高和改善
社会再生产有关的其他方面	科技发展信息、人才教育信息、环境保护信息、各种国际经济信息

2) 宏观经济信息的特点

与一般经济信息相比，宏观经济信息还具有它自身的四项特点，见表 3-2。

表 3-2　宏观经济信息的特点

主要特点	特 点 表 现
广泛性	宏观经济信息需要在全社会各方面广泛收集。如果缺少了某方面的信息，则不利于体现宏观经济信息的全面性。 在宏观经济管理上运用不全面的宏观经济信息时，将会造成管理偏差和决策失误
综合性	宏观经济信息需要基于单项信息和局部信息进行综合加工。综合加工后的宏观经济信息才可以较为准确地反映出经济总量和总体运行情况。 如果只是选用零散的单项信息或某些局部信息，或是将它们简单加总，都无法体现碎片化信息之间的本质联系，难以对这些信息中蕴含的经济规律做出分析，无法实现对信息的深度解读和应用
指导性	宏观经济管理部门发出的如命令、指示、政策、法令和计划等信息是宏观经济信息的重要组成部分。这类信息配合市场这只“看不见的手”，发挥“看得见的手”的作用，在防止市场失灵的同时力争提高资源配置效率，指导参与市场的每个个体增强对资源配置的前瞻性
服务性	宏观经济信息是为各层次的宏观和微观经济管理而服务的，通过信息资源共享来实现对应的经济管理目标

2. 微观经济信息

微观经济信息反映的是个量经济及其经济活动的具体情况和运转状态，它从个体的角度来描述经济活动变化和特征的信息，具有很强的时效性和变动性。它涵盖的是个人、企业、单位等经济单位的经济活动，如某个企业的生产量、供销总额、某个产品的销售价格等，主要是为基层经济部门的经营管理服务的。

1) 微观经济信息的主要内容

微观经济信息的信息量十分巨大且变化频率高，更迭速度快，从微观经济学知识中我们提取归纳后得出表 3-3，即微观经济信息涵盖的主要内容。

表 3-3　微观经济信息涵盖的主要内容

反映内容	常 见 分 析
消费者	1. 消费支出及支出预算影响消费倾向的因素、消费倾向变化趋势； 2. 消费者的消费结构、消费者的支出结构计划、消费结构变化规律及其影响因素； 3. 购买产品的心理和具体行为
厂商	1. 生产：包括生产物料、生产过程(生产准备过程、基本生产过程、辅助生产过程和生产服务过程)、生产技术等； 2. 成本：包括直接材料成本、直接人工成本、管理成本、制造费用等； 3. 利润：包括利润总额、毛利润和净利润
产品	1. 价格：高于均衡价格、低于均衡价格； 2. 销量：某种类产品销量、全厂销量和行业销量

2) 微观经济信息的特点

与一般经济信息相对比，微观经济信息还具有它自身的三项特点，见表 3-4。

表 3-4 微观经济信息的特点

主要特点	特 点 表 现
纵向性	微观经济信息往往需要在某一个特定领域向具有共同特点的行业、人群进行收集。一个领域内的纵向信息越多，就越具有挖掘价值，越有利于做本领域内的既往信息分析和决策预判
分散性	微观经济信息的收集相对分散，对收集到的信息的分析更多的是基于个体相关的方面展开的，其结果多以点状结论呈现
主动性	微观经济的主体是企业和个人，微观经济学都是立足于要实现“收益”最大化，所以微观经济信息的制造者愿意主动地在能力范围内使配置最优化并不断把优化的信息向外传播

【能力拓展】

- 你现在最关注的是什么信息？
- 它体现出信息的哪些特性？

- 这些信息通过什么途径来获取？它们是有形的还是无形的？

- 这些信息在你身上发挥着怎样的作用？

任务2　培养信息素养

【任务描述】

- 了解信息素养的主要内容和高信息素养人员的主要体现。
- 掌握理财从业人员应有的信息素养培养方向。

任务解析1　了解信息素养

信息素养概念的酝酿始于美国图书检索技能的演变。信息素养的概念一经提出，便得到了广泛传播和使用，世界各国的研究机构纷纷围绕如何提高信息素养展开了广泛的探索和深入的研究，对信息素养概念的界定、内涵和评价标准等提出了一系列新的见解。信息素养的概念经过了四个阶段的发展和完善，如图3-8所示。

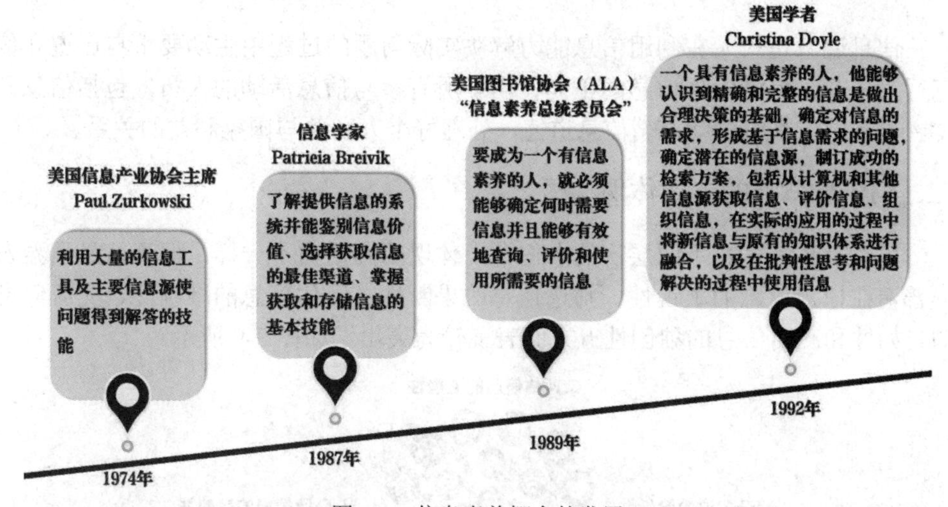

图3-8　信息素养概念的发展

当今已进入信息时代，人们接收的信息量十分巨大，面对的信息传输速度和变换速度极快，同时要处理的信息质量也良莠不齐。在这个时代，人们要完成终身学习需要依赖于优质的信息，要能够在茫茫的信息海洋中获取最实用的信息，这将对个人的成长进步发挥重要作用。

一、信息素养的主要内容

信息素养的主要内容包含个人具备信息意识，理解信息及信息技术的基本知识，运用信息技术进行学习、合作、交流和解决问题的能力以及信息道德水平等方面。它是个体适应信息化社会生活的基本生存能力，是一种综合性的、社会共

同的评价，是评价人才综合素质的重要指标之一，应该被充分重视。

信息素养的内容可归纳为三方面，即信息意识、信息能力和信息道德。

(一) 信息意识

信息意识是指人对信息、信息问题的敏感程度，是对信息进行捕捉、分析、判断和吸收的自觉程度，它在信息素养培养中发挥着先导作用。一个人有没有信息素养、有多高的信息素养，首先要看他有没有信息意识、信息意识有多强。信息意识强则在碰到实际问题时能够及时想到使用信息技术去解决问题。

(二) 信息能力

信息能力是指人能够采取适当的信息手段，选择适合的信息技术及工具，通过恰当的信息途径去解决问题的能力。它包括信息采集能力(即信息获取的能力)、信息处理分析能力、信息创新及交流能力。这种能力贯穿于将原始信息加工成为有用信息的全过程，是信息素养水平的核心体现。

(三) 信息道德

信息道德是指人在利用信息能力解决实际问题的过程中主动要求自己遵守信息行为规范，保障发挥信息的正向作用。所有参与信息活动的人员，包括信息开发者、利用者都应主动遵循信息道德，处理好个人利益与国家利益的关系。

二、高信息素养的主要体现

虽然信息素养在不同层次的人们身上体现的侧重面不一样，但高信息素养人群普遍在捕捉信息的敏锐性、筛选信息的果断性、评估信息的准确性、交流信息的自如性和应用信息的独创性五方面表现较为突出，如图 3-9 所示。

图 3-9　高信息素养的主要体现

(一) 捕捉信息的敏锐性

高信息素养人群能够在信息的收集、整理、编写、传递与存储过程中见微知著，迅速而敏捷、细致而深入、全面而准确地洞察信息的本质，具备灵敏的信息

嗅觉，在表面视为无用的信息中窥见其潜在的使用价值，在人们司空见惯的信息中发现关键价值，注重在捕捉信息上下功夫，收集、挖掘和整理有价值的信息，为决策提供有效支持。

(二) 筛选信息的果断性

高信息素养人群在捕捉到信息后并不会吸收它负载的全部信息，而是根据使用目的迅速而准确地辨析、选择、提取出有关信息，完成对信息的筛选。高信息素养人群对信息的筛选过程果断而有效，能够判明利害，把握信息发展趋势，完成对复杂信息的分析和处理。

(三) 评估信息的准确性

高信息素养人群可以从信息来源的可靠性、信息资源的使用目标群体的理解和使用能力、信息资源的准确度、适用度以及信息的时效性等方面对信息的准确性做出判断。信息无处不在，使用准确的信息可以事半功倍，运用不适宜的信息则会导致信息处理结果不佳，信息使用的准确性会切实影响到最终决策的可靠性。在信息使用前对其进行评估，有效地检验信息质量，确认其准确性后再使用会让决策更加理性和高效。

(四) 交流信息的自如性

高信息素养人群具有较为系统的信息处理方法和对信息结果的理解能力，能够自如地对信息的处理过程和分析结果进行传播交流，让信息的收集、分析和处理这一系列过程中新创造的大量信息成为新的可用信息传播出去，充分发挥信息的传播特性，放大信息的作用和价值。

(五) 应用信息的独创性

高信息素养人群会意识到每一条信息对不同的人和不同的领域所能发挥的作用不尽相同，他们在面对信息时会充分认识到该信息对自身而言存在的特殊价值，进行独创性地应用信息。

任务解析 2　培养理财从业人员的信息素养

理财从业者需要对社会中大量的经济信息进行甄别运用，关注个人及家庭生活中的经济活动，有针对性地获取和加工信息，让其为自身的理财规划工作“效力”，更好地服务于客户。这就要求理财从业人员在具备专业能力的同时也必须拥有良好的信息素养，这样才能够较为出色地完成工作。

作为理财从业人员，应该努力成为具备良好信息素养的人。这样就可以保持对经济信息的敏感度，有效收集信息，运用合适的信息处理工具和手段分析经济

信息，做出对经济发展的预判，得出客户的风险承受度和产品偏好的结论。理财从业人员培养自身的信息素养应注重在以下六个方面进行开展。

一、建立主动获取经济信息的意识

理财从业人员要有获取新的理财相关经济信息的意愿，能够主动从生活实践中不断地查找、探究新的信息。

二、培养对经济信息的分析能力

现代经济信息的传播渠道丰富，信息量巨大，要实现对经济信息的正确应用，使其发挥价值，需要培养自身对经济信息的分析能力，能够从海量的信息中搜索到自己需要的经济信息，对筛选出的信息进一步正确评估，做出运用与否和如何运用的判断。

三、掌握一般的经济信息来源渠道

理财从业人员掌握一般的经济信息来源渠道可以帮助其高效地收集经济信息，根据经济信息来源渠道的特点直接将所获信息分类归纳。常用的获取经济信息的渠道见表 3-5。

表 3-5　常用经济信息获取渠道列表

渠道	具体内容
电视	新闻联播、CCTV2 经济频道等
网站	政府部门网站，如央视、国家统计局、财政部、中国人民银行等的官网
	经济行业网站，如东方财富、wind 资讯等
	门户网站的财经板块，如新浪财经、网易财经等
移动终端	财经类微信公众号
	财经金融类 APP，如手机银行 APP、券商 APP、支付宝、天天基金网等

四、能够运用掌握的信息进行科学理财

获取经济信息后要对其进行加工处理，并提炼有效信息，对未来做出预判，结合自身的理财专业能力做出正确的理财投资规划设计，实现科学理财。

五、能够有效回避“信息污染”

信息获取的难度降低致使信息污染程度加大，理财从业者要具备辨别有用信息的能力，选取有效的信息内容作为加工处理对象，否则将会导致方向性错误，致使理财规划出现偏差和投资失败。

六、具有信息安全意识

理财从业人员还需要具备信息安全意识，做好信息保密工作。在理财服务过

程中，理财从业人员不得违规违法对外透露客户的家庭财务状况信息。对业务中了解的客户个人隐私信息必须保密，对金融行业法规要求中有限制性宣传的业务信息仅在允许范围内传播，对有销售额度限制的理财产品要有选择性地传播。

【能力拓展】

你认为信息素养的三方面内容是怎样的关系？应该如何去建立？

本任务所提及的信息素养你已经具备哪些？还需加强哪些？

任务3　关注收集理财相关信息

【任务描述】

- 关注收集宏观经济信息。
- 关注收集金融行业信息。
- 关注收集理财客户信息。

理财从业人员应关注收集的信息至少包括宏观经济信息、金融行业信息和理财客户信息。只有掌握些信息并能够将这些信息进行匹配和深度结合，才能做出可行性高、质量好的客户家庭理财规划方案。

任务解析1　关注收集宏观经济信息

理财从业人员需要充分重视宏观经济信息中的宏观经济政策信息，它是国家根据经济信息的发展目标对宏观经济发展方向进行调节的基本原则和方针，这其中蕴含着国家经济、金融的重要举措和态度。国家或政府有意识、有计划地运用一定的政策工具调节控制宏观经济的运行，从而达到既定的政策目标。

一、关注收集宏观经济政策信息的渠道

理财从业人员应保持对我国宏观经济政策调整方向的关注，除了关注通过会议传达的宏观经济政策信息，还需要特别关注财政部、中国人民银行发布的公开信息。要密切留意央行行长讲话内容，捕捉其中的货币政策信息、各项措施的实施影响等。另外，还需关注国家的人口、税收政策信息以及直接影响理财市场波动的汇率、利率、国债发行情况等信息，并且需要高频定期查看。

二、关注我国近年来主要的宏观经济政策

(一) 国内国际“双循环”格局

为适应我国社会主要矛盾的变化和国际环境复杂深刻的变化，突出我国比较优势，2020 年我国提出要构建以国内大循环为主体，国内国际双循环相互促进的新发展格局，要努力谋求更高质量的国内大循环和更高水平的国际循环，形成“双循环”经济发展战略。

(二) 供给侧结构性改革

供给侧结构性改革强调着力提高供给体系质量和效率，用改革的办法推进经济的结构性调整，矫正要素配置扭曲，扩大有效供给，提高供给结构对需求变化的适应性和灵活性，提高全要素生产率，更好地满足广大人民群众的需要，促进经济社会持续健康发展。

(三) “营改增”税费改革

税费改革也称费改税，是指在对现有的政府收费进行清理整顿的基础上，用税收取代一些具有税收特征的收费，通过进一步深化财税体制改革，初步建立起以税收为主，少量必要的政府收费为辅的政府收入体系。其实质是为规范政府收入机制而必须采取的一项重大改革举措。

2016 年 5 月 1 日，中国全面推行营改增试点，将建筑业、房地产业、金融业、生活服务业全部纳入营改增试点，至此，营业税退出历史舞台，增值税制度全面规范化执行。这是自 1994 年分税制改革以来，财税体制的又一次深刻变革。

(四) 政府债务调整

政府债务亦称公债，是政府凭借其信誉，作为债务人与债权人之间按照有偿原则发生信用关系来筹集财政资金的一种信用方式，也是政府调度社会资金、弥补财政赤字、以调控经济运行为目的的一种特殊分配方式。

2014 年之前，中央政府和地方政府发行的债务均为“政府性债务”。2015 年新《预算法》正式实施后，部分政府性债务通过债务甄别纳入预算管理，被划分

为地方政府债范畴。近年来化解地方政府债务风险也是我国防范金融风险、维持社会稳定的一项重要任务。

(五) “去杠杆”和“结构性去杠杆”

宏观政策层面上的“杠杆”大小一般用宏观杠杆率的高低来衡量。宏观杠杆率是国家债务总规模与国内生产总值(GDP)的比值，该比率越大则“杠杆”越大，国家的债务负担越重，存在的违约风险也就越高。所以宏观杠杆率也是判断宏观经济风险的一项重要指标。

2015 年 12 月，中央经济工作会议上首次提出要将“去杠杆”作为“三去一降一补”五大任务之一，要求逐步降低宏观杠杆率，2018 年阶段性完成“去杠杆”任务。

2018 年 4 月 2 日，中央财经委员会召开的第一次会议中提出“结构性去杠杆”，明确将分部门、分债务类型去杠杆作为基本思路，地方政府和企业，特别是国有企业要尽快把杠杆降下来，努力实现宏观杠杆率稳定逐步下降。

练一练

现阶段你接触到的宏观经济信息有哪些？它释放着怎样的经济信号？

你经常听到的宏观经济指标有哪些？通过什么渠道获知？

三、收集宏观经济指标数据信息

宏观经济情况是通过一系列宏观经济指标反映出来的，宏观经济指标具体是以总量或不同总量数据之间的比率来表现的，它具有可控性、可测性和相关性。我国反映总量的宏观经济指标主要包括国内生产总值(GDP)、总人口、粮食产量、消费品零售总额、固定资产投资总额等；反映总量数据之间比率的指标包括居民消费价格指数(CPI)、工业生产者出厂价格指数(PPI)、工业生产增长速度、失业率、通货膨胀率等。

上述宏观经济指标的数据可通过中华人民共和国中央人民政府网站查询。通过掌握宏观经济指标数据可观察宏观经济运行情况。在新冠肺炎疫情爆发期间，海外经济增长仍存在较强不确定性，而我国的同比和环比宏观经济指标数据则反映出我国经济已有率先强势复苏的迹象(见表 3-6)，展现出我国经济强大的韧性。

表 3-6　2020 年 6 月我国宏观经济数据汇总

经济指标	6 月(同比)	5 月(同比)	2019 年同期
GDP	3.2%(二季度)	−6.8%(一季度)	6.20%
CPI	2.50%	2.40%	2.70%
PMI	50.90%	50.60%	49.40%

续表

经济指标	6月(同比)	5月(同比)	2019年同期
M2增速	11.10%	11.10%	8.50%
社会融资增量	3.23万亿元	3.19万亿元	2.26万亿元
城镇固定资产投资	−3.1%	−6.3%	5.8%
工业增加值	−1.30%	−2.80%	6.00%
社会消费品零售总额	−11.40%	−13.50%	8.40%
出口	−3.00%	−4.70%	6.15%
进口	−3.30%	−5.20%	1.93%

任务解析2　关注收集金融行业信息

理财从业人员需要关注收集的金融行业信息主要包含银行理财市场、保险市场、股票市场、基金市场及信托、外汇、黄金和期货市场的信息。理财从业人员要能够根据工作需求提取上述信息并进行分析，做出对未来经济趋势的判断。

表3-7中罗列了理财从业人员所需收集的市场信息内容，以供学习者参考。此表中的内容仅为理财从业人员可获取信息的基础内容，在实际工作应用中，理财从业人员对信息的关注范围更加宽泛，信息获取的细致程度要求也更高。

表3-7　理财从业人员收集金融行业信息内容参考列表

面向市场	关注收集的金融行业信息内容
银行理财市场	1. 监管部门下发的与理财业务相关的制度、办法及通知； 2. 近年来银行各类理财产品市场的总规模变化情况及原因； 3. 银行发行的理财产品的类型、收益率区间范围，收益率分布区间对应的银行情况； 4. 理财产品发售的时间、额度情况； 5. 其他可以购买理财产品的渠道及其合法性判断； 6. 银行从业人员应具备的资格认证和综合素质要求
保险市场	1. 近两年国家对保险行业释放的信号，监管部门对保险机构的管理标准及要求； 2. 保险行业目前的发展状况及所处阶段； 3. 市场上的传统大规模保险公司及新型的保险公司市场占有率情况，了解它们的业务类型和发展方向； 4. 保险产品的特色、面向客群及其定价区间的合理性判断； 5. 衡量保险公司能力强弱和服务水平的指标，关注市场上保险公司指标的优劣，了解指标数据所在区间； 6. 保险行业从业人员具备的资格认证和综合素质要求

续表

面向市场	关注收集的金融行业信息内容
股票市场	1. 我国监管机构对股票市场实施的政策和规定； 2. 了解近 1 年美国股票市场的整体趋势，近 3 年我国股票大盘指数的波动区间及波动情况； 3. 近半年股票增长情况较好和下跌较严重的行业分布情况，以及与国家行业政策的关联度； 4. 近 3 个月至半年，A 股、创业板、中小板的资金总流入和总流出数据情况，市场主力机构情况，融资融券余额变化情况； 5. 关注的行业或关注股票的公告消息内容是否正常，是否有限售解禁信息、股东增减持信息
基金市场	1. 我国监管机构对证券基金市场实施的政策和规定； 2. 基金市场目前的行业总体状况，近三年规模的变化情况； 3. 我国规模前十的基金公司情况，了解它们的明星基金产品； 4. 了解明星基金的投资方向，具体如何配置资产，对标其他公司的同方向基金有什么优势，掌握收益率情况、基金经理的情况和基金投资策略调整情况； 5. 了解基金市场对基金管理人、托管人的处罚以及重大诉讼仲裁事项
信托黄金外汇期货市场	1. 关注市场中主流的信托产品投资方向及其风险、收益率区间； 2. 了解黄金近期的走势和波动区间以及黄金牌价的查询渠道； 3. 知道美元、欧元的近期走势及人民币对外升值、贬值情况； 4. 关注大宗商品期货，如原油、有色金属、农产品、铁矿石、煤炭近期是否有剧烈波动

练一练

上文中所说的理财从业人员应关注的金融行业信息你之前听说过哪些？现在你想先从哪部分开始了解？

任务解析 3　关注收集理财客户信息

理财从业人员收集客户信息是一个循序渐进的过程。一般来说，随着和客户关系的加深和双方信任感的增强，理财从业人员可以在沟通交流中收集到越来越多的可用客户信息。理财从业人员要做出高质量、可行性好、目标值适宜的客户家庭理财规划，一定要耐心地和客户进行沟通交流，一点一点挖掘并逐步积累有效信息资源。理财从业人员收集的客户信息越完善越有利于对客户做出合理的分析，也就越能精准地匹配客户需求，理财规划工作质量也就越高。理财从业人员与客户的关系阶段与信息收集如表 3-8 所示。

表 3-8　客户关系阶段与信息收集

关系阶段	客户认识程度		信赖水平	应收集到的信息
	对理财从业人员所处机构	对理财从业人员		
不认识→认识	记住：机构的名称 知道：业务范围 了解：市场占有率、口碑、服务水平、企业文化等	知道：你的名字 认识：认为你是一个业务能力尚可、做事可靠、积极阳光的人 愿意：让你做出理财规划方案，会抽空看一看方案内容 双方状态是彼此清楚一些信息，但双方沟通还达不到交心的程度，交情并不深厚，处于业务诉求往来层面	还未进入信任阶段	客户姓名、年龄 了解他的工作行业、大概收入范围 婚姻家庭基本状况 有的客户会提供其金融投资金额、固定资产(房产、车辆)价值及资金主要存入机构及其选择该机构的重点考虑因素
认识→了解		愿意通过微信、电话进行沟通 在其时间允许的范围内配合面谈 面谈次数 2 次以上 清楚你的专业水平能力 愿意听你详细讲述理财规划方案	有一些信任，但是未达到认可和完全信赖，仍处于徘徊状态	客户的兴趣爱好 行为规律 在公司及家庭中的地位 客户对风险的喜恶程度 客户还未认可你的原因

续表

关系阶段	客户认识程度		信赖水平	应收集到的信息
	对理财从业人员所处机构	对理财从业人员		
了解→认可		✓ 满意：服务态度专业能力 ✓ 认真告知其细节需求 ✓ 主动把理财规划方案交给你做 ✓ 愿意和你就理财规划方案进行探讨和调整	◇ 开始具有信任基础	➤ 家庭成员的总收入 ➤ 较为详细的家庭资产情况 ➤ 家庭成员对投资的想法 ➤ 家庭角色任务分担等部分涉及家庭隐私的内容
认可→信任	● 认可机构的服务、环境 ● 对机构进行正面评价 ● 转移业务主办权	✓ 主动告知近期的资金流向和变动 ✓ 对你做出的投资建议犹豫地选择 ✓ 内心基本接受你所做的理财规划 ✓ 确定开始实施或已经认可并准备实施该理财计划	◇ 形成了较为稳固的信任关系	➤ 客户资金的周期情况 ➤ 家庭的收支明细情况 ➤ 未来的家庭计划
信任→帮助		✓ 将其周围的亲戚、朋友、同事推荐给你 ✓ 将你推荐给其人际关系圈 ✓ 愿意接受办公室外的接触，包括吃饭等相对私密的生活接触 ✓ 愿意向你吐露心事 ✓ 对你做出的理财规划，已经开始逐步实施或已经实施了较高的比例	◇ 已经超越了陌生人之间建立的信任关系，逐步趋向于社会中的朋友关系	➤ 除了将以上所列阶段的信息进行深入的了解和细节的完善之外，还可以对该客户的社会关系信息进行适度了解，在条件成熟的情况下挖掘其他客户机会

【能力拓展】

- 举例说明宏观经济信息在理财投资过程中能发挥什么作用。

- 你在和他人建立关系获取对方信息的过程中是否有过和收集理财客户经济信息类似的过程？

- 在你与他人处于不同的相处阶段时，你对对方信息的了解增加了哪些内容？试举例说明。

实战演练 1　测测自己的信息意识水平

实战演练
讲课视频

【任务发布】

完成以下测评(表 3-9)，了解自己的信息意识水平。根据任务展示中提供的信息素养水平分级对比表(表 3-10)，找到自己对应的水平阶段，思考自己与更高一级的差距在哪里，总结陈述今后要如何加强。

【任务展示】

1．试完成表 3-9 所示的测评题目。

表 3-9　信息意识水平测评表

序号	题 目 内 容	选　　项
1	当你有了信息需求，一般会怎么做？	A. 总是能主动查找 B. 多数时候能主动查找 C. 有些时候能主动查找 D. 很少主动查找
2	你以前是否知道信息素养或信息素质？	A. 非常了解 B. 有些了解 C. 听说而已 D. 不知道
3	当你需要某一资料时，是否清楚去哪里获取？	A. 非常清楚 B. 比较清楚 C. 不太清楚 D. 完全不清楚
4	一个未知领域你一般会采用什么方式了解？(可多选)	A. 搜索引擎 B. 期刊 C. 书本 D. 向老师、同学请教 E. 其他
5	对有用的信息，你做何处理？	A. 随时记录保存 B. 偶尔记录保存 C. 基本不做记录保存
6	你经常备份电脑、手机上的资料吗？	A. 经常 B. 偶尔 C. 更换设备时备份 D. 从不

续表

序号	题 目 内 容	选　　项
7	你在搜索信息时遇到不确定的情况，你一般会怎么做？	A. 根据主观经验判断 B. 向权威的机构或人士咨询 C. 找朋友帮忙 D. 继续利用其他方式在网上搜索 E. 放弃 F. 其他
8	你是否愿意将您搜集到的信息与他人共享？	A. 愿意并且正这样做 B. 愿意，但不知怎么共享 C. 不愿意
9	你常用哪些途径评估信息的可靠性、正确性、权威性？(可多选)	A. 请教老师、同学 B. 信息被他人引用的次数 C. 网站的建立机构是否权威 D. 是否是正式出版物 E. 自己阅读评判
10	评价信息时，你觉得最主要的是哪方面？	A. 时效性 B. 准确性 C. 权威性 D. 经济性 E. 易获取性 F. 其他
11	在网上搜索到相关信息后，你是如何运用它们的？	A. 直接复制粘贴 B. 在原作基础上简单修改 C. 理解后用自己的话表达 D. 完全不会用
12	你认为需要学习或加强哪些方面的信息知识与技能？	A. 网络信息搜索技巧 B. 数据库利用技能 C. 计算机操作技能 D. 常用信息资源的了解技能 E. 信息评价方法 F. 不需要

2．根据上述自测结果并参考表 3-10，找到自己对应的信息素养水平级别。

表 3-10　信息素养水平分级对比表

级别	表　　现
预备级	(1) 在日常生活中，按照一定的需求主动获取信息； (2) 能够区分载体和信息； (3) 针对简单的信息问题，能根据来源的可靠性、真伪性和表达的目的性，对信息进行判断
1 级	(1) 针对特定的信息问题，自觉、主动地比较不同的信息源，确定合适的信息获取策略； (2) 根据不同受众的特征，能选择恰当的方式进行有效交流； (3) 依据特定任务需求，甄别不同信息获取方法的优劣，并能利用适当途径甄别信息； (4) 在日常生活中，根据实际解决问题的需要，恰当选择信息工具，具备信息安全意识； (5) 主动关注信息技术工具发展中的新动向和新趋势，有意识地使用新技术处理信息
2 级	(1) 针对较为复杂的信息问题，能综合分析获取的信息，评估信息的可靠性、真伪性和目的性； (2) 在较为复杂的信息情境中，利用多种途径甄别信息，判断其核心价值； (3) 具备选用信息技术工具进行信息安全防范的意识； (4) 能判断他人信息选择的合理状况并给予适当提示
3 级	(1) 在较为复杂的信息情境中，确定信息的关键要素，发现内在关联，挖掘核心价值； (2) 针对复杂的信息问题进行需求分析，综合判断信息，确定解决问题的路径； (3) 具备服务信息社会，为信息社会积极做贡献的意识

3．总结陈述你的信息素养水平与高一级信息素养水平还存在哪些差距。

【步骤指引】

• 学生独立完成评测，审视自己的信息意识和能力。

• 老师向学生讲解信息意识水平分级的标准和对应表现，由学生根据问卷过程中的思考和自身的情况做出对应级别的判断。

• 老师将学生做好分组，利用课堂时间组织学生对自身信息素养水平展开分组讨论，寻找自身信息素养水平与高一级别水平的差异。

• 每组选出 1～2 名学生为代表，对本组成员的整体信息素养水平进行汇总分享，主要围绕本组组员存在的共性问题进行汇报，并将讨论出的提升信息素养水平的具体方法做出陈述。

• 老师总结测评实战的效果，对学生的发言进行点评和补充，对每一级别向上提升给出建议。

【实战经验】

实战演练 2 理财信息关注度与敏感性训练

【任务发布】

播放任务展示中的音频，捕捉音频中的关键信息，说明你为什么认为这些信息内容“关键”，并谈谈这些信息对你有什么启发。

【任务展示】

1. 扫描二维码，收听音频内容。
2. 谈谈在收听音频过程中获取到了哪些关键的信息及理由。

理财类信息

3. 这些信息对你有什么启发？你能做出怎样的预判？

【步骤指引】

· 教师引导学生收听音频素材，播放过程中要求学生最好能做速记，以便抓住信息点。

· 学生整理信息点内容后思考如何提取，描述哪些是关键信息。

· 教师组织小组讨论或自由发言，讨论结束后由小组长做总结报告。

· 老师带领学生对播放的信息内容做整理归纳，对各组的总结报告进行总结。

【实战经验】

项目四

熟悉金融理财产品及工具

项目概述

本项目通过掌握金融基础知识、辨别理财产品及工具的分类、运用家庭理财产品和理财工具三个任务，了解货币的发展演变过程、信用货币的基本概念、信用及其表现形式，分析金融机构并对商业银行产品和非银行金融机构理财工具进行全面介绍。根据家庭理财需求绘制家庭理财需求金字塔模型，并对模型中涵盖的三层需求内容进行讲解，将满足各层需求可选用的理财产品及工具予以匹配，为学生后续设计理财规划方案、启动家庭理财规划工作做好充分准备。

项目背景

改革开放40多年以来，中国经济高速增长，高净值人群积累起可观的家庭财富的同时也为如何更好地管理它们而困扰。

如图4-1所示，目前我国大多数高净值人群家庭会选择听取专业财富管理机构的建议来打理财富，甚至还有一部分会全权委托财富管理机构设计家庭财富管理计划，以满足家族财富保障和传承以及家族资产长期保值增值等需求(见图4-2)。可见，“让专业的人来做专业的事”已经成为高净值人群的共识。

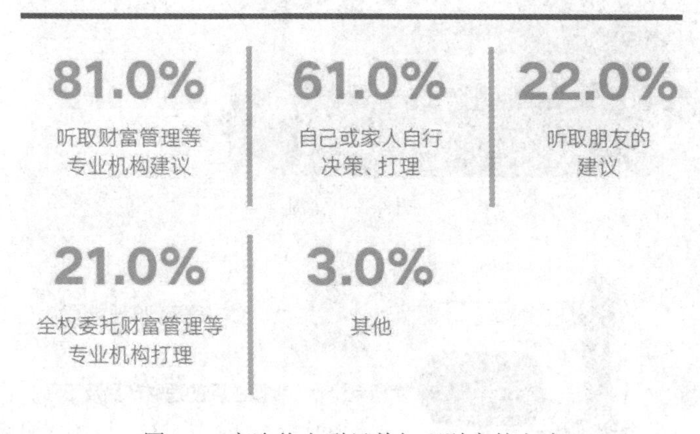

图4-1　高净值人群目前打理财富的方式

高净值人群在选取为其服务的财富管理机构时考虑的主要因素是机构的专业性，而判断机构是否专业的关键指标是机构的品牌与历史客户对自身投资回报的满意程度。

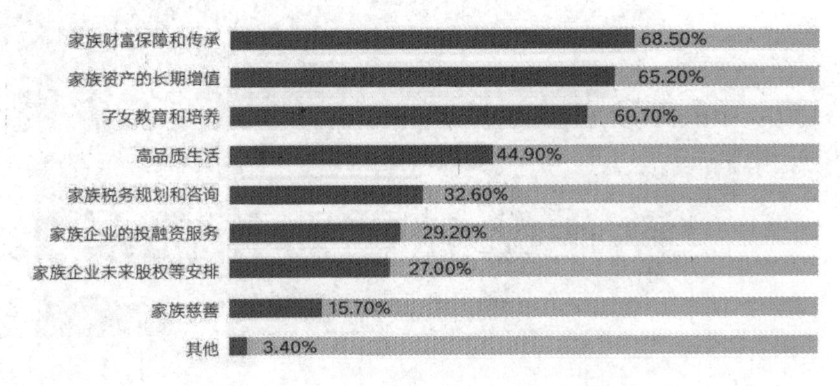

图 4-2 高净值人群家族财富管理的主要需求

作为理财从业人员，要扎实学习理财行业专业知识，熟悉金融理财产品及工具，培养自身的专业知识素养，提高自身为客户实现回报的能力。

项目演示

通过蒋老师的一番讲解(见图 4-3)，小琪决定回去把理财规划的知识重新回顾一下，制订了如图 4-4 所示的学习计划。

图 4-3 交流

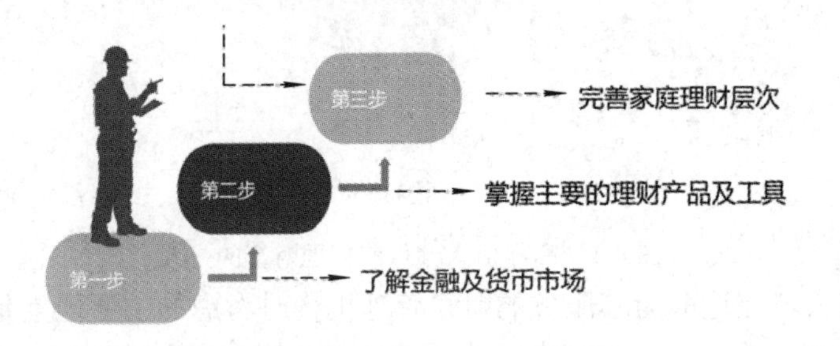

图 4-4 学习计划

思维导图

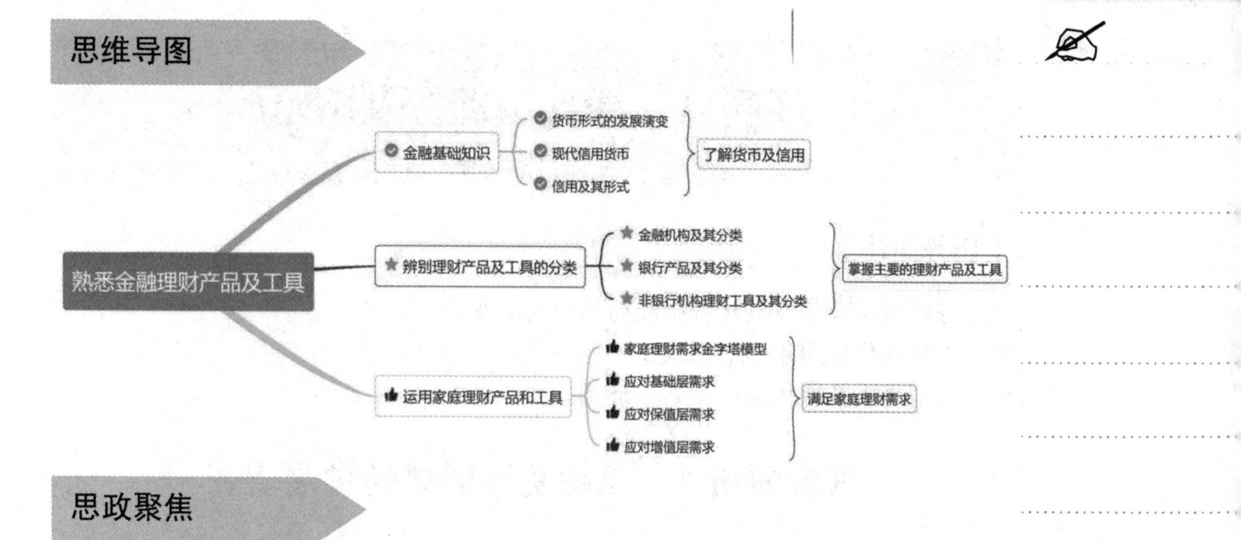

思政聚焦

理财从业人员应当诚实公平地提供服务，不得因经济利益、关联关系、外界压力等因素影响其客观、公正的立场。在为客户提供专业服务时，应该从客户利益出发，做出合理、谨慎的专业判断，真诚地对待客户、委托人、合伙人和雇主，公正、诚实地披露服务过程中遇到的利益冲突。

在与客户建立业务关系时，交易合约条款必须公平合理，开展理财投资交易前，应向客户阐明交易风险、利益冲突及其他相关信息，以确保该交易对客户的公平性。

教学目标

知识目标

◎理解货币及其发展形式。

◎描述现代信用货币，识别信用的内容和形式。

◎总结理财产品和理财工具的基本定义。

能力目标

◎区分金融机构及其所提供的主要理财工具。

◎辨别不同家庭理财需求层适用的理财产品及工具并适当运用。

学习重点

◎知道金融市场中各机构的角色。

◎掌握各种理财产品及理财工具的特性。

任务1 掌握金融基础知识

【任务描述】

- 理解货币及其发展过程中经历的形式演变。
- 识别现代信用货币的形式及流通方式。
- 辨别信用及现代信用工具的形式。

任务解析1 理解货币形式的发展演变

货币是固定充当一般等价物的商品，也是度量价格的工具、购买货物的媒介、保存财富的手段，是财产的所有者与市场关于交换权的契约，它本质上是所有者之间的约定，也是商品交换发展的必然产物。

货币在其发展过程中经历了三种形式：商品货币、代用货币和信用货币。

一、商品货币

商品货币又称足值货币，它兼具货币与商品双重身份。它在执行货币职能时是货币，不执行货币职能时仍是商品。商品货币经历了实物货币和金属货币两个阶段。

(一) 实物货币

实物货币是货币的最原始形式。它最早的形态是偶然的物物交换，人们使用以物易物的方式，交换自己所需要的物资，比如一头牛换一把石斧。但是受到用于交换的物资种类的限制，交换双方需要找到彼此都能够接受的物品作为交换媒介，于是就形成了最原始的货币。布匹、牲畜、稀有的贝壳、谷物(见图 4-5)，以及珍稀鸟类羽毛、宝石、沙金、石头、盐等不容易大量获取的物品都曾经作为货币被使用过。这些实物货币存在体积庞大(难携带)、质地不匀(难分割)、容易腐烂(难储存)等缺陷。

图 4-5 实物货币举例

(二) 金属货币

金属货币通常以金、银、铜等金属作为铸币原料。相较于实物货币，金属货

币具有价大量小、携带方便、耐久不易损耗、价值稳定、均质可分割等特性，是典型的足值货币。我国西周开始出现金属货币，在战国时期大量流通使用。图 4-6 为我国历史上曾使用过的金锭、银锭及铜钱。

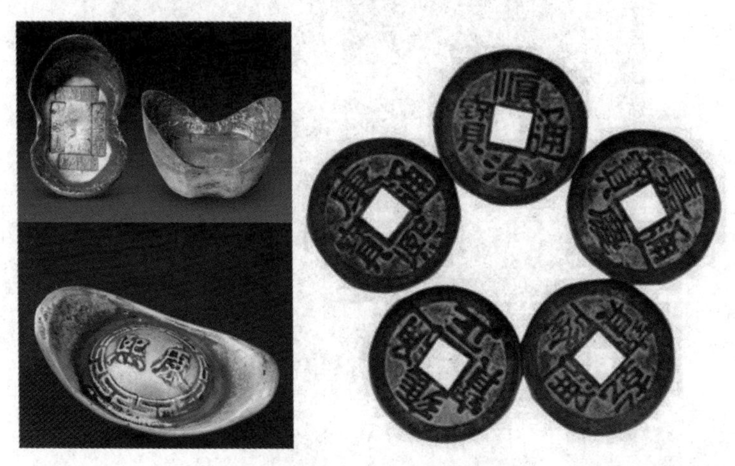

图 4-6　我国历史上的金属货币

随着生产和流通的进一步扩大，贵金属币材的数量不能满足商品流通的需要，而且远距离的大宗贸易携带金属货币多有不便。金属货币也会随着日常使用而磨损，造成巨大的浪费；同时还存在着不法之徒对铸币的刮削现象，在流通过程中，也无法避免“劣币驱逐良币”这一现象。

课外链接：“劣币驱逐良币”现象

“劣币驱逐良币”现象也称格雷欣法则，是经济学中的定律。

在铸币时代，当那些低于法定重量或者成色不佳的铸币即“劣币”进入流通领域之后，人们就倾向于先将这些“劣币”花出去，将那些足值货币即“良币”留起来。久而久之，货币流通市场中的“良币”越来越少，大部分都是“劣币”，即“良币”被“劣币”驱逐。

换言之，“劣币”驱逐“良币”就是在两种实际价值不同而面额价值相同的通货同时流通的情况下，实际价值较高的通货“良币”必然会被人们熔化、输出而退出流通领域，而实际价值较低的通货“劣币”反而会充斥市场。

二、代用货币

代用货币最早出现在中世纪欧洲的金铺，金匠们为人们保管金银货币并开出收据，这种收据可以在市场上流通，当人们需要金银币时又可以随时凭收据兑换。在中国也出现了钱庄、票号开出的具有异地汇兑功能的银票。图 4-7 左侧的北宋交子即为我国最早的代用货币，右侧是光绪年间的票号开出的银票。

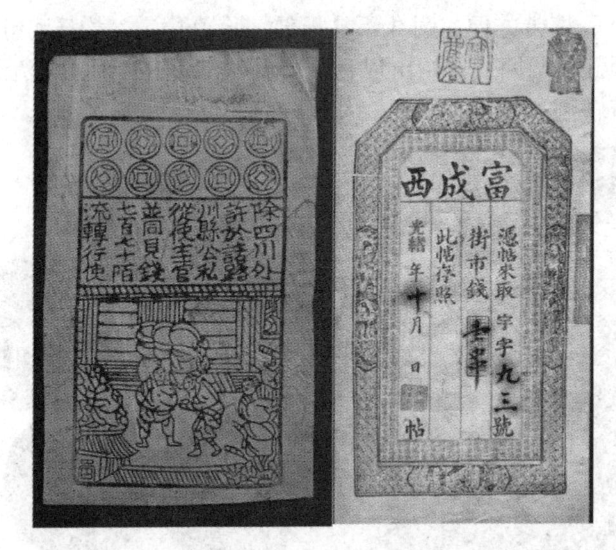

图 4-7 交子和银票

代用货币代替金属货币在市场上流通，能够克服金属货币在流通中产生的“劣币驱逐良币”现象。它具有携带方便、印制成本低廉的特点。后来由银行或政府发行的银行券出现并被人们使用，人们之所以能接受它，是相信持有这种银行券可以在发行银行随时兑换出金属货币。可见银行券的发行是银行或国家以足够的金银储备为基础的。图 4-8 为“中华民国”七年发行的 100 元银行券。

图 4-8 “中华民国”七年的银行券

三、信用货币

信用货币形成的基础是银行银号及政府的信用，货币发行者承诺随时可以十足兑付黄金或白银货币。但是发行机构很快发现，在实际操作中每天兑付的金银币只是实际发行量中非常少的一部分，只要储备少量的金银就可以发行数倍甚至数十倍的银行券或纸币。

信用货币与代用货币的区别首先是与金属货币的兑换性。代用货币一般是以可兑换银行券为代表的，可以随时兑换成票面上标称的金银货币。而信用货币是

以国家、银行的信用为基础的，而不是以足量储备的金属货币为基础的，它已经与金银币等贵金属货币完全脱离关系，不代表任何贵金属，也不能与金属进行等量兑换，是金属货币制度彻底崩溃的结果。

任务解析2　现代信用货币

第二次世界大战后，世界各国经济的发展对货币的需求量大大增加，任何一个国家或者银行，都难以储备足够数量的金银来满足货币的兑换需求，这就需要发行大大超出银行或国家金银储备量的纸币，而国家或得到授权发行货币的银行(一般是国家的中央银行)发行货币时，即使没有足量的金银支持，公众也因为相信国家和政府而相信这些货币的经济价值，于是信用货币开始真正登上历史舞台，从此以后发行的信用货币也被称为现代信用货币。

现代信用货币以国家信用为基础发行，具有国家强制性，由国家赋予无限法偿的能力，并强制流通。银行作为发行主体，通过信贷程序实现发行，国家通过对银行体系的控制来控制和管理信用货币。

一、现代信用货币的存在形式

现代信用货币主要以流通中的现金和银行存款货币两种形式存在，如图 4-9 所示。

图 4-9　现代信用货币的存在形式

(一) 流通中的现金

流通中的现金以现钞形式存在。人们使用现钞进行日常零星交易，它们主要流转于银行体系之外。现金形式的货币能立即用于支付结算，形成购买力，具有极强的流动性。该形式的货币本身没有收益性，且会由于市场物价上涨而贬值。

(二) 银行存款货币

银行存款货币以单位、个人在银行账户上的活期存款形式存在。人们可以随时将银行活期存款转换成现金使用，其流动性比现金稍差。与现金形式不同的是，存款货币具有一定的收益。

课外链接：央行数字货币

央行数字货币的英文是“Digital Currency/Electronic Payment(DC/EP)”，这是中国央行内部研发使用的特有英文表述。国际货币基金组织(IMF)把央行数字货币称作CBDC，它对CBDC的定义是：央行数字货币是一种新型的货币形式，即由中央银行以数字方式发行的、有法定支付能力的货币。

CBDC就是指通常性的央行数字货币(无国家限制)，如果使用DC/EP则特指中国即将推出的央行数字货币，即数字人民币。

中国人民银行从2014年起就成立了专门的研究团队，对数字货币发行和业务运行框架、数字货币的关键技术、数字货币发行流通环境、数字货币面临的法律问题、数字货币对经济金融体系的影响、法定数字货币与私人发行数字货币的关系、国际上数字货币的发行经验等进行了深入研究。经过多年的努力，2019年年底数字人民币相继在深圳、苏州、雄安新区、成都及将来的北京冬奥场景启动试点测试，到2020年10月增加了上海、海南、长沙、西安、青岛、大连6个试点测试地区。2021年4月1日，中国人民银行表示数字人民币将主要用于国内零售支付，测试场景越来越丰富，考虑在条件成熟时，顺应市场需求使数字人民币可用于跨境支付交易。

二、现代信用货币的流通形式

货币流通是指货币作为流通手段和支付手段形成的货币连续不断的运动。现代信用制度下，货币流通由现金流通和存款流通两种形式共同构成(见图4-10)，是两者的统一。这两种流通形式在一定条件下会相互转化，其结果是引起两种货币形式的货币量即现金货币量和存款货币量的此增彼减。

图4-10 现代信用货币的流通形式

(一) 现金流通

我国的现金流通以国家中央银行即中国人民银行为中心，由商业银行向不同渠道投放现金，使得现金处于流通运转中，经过不同渠道回到各商业银行的现金业务库后又回笼至中国人民银行，最终退出流通。

中央银行在金融体系中处于主导地位，是一个国家的最高货币金融管理机构。其性质决定了它在经营运作中不能首先考虑自身的利益，而是要考虑国家的宏观经济问题，实现宏观经济目标。中国人民银行是我国的中央银行，在国务院领导下，制定和执行货币政策，防范和化解金融风险，维护金融稳定。

现金流通的过程如图 4-11 所示。

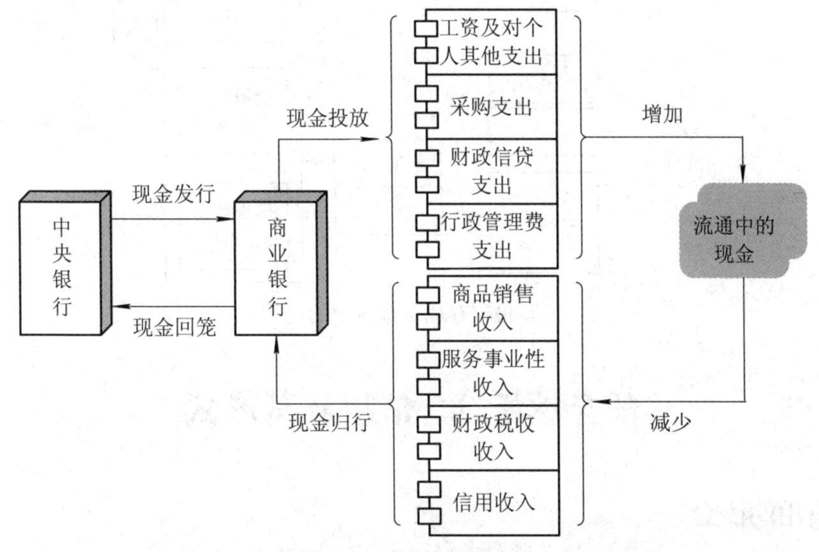

图 4-11　现金流通过程

(1) 现金发行：货币现金从中央银行的现金发行库流入商业银行的现金业务库。

(2) 现金投放：货币现金从商业银行的现金业务库流入流通领域。流通领域主要是企事业单位的库存现金和居民手中的现金。现金投放的渠道包括：工资及对个人其他支出、采购支出、财政信贷支出、行政管理费支出等。其中工资及对个人其他支出是现金投放的主要渠道。

(3) 现金归行：货币现金从企事业单位库存现金和居民手中流回商业银行的现金业务库。现金归行的渠道包括：商品销售收入、服务事业性收入、财政税收收入、信用收入等。其中：商品销售收入是现金归行的主要渠道；财政税收收入包括税款和罚没款等；信用收入包括银行、信用社以及其他金融机构吸收存款、证券兑换、储蓄和收回贷款收入的现金等。

(4) 现金回笼：商业银行将货币现金上缴中央银行现金库。

(二) 存款货币流通

存款货币流通即非现金流通，是银行转账结算引起的货币流通。个人或企业、单位存款人在银行开立存款账户的基础上，通过在银行存款账户进行商品价款收付、劳务费用收付、货币资金拨缴、信贷资金发放和回收，以此为渠道实现货币流通，如图 4-12 所示。其中信贷资金发放和回收常通过贷款业务发放和回笼以及票据贴现业务的办理和兑付等业务具体反映。所以，对存款货币流通而言，各企业、单位、个人在银行开立存款账户是存款货币流通的前提条件。

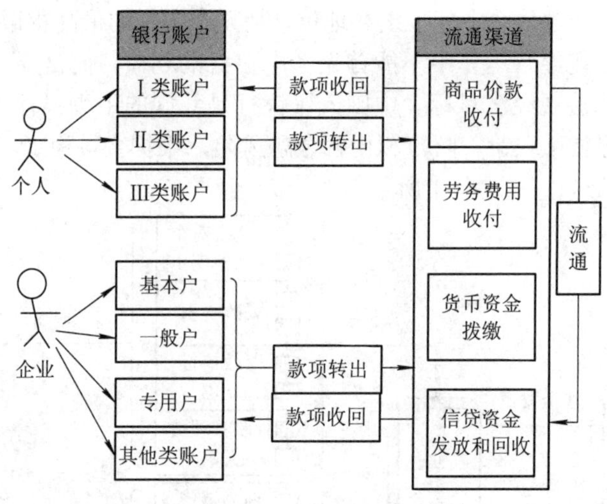

图 4-12 存款货币流通的过程

任务解析 3 信用及其形式

一、信用的概念

信用是一种以偿还本金和支付利息为条件的资金借贷行为，它是一种价值单方面运动，其特点是有借有还，到期归还，且偿还附带利息。信用的实质是以还本付息为条件，将财产使用权暂时进行让渡。信用关系是一种债权债务关系，它具有债务偿还性和债权收益性，同时还具有一定的风险性。

二、信用的形式

(一) 原始信用形式

高利贷是最早出现的信用形式，它是以获取高额利息为目的的借贷行为，是广泛存在于奴隶社会和封建社会的一种最古老的生息资本形式。原始社会末期，社会等级分化，大量财富被少数家族占有，大多数不占有生产资料的家族为维护生产和生活被迫向富有的家族借贷商品和货币，才能获得自己生存所急需的商品和货币。

高利贷的信用形式是非生产性的，这可以从两个方面来理解。其一，高利贷资本的来源不是社会再生产过程中暂时闲置的资本，而是靠掠夺剥削而来的社会生产以外的财富；其二，从高利贷的用途来看，奴隶主和封建主是为了满足奢侈的生活和巩固统治，小生产者则是为了维持生存而不是再生产。

(二) 现代信用形式

在产业资本的循环过程中，一方面必然形成一部分暂时闲置的货币资本，

即形成可以贷放出去的资本，另一方面也存在临时补充资本的需要，即需要借贷。

与上述原始信用形式不同，现代信用货币资本的来源是社会再生产过程中的闲置资本，借贷资金用于补充生产资料，实现再生产。所以，现代信用形式是以生产性为基本特点的信用方式，其产生的标志是借贷资本的出现和形成，其基础是商业信用。

现代信用的主要形式有：商业信用、银行信用、国家信用、消费信用、租赁信用和国际信用。

(1) 商业信用是指企业单位之间在买卖商品时，以延期付款或预付货款的形式提供的信用。它以商品生产和流通为基础，存在的基本形式是赊销赊购、分期付款和预付款，使用的主要工具是商业票据。

(2) 银行信用是银行及其他类金融机构以货币形式通过存款、贷款等业务提供的信用。它是在商业信用基础上产生并发展起来的，是现代经济中最主要的信用形式。银行信用的债权人主要是银行等具有合法发放贷款资格的金融机构，债务人是从事商品生产和流通的工商企业和个人，使用的工具包括银行券、支票和金融债券。

(3) 国家信用是以国家和地方政府为债务人而形成的一种信用，主要发挥调剂政府收支短期不平衡、弥补财政赤字、协调经济发展的作用。其使用的工具主要包括中央政府债券、地方政府债券、政府担保债券等。

(4) 消费信用是工商企业或金融机构向消费者个人提供的用于满足其生活消费需要的信用。其主要形式是赊销、分期付款和消费信贷，使用的工具主要包括信用卡、消费贷款等。

消费信用可以发挥启动新的消费热点和提高人们的生活质量的积极作用，同时还能拓展银行的经营空间，优化银行信贷资产的结构，从而提高银行的竞争力。另外，适当的消费信用还可以促进消费商品的生产和销售，促进新技术的应用和新产品的推销，推动消费产品升级和经济增长。

(5) 租赁信用是出租人以营利为目的，将固定资产以信用租赁的形式出租并向承租人收取租金的一种信用。其主要的两种形式是经营租赁和金融租赁，使用的主要工具是融资租赁。

(6) 国际信用是国家间相互提供的信用，即国家间的借贷关系。其主要形式是国际商业信用和国际银行信用。国际商业信用主要使用预付款信用工具和公司信用工具，国际银行信用主要使用商品抵押贷款、卖方信贷、对外贷款等。

【能力拓展】

汉武帝币制改革和国民政府币制改革是我国历史上两次著名的币制改革，了解并说明以上两次改革主要为了解决原来币制的什么问题。

你知道目前银行活期存款和定期存款的利率分别是多少吗？查一查我国近3年的通货膨胀率和所对应年度1年期的定期存款实际利率分别是多少。

任务2 辨别理财产品及工具的分类

【任务描述】

- 认识金融机构及其分类，辨别银行业金融机构和非银行金融机构的主营业务。
- 分析银行理财产品的分类。
- 掌握非银行金融机构的理财投资工具。

任务解析1 认识金融机构

金融机构是指从事金融活动和金融服务的中介机构，它们根据自身性质的不同各自发挥相应职能，是金融行业的主要组成部分。金融机构主要发挥促进资金融通、便利支付结算、降低金融交易成本和风险、减少信息成本和调节经济活动的作用，可将其分为银行业金融机构和非银行金融机构。

我国的银行业金融机构可分为政策性银行、商业银行、农村信用合作社等，它们的开设目标、业务范围、社会职责各不相同。商业银行和农村信用合作社均可吸纳存款，属于存款性金融机构。

非银行金融机构是指除了上述银行业金融机构以外的所有金融机构，主要包括证券公司、基金管理公司、保险公司、信托投资公司、银行理财子公司等。

一、银行业金融机构

(一) 政策性银行

我国的政策性银行有国家开发银行、中国农业发展银行和中国进出口银行三家，它们均直属国务院管理。

政策性银行主要肩负弥补商业银行在社会金融服务中功能不足的责任，它们的设立不以营利为目的，而是以实现政府的政策目标为目的的。政策性银行专门贯彻配合政府的社会经济政策或意图，在特定的业务领域内直接或间接地从事政策性融资活动，它们充当宏观经济管理的工具，促进政府发展经济，推动社会进步。

(二) 存款性金融机构

1. 商业银行

商业银行是以吸收存款、发放贷款、办理结算和金融服务为主要业务，以营利为经营目标的金融企业。吸收活期存款、创造信用货币是商业银行最明显的特征，因此商业银行又被称为存款货币银行。其首要经营目标是在保障银行安全的前提下，将盈利扩大至最高限度并对社会做出应有的贡献。

我国常见的商业银行如中国工商银行、中国农业银行、中国建设银行、中国银行、交通银行等是国有股份制商业银行，平安银行、招商银行、兴业银行等是全国性股份制银行。图 4-13 中列举了常见的商业银行。

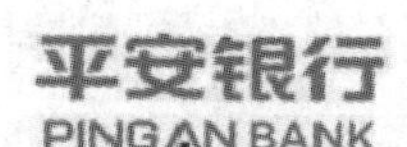

图 4-13　常见商业银行

2. 农村信用合作社

农村信用合作社是由农民入股组成，实行入股社员民主管理，主要为入股社员服务的合作金融组织。它是经中国人民银行依法批准设立的合法金融机构，是中国金融体系的重要组成部分，其主要任务是筹集农村闲散资金，为农业、农民和农村经济发展提供金融服务。同时，农村信用合作社需组织和调节农村基金，支持农业生产和农村综合发展，支持各种形式的合作经济和社员家庭经济，限制和打击高利贷。自 2001 年开始，我国开启了农村信用社向农村商业银行的改制之路。

二、非银行金融机构

(一) 证券公司

证券公司是指专门从事有价证券买卖的法人企业，按经营范围可分为证券经营公司和证券登记公司。狭义的证券公司是指证券经营公司，它是经主管机关批

准专门经营证券业务的机构。图 4-14 列举了我国总资产规模较大的知名证券公司。

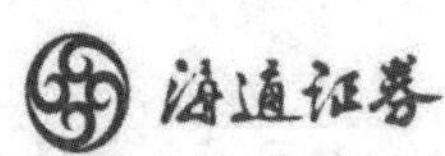

图 4-14　知名证券公司

证券经营公司开展的主要业务包括证券经纪业务、自营业务和证券承销业务。

(1) 证券经纪业务是指证券公司通过其设立的证券营业部，接受客户委托，按照客户要求代理客户买卖证券的业务。

(2) 自营业务是指证券公司使用自有资金买卖证券从而获取利润的证券业务。

(3) 证券承销业务是指证券公司以包销或代销形式帮助发行人发售证券的业务，它是证券经营机构最基础的业务活动之一。

(二) 基金管理公司

基金管理公司是指依据有关法律法规设立的对基金的募集、基金份额的申购和赎回、基金财产的投资、收益分配等基金运作活动进行管理的公司。图 4-15 列举了我国基金管理规模较大的知名基金管理公司。

图 4-15　知名基金管理公司

(三) 保险公司

保险公司是指经中国银保监会批准设立并依法登记注册的商业保险公司，包括直接保险公司和再保险公司。我们常说的保险公司是指直接保险公司，如人寿保险公司、财产保险公司等。图 4-16 列举了我国知名的人寿保险公司。

图 4-16　知名人寿保险公司

(四) 信托投资公司

信托投资公司是指以受托人的身份代人理财的金融机构。对家庭理财而言，涉及的主要业务有资金信托、动产信托、不动产信托、有价证券信托、其他财产或财产权信托以及作为投资基金或基金管理公司的发起人从事投资基金业务、理财和财务顾问等。我国理财能力较强的知名信托公司如图 4-17 所示。

图 4-17　理财能力较强的知名信托公司

(五) 银行理财子公司

银行理财子公司是指商业银行经国务院银行业监督管理机构批准，在中华人民共和国境内设立的主要从事理财业务的非银行金融机构。

中国银保监会 2018 年发布的《商业银行理财子公司管理办法》(以下简称《管理办法》)中允许银行单独设立银行理财子公司，它可以遵照《管理办法》规定开展公募产品、私募产品、理财顾问和咨询三大板块业务。表 4-1 列出了 2020 年银行理财子公司的盈利情况。

表 4-1 2020 年银行理财子公司的盈利情况

名　称	总资产/亿元	净利润/亿元	开业日期
招银理财	80.61	24.53	2019 年 11 月
兴银理财	13.45	13.45	2019 年 12 月
中邮理财	98.52	11.87	2019 年 12 月
农银理财	135.20	9.91	2019 年 8 月
交银理财	88.74	6.65	2019 年 6 月
信银理财	59.93	5.95	2020 年 7 月
光大理财	5.64	5.64	2019 年 9 月
中银理财	102.33	4.55	2019 年 7 月
工银理财	178.61	4.08	2019 年 6 月
建信理财	161.00	3.35	2019 年 6 月
宁银理财	18.80	2.97	2019 年 12 月
平安理财	54.30	1.65	2020 年 8 月
徽银理财	22.03	1.09	2020 年 4 月
渝农商理财	20.40	0.06	2020 年 6 月
青银理财	10.32	0.03	2020 年 11 月

任务解析 2　分析商业银行产品

商业银行向个人提供的业务及产品在个人及家庭理财规划中占据重要地位，银行个人业务产品既保持了传统性，又根据市场需求在监管范围内不断寻求创新。下面对商业银行存款及存款产品和商业银行理财产品进行介绍。

一、商业银行存款及存款产品

(一) 传统银行存款

商业银行的主要业务之一就是吸收公款存款，传统的银行存款使用较多的有整存整取、活期存款、通知存款、定活两便等。

(1) 整存整取也叫定期存款，是指存款人在开户存入资金时就约定存期，一次或在约定存期内按期分次存入本金，到期后按照整笔或分期、分次支取本金或利息的一种存款方式。存款的期限可分为三个月、六个月、一年、二年、三年、五年等，其中一年以下的定期存款被称为短期存款。整存整取可提前支取，一旦提前支取会损失利息。

(2) 活期存款是指存款人存入款项时不对存期进行约定，可随时存取并且存取金额不限，存款利率按国家活期利率执行。

(3) 通知存款是指存款人存入款项时不对存期进行约定，但支取前 1 天或 7 天存款人必须通知银行方并在对应天数后才能提款的存款，它的利率一般高于活期

存款，低于定期存款。

(4) 定活两便是指存款人在开户时不约定存款期限，客户根据自身意愿存取款项，而银行根据存款的实际存期和存期对应的利率档次计息，它也是可随时支取的存款类型。

以上几种传统存款的对比如表 4-2 所示。

表 4-2　传统银行存款对比表

存款方式	约定存期	确定利率	支　取
整存整取	是	是	定期支取(可提前)
活期存款	否	是	随时可取
通知存款	否	否	提前通知(1 天/7 天)
定活两便	否	否	随时可取

(二) 普通型银行存款产品

由于 2015 年央行取消了存款利率上限设置，各家商业银行可以根据自身情况实行自主定价，因此商业银行在销售存款类产品时会根据客户的存入资金量对收益率做出差别划分，存入的资金越多则收益率越高；还会考虑客户在银行的整体贡献度划分等级，客户在银行的级别越高则存款收益率越高。同时，银行还针对新客户、代发工资用户等客户定制推出专属存款产品来开拓和维护客户。所以银行存款产品发生了从传统存款业务到普通型存款产品的过渡。

普通型银行存款产品是各银行自主设计的有别于传统银行存款业务的金融产品，按客户存入时约定存款期限和存款利率，在到期时兑付本息，其收益是确定的。不同的存款产品是否支持提前支取、提前支取的利率如何执行以及资金提前支取的到账期限或有所不同，具体会在产品说明书中做出明确说明。

图 4-18 为平安银行的“平安存”系列存款产品。该系列产品根据客户起投金额不同、期限不同分别设置对应的收益率，存款到期后按约定的利率兑付本息。

图 4-18　平安银行“平安存”系列存款产品

(三) 结构性银行存款类产品

在利率市场化条件背景下，各商业银行在传统存款业务的基础上推出了创新型的结构性存款类产品。结构性存款类产品的本质仍是存款，本金安全和传统存款一样受《存款保险条例》保障，其设计比传统存款更加灵活，更能够平衡储户的资金流动性和收益性需求，受到个人客户的青睐。

2019 年中国银保监会制定并发布了《关于进一步规范商业银行结构性存款业务的通知》，该通知明确结构性存款是指商业银行吸收的嵌入金融衍生产品的存款，通过与利率、汇率、指数等的波动挂钩或者与某实体的信用情况挂钩，使存款人在承担一定风险的基础上获得相应的收益。

课外链接：金融衍生品

金融衍生品是与金融相关的派生物，通常是指从原生资产派生出来的金融工具，其价值取决于一种或多种基础资产，这些基础资产可以是黄金、股票、债券、利率、汇率、指数等。常见的金融衍生品有期货、期权、远期合约、互换等。

金融衍生品合约可以是在交易所上市交易的标准化合约，也可以是由交易的双方自行约定的非标准化合约，其交易后果取决于交易者对基础工具未来价格的预测和判断的准确程度。金融衍生品的基础工具价格变幻莫测，也就决定了金融衍生品交易盈亏的不稳定性，这是金融衍生品具有高风险的重要诱因。

结构性存款将客户存入的资金分成两部分：一部分资金通过定期存款获取稳健收益；另一部分资金用来进行金融衍生品投资，以求获得高于定期存款的回报。它的本金是安全的，利息由固定和浮动两部分构成。固定部分即“保底收益”，是在存入资金时就和银行做出约定，到期保证给付；浮动部分则不进行约定，存款到期后的利息给付根据挂钩标的浮动情况决定。

可见结构性存款的利息总额是不确定的，也就是利息收益存在变化的风险，因此它是一款保本浮动收益型产品。较普通存款产品而言，结构性存款的收益部分存在波动的可能性，风险稍高一些。因此，存入结构性存款时，客户需要根据商业银行的历史业绩和该存款产品挂钩的金融衍生品情况自行做出判断，自愿承担收益风险。例如，平安银行的结构性存款系列产品即是嵌入中证 500 指数(简称中证 500)、美元、日元、黄金等金融衍生品，银行根据投向挂钩指数的不同设置相应的最低收益率，浮动收益部分在产品到期后由实际的管理结果来决定。图 4-19 中的周周慧赢挂钩 B 款 7 天滚动产品的最低保证收益率为 0.5%，可参考的历史业绩最高为 3.25%，但最终存款到期后利率是多少在存入时并不确定。

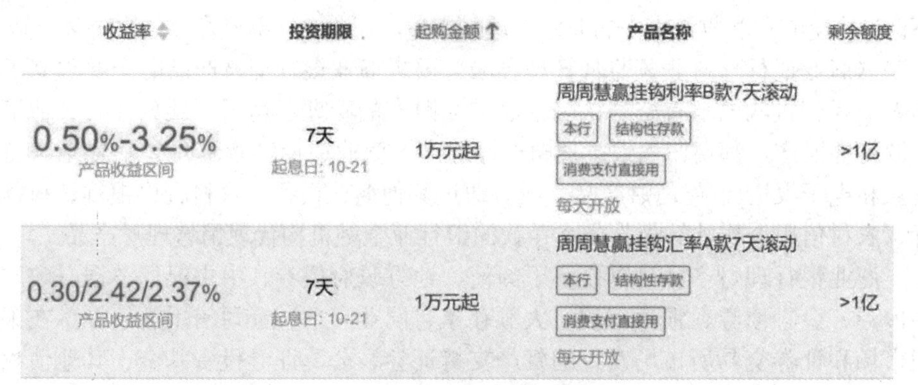

图 4-19 平安银行结构性存款系列

《关于进一步规范商业银行结构性存款业务的通知》对商业银行销售结构性存款做出了相关要求，如表 4-3 所示。

表 4-3 商业银行结构性存款销售要求

机构资格	应当具备普通类衍生产品交易业务资格
销售金额	不得低于 1 万元人民币(或等值外币)
销售宣传	(1) 销售文本应当全面、客观反映结构性存款的重要特性和与产品有关的重要事实，使用通俗易懂的语言，向投资者充分揭示风险； (2) 不得将结构性存款作为其他存款进行误导销售，避免投资者产生混淆
风险揭示	(1) 至少包含以下表述：“结构性存款不同于一般性存款，具有投资风险，您应当充分认识投资风险，谨慎投资”； (2) 在显著位置以醒目方式标识最大风险或损失，确保投资者了解结构性存款的产品性质和潜在风险，自主进行投资决策
销售文件内容	包括但不限于产品性质、产品结构、挂钩资产、估值方法、假设情景分析以及压力测试下收益波动情形等
投资冷静期	(1) 不少于 24 小时； (2) 在投资冷静期内，如果投资者改变决定，则商业银行应当遵从投资者意愿，解除已签订的销售文件，并及时退还投资者的全部投资款项，投资冷静期自销售文件签字确认后起算

二、商业银行理财产品

商业银行在为其客户提供银行存款及存款产品的基础上，还可以向客户销售银行自主发行的理财产品，同时也可以代销其他机构发行的理财产品及工具。当下，成立银行理财子公司的银行逐步将其理财业务向理财子公司过渡，理财子公司发行的产品除了自己销售外主要还是靠银行代销。

《商业银行理财业务监督管理办法》即“理财新规”中对商业银行理财业务做出了明确说明，此处所指的商业银行包括中资商业银行、外商独资银行和中外合资银行。

商业银行理财业务是指商业银行接受投资者委托，按照与投资者事先约定的投资策略、风险承担和收益分配方式，对受托的投资者财产进行投资和管理的金融服务。理财产品是指商业银行按照约定条件和实际投资收益情况向投资者支付收益、

不保证本金支付和收益水平的非保本理财产品，商业银行不得发行分级理财产品。

《商业银行理财业务监督管理办法》要求商业银行理财产品财产要独立于管理人、托管机构的自有资产，因理财产品财产的管理、运用、处分或者其他情形而取得的财产，都要归入银行理财产品财产。商业银行只能通过本行渠道(含营业网点和电子渠道)销售理财产品，或者通过其他商业银行、农村合作银行、村镇银行、农村信用合作社等吸收公众存款的银行业金融机构代理销售理财产品。

商业银行理财产品可以投资于国债、地方政府债券、中央银行票据、政府机构债券、金融债券、银行存款、大额存单、同业存单、公司信用类债券、在银行间市场和证券交易所市场发行的资产支持证券、公募证券投资基金、其他债权类资产、权益类资产以及国务院银行业监督管理机构认可的其他资产，不得直接投资于信贷资产，不得直接或间接投资于本行信贷资产，不得直接或间接投资于本行或其他银行业金融机构发行的理财产品，不得直接或间接投资于本行发行的次级档信贷资产支持证券。商业银行面向非机构投资者发行的理财产品不得直接或间接投资于不良资产、不良资产支持证券，国务院银行业监督管理机构另有规定的除外。

根据《关于规范金融机构资产管理业务的指导意见》即“资管新规”要求，银行理财产品要打破刚性兑付，不得承诺本金及收益，应于2021年年底完成预期收益型理财产品向净值型理财产品的转变。

2021年7月31日中国人民银行发文：经国务院同意，人民银行会同发展改革委、财政部、银保监会、证监会、外汇局等部门，充分考虑新冠肺炎疫情影响的实际情况，在坚持资管新规政策框架和监管要求的前提下，审慎研究决定，延长《关于规范金融机构资产管理业务的指导意见》（银发〔2018〕106号）过渡期至2021年底，同时建立健全激励约束机制，完善配套政策安排，平稳有序推进资管行业规范发展。

课外链接：预期收益型理财产品与净值型理财产品

预期收益型理财产品是指在产品发行时银行对产品的到期兑付收益给出预期收益率指标，投资者持有到期后，可以获得相当于预期收益率的实际收益，具有刚性兑付的性质。如果产品到期时运作的实际回报率低于给客户做出的预期收益率则由银行承担差额，如果实际回报率高于预期收益率，银行也不会将高出的收益兑付给投资者，可见预期收益型理财产品具有“刚性兑付”的性质。自“资管新规”落地后，预期收益型理财产品已逐步退出银行理财产品的舞台，向净值型理财产品转变。

净值型理财产品是指产品发行时不对收益率做出预期，产品收益以净值的形式展示，投资者根据产品的实际运作情况，享受浮动收益的理财产品，当产品到期时是根据产品实际市场投资报价来计算产品收益率的。可见净值型产品能更为准确、真实地反映资产的价值，客户投资该产品是非保本、非保证收益的，投资结果以产品的实际运作情况为准，客户需要理性投资，自担风险。

(一) 商业银行自主发行的理财产品

为了满足巨大的财富管理市场需求，服务个人及家庭理财客户，当下银行发行的理财产品十分丰富。可将银行理财产品从募集方式、存续形态、投资性质几方面作出分类。

1. 根据募集方式分类

根据理财产品募集方式的不同可将其分为公募理财产品和私募理财产品，其定义如表 4-4 所示。

表 4-4　公募及私募理财产品的定义

分　类	定　　义
公募理财产品	商业银行面向不特定社会公众公开发行的理财产品(公开发行的认定标准按照《中华人民共和国证券法》执行)
私募理财产品	商业银行面向合格投资者非公开发行的理财产品。 私募理财产品的投资范围由合同约定，可以投资于未上市企业股权及其受(收)益权

课外链接：银行私募理财合格投资者(自然人)要求

合格投资者(自然人)条件：具有 2 年以上投资经历，且满足家庭金融净资产不低于 300 万元人民币，或者家庭金融资产不低于 500 万元人民币，或者近 3 年本人年均收入不低于 40 万元人民币。

合格投资者投资要求：单只固定收益类理财产品的金额不得低于 30 万元人民币；投资单只混合类理财产品的金额不得低于 40 万元人民币；投资单只权益类理财产品、单只商品及金融衍生品类理财产品的金额不得低于 100 万元人民币。

2. 根据存续形态分类

根据银行理财产品的存续形态不同可将其分为开放式理财产品和封闭式理财产品，如表 4-5 所示。

表 4-5　开放式及封闭式理财产品

分　类	定　　义
开放式理财产品	开放式理财产品是指自产品成立日至终止日期间，理财产品份额总额不固定，投资者可以按照协议约定，在开放日和相应场所进行认购或者赎回的理财产品
封闭式理财产品	封闭式理财产品是指有确定到期日，且自产品成立日至终止日期间，投资者不得进行认购或者赎回的理财产品

3. 根据投资性质分类

根据理财产品投资性质的不同可将其分为固定收益类理财产品、权益类理财

产品、商品及金融衍生品类理财产品和混合类理财产品，下面具体进行介绍。

固定收益类理财产品投资于存款、债券等债权类资产的比例不低于 80%；权益类理财产品投资于权益类资产的比例不低于 80%；商品及金融衍生品类理财产品投资于商品及金融衍生品的比例不低于 80%；混合类理财产品投资于债权类资产、权益类资产、商品及金融衍生品类资产任一类资产的投资比例均未达到前三类理财产品标准。

1) 固定收益类理财产品

固定收益类理财产品主要投资投资于存款、债券等债权类资产，如表 4-6 所示。

表 4-6 固定收益类理财可投资的工具

类 别	具 体 工 具
存款储蓄类	银行存款、大额存单、同业存单
银行间市场和交易所市场发行的债券	国债、地方政府债、中央银行票据、政府机构债券、金融债券、公司信用类债券、资产支持证券
	公募证券投资基金
	其他债权类资产

可见，固定收益类理财产品可选择的投资工具十分丰富，商业银行将表 4-6 中的投资工具按照策略进行权重分配和组合后会形成以下几种不同投资风格的产品类别。

(1) 现金管理类理财产品。2021 年 6 月中国银保监会、中国人民银行发布《关于规范现金管理类理财产品管理有关事项的通知》，将现金管理类理财产品定义为仅投资于货币市场工具，每个交易日可办理产品份额认购、赎回的商业银行或者理财公司理财产品。产品名称中使用“货币”“现金”“流动”等类似字样的理财产品视为现金管理类产品。商业银行、理财公司每只现金管理类产品投资组合的平均剩余期限不得超过 120 天，平均剩余存续期限不得超过 240 天。

现金管理类理财产品的投资工具如表 4-7 所示。

表 4-7 现金管理类理财产品投资工具

可投资的工具	不可投资的工具
现金	股票
期限在 1 年以内(含 1 年)的银行存款、债券回购、中央银行票据、同业存单	(1) 可转换债券、可交换债券； (2) 以定期存款利率为基准利率的浮动利率债券，已进入最后一个利率调整期的除外
剩余期限在 397 天以内(含 397 天)的债券、在银行间市场和证券交易所市场发行的资产支持证券	信用等级在 AA+以下的债券、资产支持证券
银保监会、中国人民银行认可的其他具有良好流动性的货币市场工具	银保监会、中国人民银行禁止投资的其他金融工具

(2) 稳健成长类理财产品。稳健成长类理财产品会兼顾资金的流动性和稳定性，主投固收资产，采取稳健的投资策略，追求波动的稳健收益。其 80%以上投

资于标准化债权等固收类资产，其中配比精选的AAA～AA+的中高等级信用债，严控产品风险，稳健获取票息收益；配以优质的非标准化债券类资产或其他债权类资产，追求绝对收益；谨慎参与高胜率的债券交易，赚取资本利得。此类理财产品期限大多在 1 年以内，如平安银行自主发行的“启航成长”系列、“月月成长”系列、“季季成长”系列等产品。

(3) 稳中求进类理财产品。稳中求进类理财产品的投资策略为“固收+权益”或“固收+商品及金融衍生品”。

“固收+权益”策略以获取中短期绝对收益为目标，具备一定的业绩弹性，且具有较为严格的回撤控制措施，是稳健成长类的进阶策略，属于固收增强型产品。其 80%投资于固定收益资产，其中布局一定比例的非标资产，以实现更高票息，净值更稳；其余 20%资金专注于权益资产，投资于公募基金。在资产策略配置上会拉长周期并叠加多元资产，“稳”上再追求“收益+”，期限最少为 1 年。如平安银行“卓越成长”系列由 80%的高评级的债券资产作为打底，另配置权益类市场工具，运用稳健的交易策略，追求小回撤，力求实现超越纯固收类产品的收益表现。

“固收+商品及金融衍生品”策略将固定收益类资产与金融衍生品，如远期、期权、掉期、指数等进行组合，一方面由较高占比的固收资产作为产品收益的基本保障，另一方面通过优选的挂钩敲出金融衍生品获得增厚收益。例如，平安银行的“安鑫系列 48 号人民币理财产品”80%投资于债权类资产，同时挂钩中证 500 指数。

2) 权益类理财产品

《商业银行理财业务监督管理办法》允许银行公募理财产品通过公募基金间接投资股票，允许银行私募理财产品直接投资股票。《商业银行理财子公司管理办法》规定，理财子公司发行的公募理财产品可直接投资股票。投资股票占比超过 80%即为权益类理财产品。

目前权益类资产绝大部分还是以“参与”的角色出现在固收类理财产品中，发挥博取高弹性收益的作用，其主要原因如下：一方面是银行客户的风险接受程度整体偏低，另一方面银行自身在固收投资上具有优势，而权益投资并非其所长。虽然权益类理财产品还未成为主流，但是银行理财资金加配权益资产已成大势，未来银行权益类理财产品将更多由其理财子公司进行管理运作，有望为 A 股市场带来可观的增量资金。

课外链接：银行理财子公司发行的权益类理财产品

截至 2021 年 6 月，已有宁银理财、招银理财、信银理财、中信理财、华夏理财五家银行理财子公司发行了五款权益类理财产品。

① 宁银理财：宁耀权益类全明星 FOF 策略开放式产品 1 号。

② 招银理财：招卓消费精选周开 1 号权益类理财计划。

③ 信银理财：百宝象股票优选周开 1 号理财产品。

④ 中信理财：睿赢精选权益周开净值型人民币理财产品。

⑤ 华夏理财：华夏理财权益打新一年定开理财产品 1 号。

3) 商品及金融衍生品类理财产品

商品及金融衍生品类理财对商品及金融衍生品资产投资比例需达到 80%以上，商业银行发行投资衍生品的理财产品，应当具有衍生品交易资格，并遵守国务院银行业监督管理机构关于衍生品业务管理的有关规定。

4) 混合类理财产品

混合类理财投资于债权类资产、权益类资产、商品及金融衍生品类资产且任意资产的投资比例均未达到前三类理财产品标准。对于混合类理财而言，其可以将上述三类资产全部进行组合，也可偏重于其中的一类或两类进行配比。

混合类理财产品常运用股债互补的结构形成优势，一方面保持债券的基础收益，另一方面获得权益类的资产的增强收益，通过全面的策略版图和丰富的资产类型，运用稳健的投资策略形成更强的“固收+”效果，让股债投资策略发挥巨大价值，较固定收益类理财产品可实现收益进阶的理财效果。但是由于权益类资产较固定收益类理财产品的配比有所提升，其受市场影响净值的波动也会更大，长时间持有更加能够体现其策略优势，如平安银行的“智享价值”系列理财产品。

(二) 承销国债及代销其他机构发行的理财产品及工具

商业银行代理销售业务是指商业银行接受由中国银行保险监督管理委员会、中国证券监督管理委员会依法实施监督管理、持有金融牌照的金融机构委托，在本行渠道(含营业网点和电子渠道)，向客户推介、销售由合作机构依法发行的金融产品的代理业务活动。

商业银行开展代销业务，应当加强投资者适当性管理，充分揭示代销产品风险，向客户销售与其风险承受能力相匹配的金融产品。

商业银行代销其他机构的理财产品及工具主要包括其他银行机构及银行理财子公司发行的理财产品、保险公司销售的保险产品、基金募集机构委托代销的基金产品、受业务合作单位委托销售的贵金属、信托公司发行的信托计划、证券公司发行的资管计划等。此处主要对商业银行承销国债这一个人投资者可在商业银行柜台市场进行交易的债券工具进行介绍。

国债是由国家发行的债券，它是中央政府为筹集财政资金而发行的，由中央政府向投资者出具并承诺在一定时期支付利息和到期偿还本金的债权债务凭证。

中国国债以其载体不同可分为无记名(实物)国债、凭证式国债和记账式国债三种。

1. 无记名国债

无记名国债为实物国债，又称实物券、国库券，是我国发行历史最长的一种国债。无记名国债以印发带有发行年度、券面金额等内容的实物券形式记录债权，发行的票面上不记载债权人姓名或单位名称。图 4-20 为我国 1990 年发行的 10 元国库券，该国库券即为无记名国债。

图 4-20　1990 年发行的 10 元国库券

课外链接：我国国库券的发展

中国发行国库券已有 70 多年的历史。1950 年国家发行了最早的国家债券。1981 年以后至 1996 年的十多年内，国家发行的国库券都是实物券，面值有 1 元、5 元、10 元、50 元、100 元、1000 元、1 万元、10 万元、100 万元等。1992 年国家开始发行少量的凭证式国库券，1997 年开始全部采用凭证式在证券市场网上无纸化发行。自 1998 年开始，我国停止了票面式国库券的发行。

2．凭证式国债

凭证式国债指国家采取不印刷实物券，用填制凭证式国债收款凭证的方式发行的国债。凭证式国债使用收款凭单作为债权证明，不可上市流通转让。持券人如遇特殊情况在持有期内需要提取现金，可以到购买网点办理提前兑取。提前兑取时，除兑付国债本金外，按实际持有天数及相应的利率档次计算利息。图 4-21 所示为我国发行的凭证式国债票样。

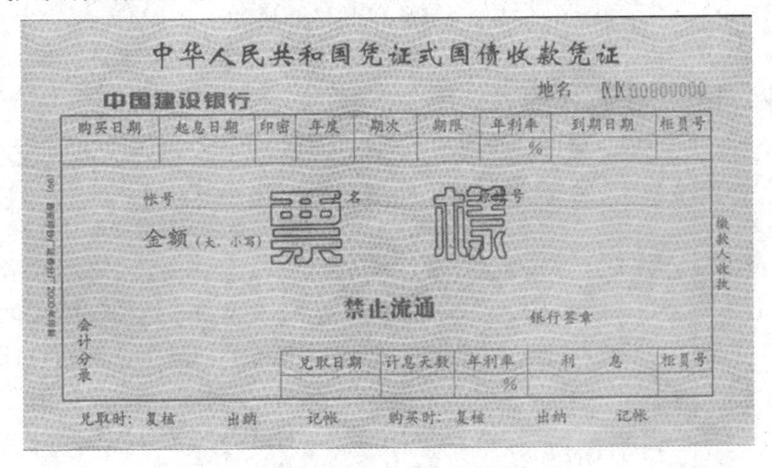

中华人民共和国凭证式国债收款凭证

中国建设银行　　地名　IX IX 00000000

购买日期	起息日期	印密	年度	期次	期限	年利率	到期日期	柜员号
						%		

帐号　　户名　　证件号

金额（大、小写）

票样

禁止流通

银行签章

会计分录

兑取日期	计息天数	年利率	利息	柜员号
		%		

兑取时：复核　出纳　记帐　购买时：复核　出纳　记帐

缴款人收执

图 4-21　凭证式国债票样

3．记账式国债

记账式国债又名无纸化国债，是由财政部通过无纸化方式发行的、以电脑记账方式记录债权并可以上市交易的债券。图 4-22 为发行记账式国债前，上海证券交易所对外发布的通知。记账式国债可在商业银行柜台进行买卖交易。

关于2021年记账式附息（十五期）国债上市交易的通知

各市场参与人：

根据《财政部关于2021年记账式附息（十五期）国债发行工作有关事宜的通知》和上海证券交易所（以下简称“本所”）有关规定，2021年记账式附息（十五期）国债（以下简称“本期国债”）将于2021年10月25日在本所竞价系统和固定收益证券综合电子平台上市。现将有关事项通知如下：

一、本期国债为固定利率附息债，期限为2年，票面利率为2.56%，利息每年支付一次；本期国债起息日为2021年10月21日，每年10月21日（节假日顺延，下同）支付利息，2023年10月21日偿还本金并支付最后一次利息。

二、本期国债于2021年10月25日起在本所集中竞价系统和固定收益证券综合电子平台上市，交易方式为现券和质押式回购。

三、本期国债上市交易的现券证券名称为“21国债15”，证券代码为“019663”，质押券申报和转回代码为“”。

上海证券交易所

二〇二一年十月二十日

图4-22 记账式国债上市通知

除承销国债外，商业银行还会代销其他机构的理财产品及工具，表4-8中列举了部分涉及银行代销理财产品及工具的相关政策。

表4-8 银行代销理财产品及工具的相关政策(部分)

代销产品	政　策	内　容
商业银行理财产品	《商业银行理财业务监督管理办法》	第十五条　商业银行开展理财业务，应当确保理财业务与其他业务相分离，理财产品与其代销的金融产品相分离，理财产品之间相分离，理财业务操作与其他业务操作相分离
商业银行理财子公司发行的理财产品	《商业银行理财子公司管理办法》	银行理财子公司可以通过商业银行、农村合作银行、村镇银行、农村信用合作社等吸收公众存款的银行业金融机构，或者国务院银行业监督管理机构认可的其他机构代理销售理财产品
保险产品	《商业银行代理保险业务管理办法》	介绍了商业银行代理保险业务的总则、业务准入、经营规则、业务退出和监督管理

续表

代销产品	政　　策	内　　容
基金子公司发行的基金	《商业银行设立基金管理公司试点管理办法》	第十七条　商业银行可以代理销售其设立的基金管理公司发行的基金，但在代销基金时，不得在销售期安排服务费率标准、参与基金产品开发等方面，提供优于非关联第三方同类交易的条件，不得歧视其他代销基金，不得有不正当销售行为和不正当竞争行为
信托产品	《信托公司资金信托管理暂时办法》	信托公司委托其他机构代理销售集合资金信托的，应当明确代理销售机构的准入标准和程序，制定完善的代理销售管理规范，选择合格的代理销售机构并以代理销售合同形式明确界定双方的权利义务，明确相关风险的承担责任

任务解析 3　掌握非银行金融机构理财工具

股票投资、基金申购、保险配置、信托计划等投资工具的配合应用也是家庭理财规划中不可或缺的构成部分，它们在家庭理财规划的财富保障增值和传承方面发挥着积极作用。

本任务重点对证券机构投资工具(这里只介绍股票)、基金公司投资工具和保险公司出售的商业保险产品做介绍。

一、证券机构投资工具

股票是股份公司发行的所有权凭证，是股份公司为筹集资金而发行给各个股东作为持股凭证并借以取得股息和红利的一种有价证券。每股股票都代表股东对企业拥有一个基本单位的所有权。股票是股份公司资本的构成部分，是资本市场的长期信用工具，可以转让和买卖。股东凭借它可以分享公司的利润，但也要承担公司运作错误所带来的风险。

股票的面值以元/股为单位来表明每一张股票所包含的资本数额，是股份公司在所发行的股票票面上标明的票面金额。在我国证券交易所流通的股票的面值均为壹元，即每股一元。

(一) 股票交易场所

我国大陆地区的三家股票交易所即1990年11月26日成立的上海证券交易所、1990年12月1日成立的深圳证券交易所和2021年9月3日成立的北京证券交易所。目前三地交易所均实现了交易无纸化、电子化，投资者进入股市必须在证券登记机构开立对应交易所的股票账户后才能进行股票交易。证券交易指数如图

4-23 所示。

图 4-23 证券交易指数

(二) 股票市场的分类

1. 根据股票发行和流通划分

根据股票发行和流通划分，股票市场可分为发行市场和流通市场。

(1) 股票的发行市场：也被称为一级市场。在这个市场上投资者可以认购公司发行的股票成为公司的股东，实现储蓄转化为资本的过程。发行人可直接筹措到公司所需资金，实现直接融资。一级市场上的投资人可以相同的价格认购同一只股票。

(2) 股票的流通市场：也被称为二级市场，是买卖交易已发行股票的场所。已发行的股票一经上市，就进入二级市场。投资人根据自己的判断和需要买进和卖出股票，其交易价格由买卖双方来决定，投资人在同一天中买入股票的价格是不同的。

2. 根据股票发行企业资质要求及交易场所划分

根据股票发行企业资质要求及交易场所的区别，股票市场可分为主板、创业板、科创板、新三板及场外市场，它们共同构成了我国多层次的资本市场。这些板块发行股票的企业类型和对应的交易场所如图 4-24 所示。

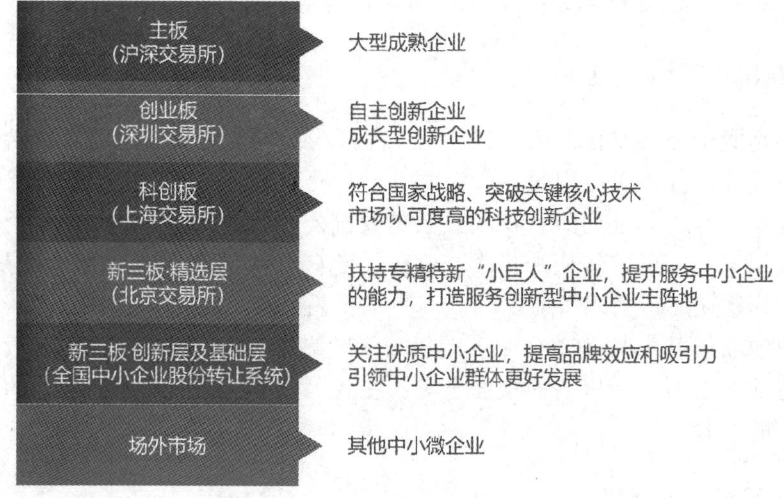

图 4-24 我国多层次的资本市场

(三) 股票板块

股票板块是以发行股票的公司所具有的特定的相关要素为依据进行分类，并

以该要素命名的板块，通常分为行业板块和概念板块。在这两大类板块下还可以进一步划分出更细致的小板块。

1. 行业板块

根据中国证监会对上市公司发布的分类标准(参考《上市公司行业分类指引》(2012 年修订))中划分的行业标准，可将发行股票按所属行业划分为 19 大类及 90 小类，如汽车、银行、券商、有色金属板块等，更多分类如图 4-25 所示。

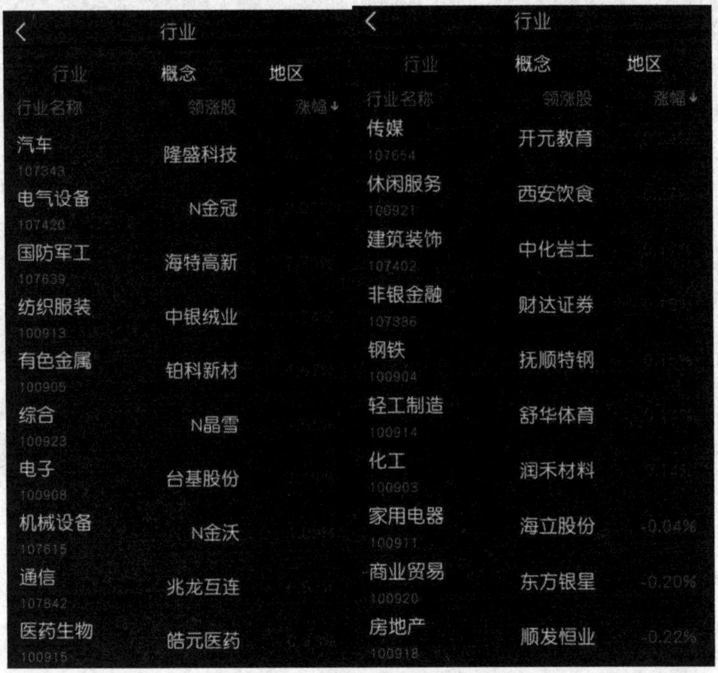

图 4-25　股票行业板块示例

2. 概念板块

股票的概念分类并没有统一的标准，表 4-9 列出了部分常用的概念板块分类方法。

表 4-9　概念板块分类及示例表

分 类 方 法	常 见 板 块
地域分类	上海板块、雄安新区板块
政策分类	新能源板块、自贸区板块
上市时间分类	次新股板块等
投资人分类	社保重仓板块、外资机构重仓板块
指数分类	沪深 300 板块、上证 50 板块
热点经济分类	网络金融板块、物联网板块、5G 板块
业绩分类	蓝筹板块、ST 板块

图 4-26 所示为依据热点经济分类的概念板块。

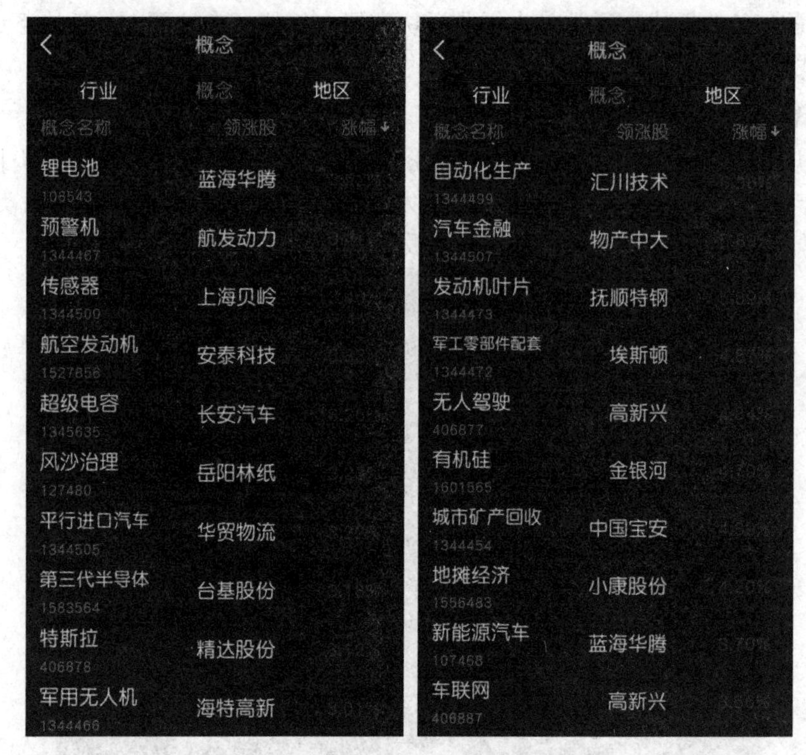

图 4-26　根据热点经济分类的概念板块

(四) 股票的分类

1. 根据股票上市地点和所面向的投资者分类

根据股票上市地点和所面向的投资者的不同，中国上市公司的股票分为 A 股、B 股和 H 股等。

(1) A 股是指由中国大陆注册公司在境内发行上市的普通股票，以人民币标明面值，供境内机构、组织或个人使用人民币进行认购和交易。2013 年 4 月 1 日起，境内港澳台居民可开立 A 股账户以人民币认购和交易 A 股股票。A 股股票以无纸化方式电子记账，实行“T+1”交割制度，有涨跌幅的区间限制。

(2) B 股的正式名称是人民币特种股票。它在上海或深圳证券交易所上市，以人民币标明面值，投资人以外币认购和买卖。B 股对投资人有所限制，主要是外国或我国香港、澳门、台湾地区的自然人、法人和其他组织，定居在国外的中国公民以及中国证监会规定的其他投资人。现阶段 B 股的投资人主要是上述几类中的机构投资者。B 股公司的注册地和上市地都在境内，只不过投资者在境外或在我国香港、澳门及台湾地区。

(3) H 股是在香港证券市场上市的股票，投资人使用港币交易。

2. 根据股东的权利分类

按股东的权利可将股票分为普通股、优先股及混合股等。混合股是中国初创股票发行市场时出现的一种股票形式，是将优先分取股息的权利和最后分配公司

剩余资产的权利相结合而构成的股票。由于当时股票发行市场本身不规范，对混合股的股票也没有严格的规定，股东的权利和义务等问题都没有较好地解决。随着中国金融市场改革的深入，资本市场开始走向规范化，这类前期试验性的股票发行类别亦开始向规范化发展，此处主要介绍普通股和优先股。

1) 普通股

普通股是享有普通权利、承担普通义务的股份，是公司股份的最基本形式。目前在上海和深圳证券交易所上市交易的股票都是普通股。普通股股票持有者按其所持有股份比例享有以下基本权利：

(1) 出席股东大会，具有表决权、选举权及被选举权，可以间接地参与公司的经营。

(2) 公司盈利的税后利润按股份比例分配给持有者，公司亏损则无股息。

(3) 当公司资产增值，增发新股时，持有者可以按其原有持股比例优先认购新股。

(4) 请求召开临时股东大会。

(5) 公司破产后依法分配剩余财产。

2) 优先股

优先股股票是指持有该种股票股东的权益要受一定的限制。优先股股票的发行一般是股份公司出于某种特定的目的和需要，且在票面上要注明“优先股”字样。优先股股东的特别权利是可优先于普通股股东以固定的股息分取公司收益并在公司破产清算时优先分取剩余资产，但一般不能参与公司的经营活动，其具体的优先条件必须由公司章程加以明确。一般来说，优先股的优先权有以下四点：

(1) 在分配公司利润时可先于普通股且以约定的比例进行分配。

(2) 当股份有限公司因解散、破产等原因进行清算时，优先股股东可先于普通股股东分取公司的剩余资产。

(3) 优先股股东一般不享有公司经营参与权，即优先股股票不包含表决权，优先股股东无权过问公司的经营管理，但在涉及优先股股票所保障的股东权益时，优先股股东可发表意见并享有相应的表决权。

(4) 优先股股票可由公司赎回。

3) 普通股和优先股的区别

(1) 普通股股东可以全面参与公司的经营管理，享有资产收益、参与重大决策和选择管理者等，而优先股股东一般不参与公司的日常经营管理，一般情况下不参与股东大会投票，但在某些特殊情况下，例如公司决定发行新的优先股时优先股股东才有投票权。同时，为了保护优先股股东的利益，如果公司在约定的时间内未按规定支付股息，则优先股股东可按约定恢复表决权；如果公司支付了所欠股息，则已恢复的优先股表决权将终止。

(2) 相对于普通股股东，优先股股东在公司利润和剩余财产的分配上享有优先权。

(3) 普通股股东的股息收益并不固定，既取决于公司当年盈利状况，还要看当年具体的分配政策，很有可能公司决定当年不分配。而优先股的股息收益一般是

固定的，尤其对于具有强制分红条款的优先股而言，只要公司有利润可以分配，就应当按照约定的数额向优先股股东支付。

(4) 普通股股东除了获取股息收益外，二级市场价格上涨也是重要的收益来源；而优先股的二级市场股价波动相对较小，依靠买卖价差获利的空间也较小。

(5) 普通股股东不能要求退股，只能在二级市场上变现退出；如有约定，优先股股东可依约将股票回售给公司。

二、基金公司投资工具

证券投资基金是家庭理财规划中经常从基金公司选择的工具。基金是指通过发售基金份额，把众多投资人的资金集中起来形成独立财产，由基金托管人托管、基金管理人管理，以投资组合的方式进行证券投资的一种利益共享、风险共担的集合投资方式。投资人向基金管理公司申购基金，由基金管理人基于专业的知识能力和强大的信息网络，对市场进行全方位的动态跟踪与深入分析，通过专业管理实现投资人资金的增值。

下面介绍基金的分类。

(一) 根据运作方式分类

根据运作方式的不同，基金可分为开放式基金和封闭式基金。

1. 开放式基金

开放式基金在申购成功后可随时通过银行、券商、基金公司申购和赎回，基金规模不固定。

2. 封闭式基金

封闭式基金的基金份额在基金合同期限内固定不变，基金份额可以在依法设立的证券交易所交易，但基金份额持有人不得申请赎回。

(二) 根据法律形式分类

根据法律形式的不同，基金可分为公司型基金和契约型基金。我国的证券投资基金均为契约型基金，公司型基金则以美国的投资公司为代表。

1. 契约型基金

契约型基金是依据基金合同设立的基金。在我国，契约型基金依据基金管理人与基金托管人所签署的基金合同设立，基金投资者自取得基金份额后成为基金份额的持有人和基金的当事人。

2. 公司型基金

公司型基金在法律上是具有独立法人地位的股份投资公司。它依据基金公司章程设立，投资者是基金公司的股东，设有董事会。

(三) 根据募集方式分类

根据基金资金的募集方式不同，基金可分为公募基金和私募基金。

1．公募基金

公募基金是指面向社会公众公开发售募集资金的一类基金，可以投资股票或债券，不能投资非上市公司股权、房地产等风险较高的资产。

2．私募基金

私募基金是指以非公开方式向特定投资者募集资金并以证券为投资对象的证券投资基金，其对投资人资格和数量有所限制，对募集宣传有要求。

私募基金的投资人需要满足合格投资者要求，包括其收入水平、资产规模、风险识别及承担能力等在内的资质情况，只有满足这些合格投资者要求的条件才可以认购私募基金。私募基金具有非公开性、募集性、大额投资性、封闭性和非上市性等特点，它可以投资如非上市公司股权这类风险较大的标的。私募基金投资标的的风险程度高，起投门槛最低 100 万元。所以投资人要通过投资私募基金来实现财富增值，需要一定的资本积累和投资经验积累，它是投资难度较高的金融工具。

我国对私募基金的管理十分严格，不允许私募基金以公共宣传的方式对外传播基金信息以实现募集。私募基金只能向合格投资者募集且单只私募基金的投资者人数累计不得超过《证券投资基金法》《公司法》《合伙企业法》等法律规定的特定数量：公司制、合伙制私募基金的投资者人数不得超过 50 人，股份公司制的投资者人数不得超过 200 人，契约型私募基金的投资者人数不得超过 200 人。

(四) 根据投资对象分类

根据投资对象的不同，基金可分为货币市场基金、债券型基金、股票型基金、混合型基金、基金中的基金(FOF)等，如表 4-10 所示。

表 4-10　按投资对象不同划分基金

基金类型	投资对象标准	占　比
货币市场基金	货币市场工具	100%
债券型基金	债券	80%以上
股票型基金	上市公司股票	80%以上
混合型基金	不满足其他基金划分标准的	混合型
基金中的基金	标的基金	100%

1．货币市场基金

货币市场基金以货币市场工具为投资对象，如 1 年以内的银行存款、债券回购、中央银行票据、同业存单、期限在 397 天以内的债券、非金融企业债务融资工具、资产支持证券等。

2．债券型基金

债券型基金是以债券为主要投资对象的证券投资基金，其债券投资比例需达到基金总规模的 80%以上，包括国债、金融债、地方政府债、政府支持机构债、企业债、公司债、短期融资券、超短期融资券、公开发行的次级债券、可分离交易可转债的纯债部分、可交换债券和可转换债券。

根据投资范围和投资债券的种类，债券型基金又分为纯债基金、普通债基金和可转债基金，它们各自的投资范围如图 4-27 所示。

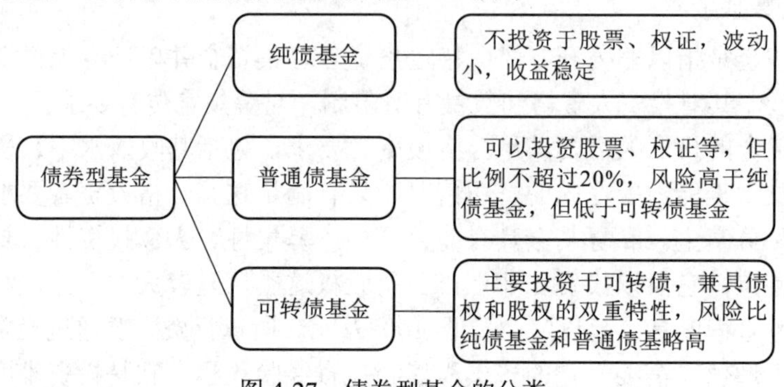

图 4-27　债券型基金的分类

3．股票型基金

股票型基金主要投资于股票，其股票投资比例需达到基金资产的 80%以上。

股票型基金的名称通常代表着基金的主题，可以让投资者大致了解其投资的方向、关注的行业领域、选取的股票范围等信息。图 4-28 列出了部分股票型基金产品的名称。

金鹰医疗健康产业C 004041	股票型	农银医疗保健股票 000913	股票型
招商稳健优选股票 004784	股票型	中欧电子信息产业沪港深股票A 004616	股票型
广发医疗保健股票A 004851	股票型	工银医药健康股票A 006002	股票型
工银养老产业股票A 001171	股票型	中欧电子信息产业沪港深股票C 005763	股票型

图 4-28　股票型基金

4．混合型基金

混合型基金的各项指标不符合货币型基金、债券型基金和股票型基金的投资标的比例标准。这类基金可以投资股票，也可以投资于债券甚至货币市场工具。

根据股债的配置占比的差别可将混合型基金分为偏股型、偏债型、股债平衡型和灵活配置型。偏股型混合基金投资：股票比例最低占比为 60%，最高不超过 80%；偏债型混合基金投资：债券比例最低占比为 60%，最高不超过 80%；股债

平衡型混合基金在股票和债券的比例分配上较为平均，约为 40%～60%；灵活配置型混合基金投资：在股票和债券的比例分配上不做较为明确的划分，可按照股票市场和债券市场的行情和状况进行灵活调整。

5．基金中的基金

基金中的基金(Fund of Funds，FOF)，是一种专门投资于其他基金的基金，其投资范围仅限于其他基金，并不直接投资股票或债券。它是结合基金产品创新和销售渠道创新的基金新品种，通过持有其他证券投资基金而间接持有股票、债券等证券资产。

三、保险公司出售的商业保险产品

合理配置保险公司出售的商业保险产品可以满足不同层次的家庭理财需求，通过将不同的保险产品投保计划列入家庭理财规划中来实现家庭理财的目标。从保险对家庭发挥作用的角度上可以将其大致分为保障型保险和理财型保险。

(一) 保障型保险

保障型保险可以缓解家庭在面临较大的风险事件时的压力，维持家庭的生活质量。保障型商业保险主要包括重大疾病保险、意外保险、医疗补充保险、人寿保险、家庭财产损失保险等，如图 4-29 所示。

图 4-29　保障型商业保险

1．重大疾病保险

重大疾病保险是指以被保险人发生重大疾病为给付条件的保险。只要被保险人罹患保险条款中列出的疾病或达到其中的疾病判定标准，无论被保险人是否发生医疗费用或发生多少费用，都按照保险合同约定的赔付金额获得保险公司的补偿。

此处所指的重大疾病是中国保险行业协会与中国医师协会联合发布的《重大疾病保险的疾病定义使用规范(2020 年修订版)》内定义的疾病，各保险公司在设计重大疾病保险产品时必须覆盖此规范内的重大疾病，不可自行删减、修改或重

新定义。保险公司可视市场需求对除重大疾病以外的其他疾病给付条款进行合理化设计。

2. 意外保险

意外保险即人身意外保险，又称为意外伤害保险。它是指投保人向保险公司缴纳一定金额的保费，当被保险人在保险期限内遭受意外伤害后，以此为直接原因造成死亡或伤残时，保险公司按照保险合同的约定向被保险人或受益人支付保险合同约定的保险金的保险。

3. 医疗补充保险

医疗补充保险是指当被保险人因疾病或伤害而导致医疗费用支出时，由保险人按照合同约定向被保险人偿付其医疗支出和医疗补助的保险。

4. 人寿保险

人寿保险是人身保险的一种，它以被保险人的生命为保险标的，以被保险人的生存或死亡为给付条件。最初的人寿保险产品是为了保障由于不可预测的死亡对家庭可能造成的经济负担。后来人寿保险产品中引入了储蓄功能，丰富了保险产品的作用。通过对产品做出期满返还的设定，保险公司会根据合同约定对在保险期满时仍然生存的人给付相应的保险金。

5. 家庭财产损失保险

家庭财产损失保险是保险人以其具有所有权的有形财产为保险标的的保险，即个人或家庭在合同约定的范围内获得因财产遭受损失而带来的经济补偿。

(二) 理财型保险

理财型保险可以在为家庭转移基本风险的基础上提供保单价值增值的可能性，达到强制储蓄、抵御通胀、资金保值的目的。理财型保险主要包括分红型保险、投资连结型保险以及万能型保险。

1. 分红型保险

分红型保险是指投保人在获得合同约定的人身保险保障的同时，保险公司将其分红保险业务实际经营成果优于定价假设的盈余，按照一定比例向保单持有人进行分配的保险品种。

2. 投资连结型保险

投资连结型保险是指包含保险保障功能并至少在一个投资账户拥有一定资产价值的人身保险产品。投资连结型保险除了给予投保人生命保障外，还可以让客户直接参与由保险公司管理的投资活动，将保单的价值与保险公司的投资业绩联系起来，投保人在任何时刻所持有的保单价值是根据其投资基金在当时的投资表现来决定的。

3. 万能型保险

万能型保险是指包含保险保障功能并设立有保底收益投资账户的人身保险。

万能型保险除了对被保险人给予保护生命保障外，还可以让投保人直接参与投资账户内资金的投资活动，将保单的价值与保险公司独立运作的投保人投资账户资金的业绩联系起来。投保人缴纳的保费分成两部分，一部分进入保险保障，另一部分进入投资账户。保险公司对投资账户的投资收益下设最低保障利率，投保人在最低保障收益的基础上还可享有该保险的分红收益。

4．投资连结型保险和万能型保险的区别

由于投资连结型保险与万能型保险都设有投资账户作为投资专用，时常会被混为一谈，要注意掌握两者之间的区别，如表4-11所示。

表4-11　投资连结型保险和万能型保险的区别

	投资连结型保险	万能型保险
风险不同	没有固定的收益保障，可能会出现亏损，风险由投保人自行承担	有最低保底收益，风险是由保险公司和投保人共同承担的
保费支付方式不同	固定保费，一年一缴，支持投保人自由缴费	缴费时间不固定，缴费金额也不固定，且对保费有最低限制
投资运作方式不同	保费在一个投资账户内统一运作	多个风险不同的账户分别运作

四、信托公司产品

信托是由以客户的信任为基础，以财产管理为目的，采用委托方式的财产管理制度与法律行为，同时它也是一种金融制度。信托产品是由信托公司研发、设计并作为受托人而设立的产品，信托财产权利与利益相分离，所以它具有银行理财产品不具备的债务隔离功能。

信托资产具有独立性，不能被抵债、破产、清算和分割，是从委托人、受托人、受益人的财产中独立出来的一笔财产。因此，信托资产在发达国家通常被作为财富管理和财富传承工具。信托投资公司为个人提供用于达到家庭理财规划目的的信托产品主要是人寿保险信托、财产监护信托、财产处理信托、特定赠予信托等。

【能力拓展】

- 除了任务解析中介绍的金融机构，你还知道哪些金融机构？
- 试收集每种金融机构3～5家代表性公司，了解其发展背景。

- 登入三家银行网站，各收集三个理财产品信息，将它们归属到不同的分类标准中。

- 分别登录各类型非银行金融机构网站，选取两种金融工具，将它们归属到不同的分类标准中。

任务3 运用家庭理财产品和理财工具

【任务描述】

- 掌握家庭理财需求金字塔模型的层次与内容。
- 掌握支撑家庭理财基础需求层“三大支柱”的工具。
- 运用理财工具实现资产保值与增值。

任务解析1 家庭理财需求金字塔模型

家庭理财就是把家庭的收入和支出进行合理的计划安排和使用，其目的是将家庭有限的财富最大限度地合理消费、最大限度地保值增值、不断提高家庭生活品质并规避风险，以保障自己和家庭经济生活的安全和稳定，从而使自己和亲人

生活安定无忧，更加幸福美满。

一、家庭理财需求金字塔模型

金字塔源于古埃及，其结构非常稳固，以金字塔为模型模拟家庭理财的需求，大致将其划分为三个层次，分别为基础层、保值层和增值层，如图 4-30 所示。运用此模型可以帮助人们依据不同层次的需求表现清晰地判断家庭所处的境况，可以较快捷、准确地完成家庭理财规划框架设计和产品构建。

图 4-30　家庭理财需求金字塔模型

(一) 基础层

基础层是家庭理财需求金字塔的最底层，是一个家庭财富规划中首要考虑完善的层次。这个层次的基本需求是抵御风险，只有该层次构建完整扎实，家庭的主要风险被转移出去后生活才能平稳，投资所赚的钱才能真正被积累沉淀。

目前，我国的家庭理财规划设计中对该层次的要求重视度仍然不足，对应产品配置的完善性较低，是家庭理财规划实施的薄弱环节。因为此层次的需求较为隐蔽，只有在风险爆发的时候才会被感知到，所以常被个人和家庭忽略。平时我们听说到的很多不幸消息，如家中一人重病导致全家返贫的例子，大多都是忽略了基础层需求，没有实施满足该层次需求的理财方案所引发的。

(二) 保值层

保值层是家庭理财需求金字塔的中间层，在家庭理财基础层需求基本得到满足后，家庭风险实现转移、基本生活得到保障，家庭就具有了运用已有的资产追求稳定收益的需求，家庭保值层需求得以显现。

这个层次的需求是在本金相对安全的前提下获取稳健的投资收益，使积累的财富可以抵御通胀，稳健增长。此层次财富的积聚是未来家庭财富增值的重要前提，实施符合家庭保值层需求的配置方案是未来家庭财富增长的基石。

(三) 增值层

增值层是家庭理财需求金字塔的顶层，该层次的需求是要实现家庭财富增值和安全传承。在家庭理财的前两个层次需求得到满足之后，如仍有盈余资金就可

以尝试开展家庭资产的增值规划。

这个层次的需求是通过运用盈余资金，在家庭风险承受范围内，尽可能提高资金的使用效用，获取较好的投资收益，使家庭财富较大幅度地增长。在家庭理财规划中，满足该层次的需求要重点运用金融资产配置，在充分考虑资产的安全性、流动性和收益性的情况下，获得合适的投资回报率，达成各种财务目标。

二、家庭理财工具配置金字塔

为了满足不同层次的家庭理财需求，需要运用不同的理财产品及工具完成理财规划方案的合理配置。要对各家庭可承受的风险程度做出考量，选择与之匹配的风险措施，通过将诸多的理财产品及工具进行风险程度和特性的划分，按照风险从低到高的思路进行选择，逐层设计。

根据家庭理财需求金字塔模型可推演出家庭理财工具配置金字塔图，基础层、保值层和增值层这三个层次的理财工具配置应该随着家庭资产总额和理财投资知识的积累来层层搭建，直到封顶，如图 4-31 所示。

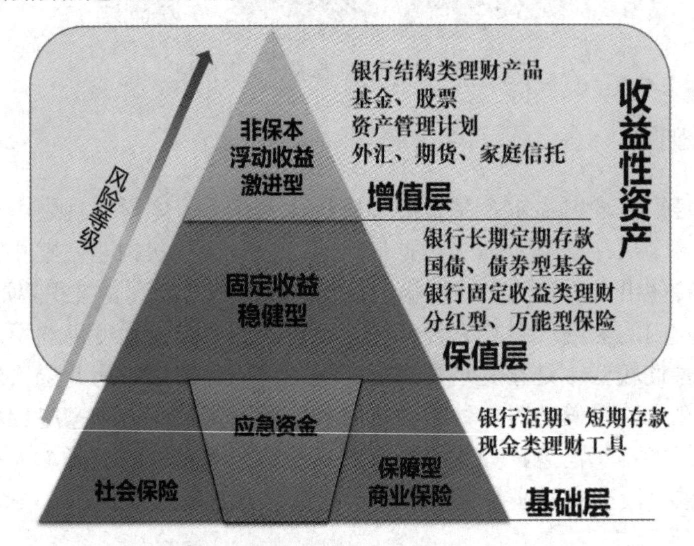

图 4-31　家庭理财工具配置金字塔图

应对家庭理财基础层需求所运用的理财产品及工具风险最低，一般不存在本金损失风险；应对保值层需求所运用的理财产品及工具的风险较基础层稍高一些，但整体而言风险仍然偏低，其本金损失可能性较低，风险集中在收益浮动上；应对增值层需求所运用的理财产品风险较高，有可能面临本金和收益的损失，并且这些产品和工具之间的风险差距跨度较大。

根据图 4-31 所呈现的内容可列出表 4-12，理财从业人员运用此表可以更加方便快捷地初步实现理财规划方案中所运用产品的选用和搭配。值得说明的是，该表中 R1～R5 的风险等级是家庭理财中分析和评价风险重要的指标之一，这里仅以对应家庭理财层次为出发点，引入不同需求层次的家庭理财配置工具的风险水平。项目六中会对风险等级的内容进一步展开详细介绍。

表 4-12　家庭理财层次对应工具列表

需求层次	对应产品及工具	风险等级	针对需求
基础层	银行存款、银行存款产品，货币基金、银行现金类理财产品	R1 级	资产流动 家庭应急
	社会保险，企业、教育年金		保险保障 转移风险
	重疾保险、意外保险、医疗补充保险、人寿保险、家庭财产保险		
保值层	国债、银行定期存款，债券型、混合型基金，银行固定收益类、混合类理财产品，分红型、万能型保险产品	R1～R3 级	抵御通胀 稳定收益
增值层	银行权益类理财产品，银行商品及金融衍生品理财产品，股票型基金、指数型基金，集合资产管理计划，股票，私募基金、分级基金 B 份额，外汇、黄金、期货、家庭信托等金融衍生品	R3～R5 级	承担风险 资产增值 财富传承

任务解析 2　支撑家庭理财基础层需求的“三大支柱”

满足一个家庭的基础层需求，需要立起应急资金、社会保险和商业保险这“三大支柱”，如图 4-32 所示。只有立起这“三大支柱”，一个家庭的突发性风险才可以基本得到抵御，支撑家庭的正常运转。

图 4-32　家庭理财基础需求层的“三大支柱”

一、第一根支柱：应急资金

应急资金是每个家庭都需要准备的一笔备用资金，用以防止家庭成员因失业、遭遇重大疾病等较大意外时让家庭陷入困境。为保障家庭的正常运转，这笔备用资金需要时可以随时取出。

家庭应急资金主要由银行存款及存款类产品和现金管理类理财工具构成。

(一) 银行存款及存款类产品

银行存款是大众最容易接受、为家庭提供应急资金最普遍的方式。商业银行推出的存款类产品较传统银行存款在期限灵活性和收益性上更加优秀，是原传统银行存款的升级。它能够将存款客户进行差异化细分，以便能够满足客户将它作为应急资金时短期支取的需求和对利息收入损失的最小化。

(二) 现金管理类理财工具

目前金融市场中的现金管理类理财工具主要是基金公司运营的货币型基金和银行销售的现金管理类理财产品以及证券公司的保证金管理产品和可在交易所交易的国债质押回购等。

此处主要介绍货币型基金及现金管理类理财产品。

1. 货币型基金

货币市场基金的投资对象是安全性很高的货币市场类金融工具，这决定了货币型基金在各类基金中的风险程度最低。货币型基金一般免收认购费、申购费、赎回费等手续费，申赎资金一般 T+0 或者 T+1 日即可到账，且申购和赎回操作非常方便，流动性很高，可与活期存款相媲美。

货币市场基金的净值是固定不变的，始终为发行价，即 1 元，基金获得经营收益后以份额的形式分配给投资者，不会引起基金净值的变化。因此，投资人如不对持有的基金份额进行赎回，则分配的份额会持续持有，再次计入投资，形成复利。另外，因为货币基金的收益以份额的形式体现，无须缴纳所得税。大部分情况下货币市场基金的收益可达到国债的收益水平。因此，货币型基金是厌恶风险、对资产流动性和安全性要求较高的投资者进行投资的理想工具，也是满足家庭理财需求基础层可运用的有效工具。

2. 现金管理类理财产品

现金管理类理财产品具有较高的灵活性，与货币型基金具有很高的相似性，一般以活期理财产品的形式出现，期限大多在 180 天以内，流动性非常高。现金管理类理财产品在买入和赎回方面的限制比较少，操作灵活，投资人于交易日 15:30 前购买当日即可起息且无手续费用，可实现 7×24 小时快速赎回，赎回即刻到账(由于产品不同，具体申赎规则、计息期间、操作方式可能有所不同)。现金管理类理财产品是投资人有闲钱理财，希望可以灵活取用时的最佳选择，是为家庭

提供应急资金的可选择工具。

二、第二根支柱：社会保险

社会保险由政府举办并强制实行，它要求某一群体将其收入的一部分作为社会保险金缴至社保专户形成社会保险基金。社会保险是一种缴费性的社会保障，资金主要是用人单位和劳动者本人缴纳，政府财政给予补贴并承担最终的责任。

保险金给附条件时，被保险人可从社会保险基金获得固定的收入或损失补偿，保障社会公众的物质生活水平，促进劳动力的再生产，维持社会的稳定。社会保险是我国社会保障体系的重要组成部分，其在整个社会保障体系中居于核心地位。

社会保险提供补偿的条件一般指社会保险缴费人丧失劳动能力或暂时失去工作岗位、因疾病原因造成住院医疗支出、到达法定退休年龄等。我国社会保险的主要项目包括养老保险、医疗保险、失业保险、工伤保险和生育保险。

三、第三根支柱：商业保险

商业保险是指投保人根据合同约定，向保险人支付保险费，保险人对于合同约定的可能发生的事故所造成的财产损失承担赔偿保险金责任，或者当被保险人死亡、伤残、疾病或者达到合同约定的年龄、期限等条件时承担给付保险金责任的商业保险行为。

对家庭理财规划而言，以配置重大疾病保险、意外保险、医疗补充保险、人寿保险、车辆及房屋财产保险等保障型保险为主来转移投保人的生命以及财产损失带来的家庭经济风险，满足家庭基础层的保障需求。

(一) 重大疾病保险

重大疾病保险可为被保险人提供遭遇重大疾病时的经济保障。它的保险金给付以被保险人罹患重大疾病作为触发条件，为患者提供了治疗资金、康复资金以及误工损失，为家庭转移因丧失劳动能力而导致的家庭收入中断，维持家庭经济水平。

(二) 意外伤害保险

意外伤害保险是指当被保险人在保险期限内遭受意外伤害后为家庭提供经济保障。意外的伤害具有不可预测性，意外伤害保险作为家庭成员的健康和生命的防线，让家庭遭遇意外的危机后能得到缓解，不至于因人身遭遇意外伤害而带来的沉重的医疗费负担和生命威胁陷入困境。

(三) 医疗补充保险

医疗补充保险在社会医保之上为个人及家庭提供更多的经济及就医补偿，满足人们在社会医保报销之外的更高的医疗保障诉求。其主要作用如下：

(1) 在经济补偿方面，能够提供因伤病引起暂时或永久性的劳动能力丧失导致的收入减少的误工补偿及病后恢复保障，以及因意外伤害造成高水平的医疗费用补偿。

(2) 在医疗服务方面，能够提供包括就医便利和健康管理等服务。就医便利服务如在线问诊咨询、导医导诊、转诊预约、绿色通道等；健康管理服务如健康咨询、慢病管理等。

可见，商业补充医疗保险能够在基本医疗保障的基础上，扩展保障内容，提高保障水平，满足人民群众差异化服务需求，是个人及家庭在社会医保方面的医疗补充手段。

(四) 人寿保险

人寿保险的配置可以让人们“未雨绸缪”。在年轻时投保定期人寿保险可为今后发生不可测的身故做风险防范，投保终身型人寿保险发挥的生命价值可传承给下一代。投保人寿保险，一旦被保险人身故，家庭成员可获得保单约定的保额赔付以维持生活。

(五) 家庭财产损失保险

家庭财产损失保险有利于保障家庭稳定，维持家庭经济及生活水平。对于现代家庭而言，家庭车辆险及房屋财产损失保险是运用较多的家庭财产损失险种。车辆险是以机动车辆本身及其第三者责任作为保险标的的一种运输工具保险，包括交强险与商业车辆险。

课外链接：交强险

购买交强险是对车辆最基本的保障，它由国家法律规定强制购买。交强险主要是对第三方人员伤亡和财产损失的赔偿，它是法定的机动车保险，不属于商业保险。

1. 商业车辆险

商业保险公司出售的车辆险是针对车辆及与车辆相关的多个方面提供保障的保险，保障内容较为多样，如第三者责任险、盗抢险、车上人员责任险、车辆损失险、车身划痕损失险、自燃损失险、玻璃破碎险、不计免赔险等。图 4-33 所示为平安保险公司提供的商业车辆保险产品。

2. 房屋财产损失保险

房屋财产损失保险最初以提供房屋主体损毁保障的形式出现，后来保障内容延伸至室内财产损失等多项保险内容。当下的房屋财产保险产品大多都提供房屋主体损毁及室内财产损失等多项保险内容。

图 4-33　平安车险

平安保险提供的家庭财产损失保险保障内容涵盖房屋主体损失、房屋装修损失、室内财产损失、室内盗抢损失、水暖管爆裂损失、家用电器用电安全、居家责任保障、雇主财产损失、家养宠物责任等多个方面，主要的承保内容如表 4-13 所示。

表 4-13　平安家庭财产损失保险保障详情解读表

保障项目	保险金额/万元	保 障 解 读
房屋主体损失	20～2000	承保由于火灾、爆炸、空中运行物体坠落、外界物体倒塌、台风、暴风、暴雨、龙卷风、雷击、洪水、冰雹、雪灾、崖崩、冰凌、突发性滑坡、泥石流和自然灾害引起地陷或下沉造成的房屋损失。房屋指房屋主体结构以及交付使用时已存在的室内附属设备
房屋装修损失	5～200	承保由于火灾、爆炸、空中运行物体坠落、外界物体倒塌、台风、暴风、暴雨、龙卷风、雷击、洪水、冰雹、雪灾、崖崩、冰凌、突发性滑坡、泥石流和自然灾害引起地陷或下沉造成的房屋装修损失，包括房屋装修配套的室内附属设备
室内财产损失	2～100	承保因火灾、爆炸、空中运行物体坠落、外界物体倒塌、台风、暴风、暴雨、龙卷风、雷击、洪水、冰雹、雪灾、崖崩、冰凌、突发性滑坡、泥石流和自然灾害引起地陷或下沉造成的室内财产损失，包括便携式家用电器和手表，但不包括金银、首饰、珠宝、有价证券以及其他无法鉴定价值的财产
室内盗抢损失	2～20	承保家用电器、床上用品、家具、文体娱乐用品、门、窗、锁、现金、金银珠宝、首饰、手表等室内财产由于遭受盗窃、抢劫行为而丢失，经报案由公安部门确认后，可获得赔偿。便携式家用电器部分保额为附加家庭财产盗抢损失保险保额的20%，现金、金银珠宝、首饰、手表部分保额为附加家庭财产盗抢损失保险保额的 10%
水暖管爆裂损失	1～20	承保因高压、碰撞、严寒、高温造成被保险房屋内、楼上住户、隔壁邻居家以及属于业主共有部分的水暖管突然爆裂，导致被保险房屋的房屋主体、房屋装修遭受水浸、腐蚀的损失，保险人按本保险合同约定负责赔偿

任务解析3 掌握家庭理财保值层需求的理财工具

为满足列表的第二层即家庭理财保值层的需求，可使用风险较低、收益较为稳定的理财产品及工具，主要包括一年以上银行定期存款、国债、债券型基金、固定收益类及混合类理财产品、理财型保险等，这些理财产品和工具的正确运用能够有效抵御通货膨胀带来的资金贬值风险。

一、国债

由于国债的发行主体是国家，所以它具有最高的信用度，被公认为是最安全的投资工具。

课外链接：无风险收益率

由于国债是基于国家公信力而发行的债券，其风险极低。尤其十年期国债的收益率是国家信用担保的长期债券，十年期国债收益率也被称为“无风险收益率”。

无风险收益率是人民币资产定价的基础，股票市场、期货市场乃至房地产市场的资产价格的定价基础也都取决于它。

由于国债在交易所上市，参与的投资者较多，只要证券交易所开市，投资者随时可以委托买卖，故具有很强的流通性。因此，投资者若不打算长期持有某一债券到期兑取本息，则以投资上市国债为好，以保证在卖出时能顺利脱手。

二、公募基金

公募基金对投资人申购的起投金额、风险识别能力、金融知识储备量均要求不高，相对较低的投资门槛可以让大部分中小投资者实现资产分散配置。对于满足家庭理财规划保值层需求而言，合理配置债券型和混合型公募基金是十分必要的，通过对多种投资标的的基金一揽子持有，有助于分散投资风险，帮助个人及家庭实现家庭财富保值增值。

(一) 债券型基金

由于债券型基金以国债、金融债等固定收益类金融工具为主要投资对象，收益比较稳定，因此也被称为“固定收益类”基金。债券型基金的波动性通常比股票要小，是收益和风险较为适中的投资工具，对追求稳定收入的投资者具有较强的吸引力。债券型基金和股票型基金进行适当组合，能够较好地提高收益；债券型基金与货币型基金组合，能够较好地分散风险。所以，债券型基金在满足家庭理财的保值层需求中常常是不可或缺的部分。

(二) 混合型基金

混合型基金可以投资于股票，也可以投资于债券，甚至可以投资于货币市场工具，它的资产配置比较灵活，风险介于债券型基金和股票型基金之间，收益往往要高于债券型基金，为投资者提供了一种在不同资产类别中分散投资的选择。

由于混合型基金标的资产的占比没有被严格限定，因此可以依据基金投资目标的不同而制定不同的股票和债券配置比例，形成不同的投资策略，这为不同投资风格的投资者提供了更加丰富的选择。

三、固定收益类及混合类理财产品

能够在家庭理财保值层发挥作用的主要是固定收益类理财产品和混合类理财产品。固定收益类理财产品通过较高的债权类资产配置占比，如任务解析 2 中讲解的“稳健成长”和“稳中求进”类固定收益类理财产品都能够以较为稳定的收益表现来满足家庭抵御通胀的需求。银行混合类理财产品则较固定收益类理财产品降低了债权类产品的资产配比，增加了权益类资产配比或商品及金融衍生品的占比，使得该类产品能在较为可控的风险范围内具备一定的收益增长空间，在为家庭抵御资产缩水的同时还能兼顾家庭的财富稳步增长，是具有风险承受能力的投资者进行家庭资产保值的理想工具。

四、理财型保险

相较于以个人及家庭做转移风险为唯一目的的保险而言，分红型保险、投资连结型保险、万能型保险在考虑投保人保障的同时兼顾了一定的保单价值增值，具有一定的理财性质，可以应对家庭资金的保值需求。

(一) 分红型保险

投保人购买分红型保险，在获得身故保障和生存金返还的同时，还可以以红利的方式分享保险公司的经营成果。分红型保险在固定的收益的基础上按规定进行分红，有些还可以选择红利再投、复利计息，从而更加有效地抵制通货膨胀，发挥保值的作用。

分红型保险具有以下特点：

(1) 保单持有人可以获得红利分配。分红型保险除具有基本保障功能外，保险公司每年还根据分红保险业务的实际经营状况决定红利分配，即客户可以与公司一起分享公司的经营成果。

(2) 红利分配方式包括现金红利和增额红利。现金红利分配是指直接以现金的形式将盈余分配给保单持有人。增额红利分配是指在整个保险期限内每年以增加保额的方式分配红利。两种分配方式代表了不同的分配政策和红利理念，所反映的透明度以及内涵的公平性各不相同，对保单资产份额、责任准备金以及寿险公司现金流量的影响也不同。这两种红利分配方式的对比如表 4-14 所示。

表 4-14 红利分配方式对比

	现金红利法	增额红利法
起源国家	北美	英国
分配形式	现金	增加保单保额
领取方式	现金、抵交保费、累积生息、购买交清保额	发生保险事故、期满或退保时才能真正拿到所分配的红利
灵活度	比较灵活	灵活性较低
透明度	现金红利法这种分配政策较为透明,大部分盈余分配出去以保持较高的红利率来吸引保单持有人	缺乏基本的透明度，红利分配基本上由保险公司决定，很难向投保人解释现行分配政策的合理性以及对保单持有人利益产生的影响

(3) 红利的分配是不确定的。分红水平主要取决于保险公司的分红保险业务实际经营成果。

(二) 投资连结型保险

投资连结型保险的未来投资收益具有一定的不确定性，所以投资回报率是不固定的，保险公司也不对投资做最低收益的保证。当保险公司的投资收益较好时，客户的资金价值得到增长；反之当投资收益不理想时，客户也将承担一定的风险，承担保单价值缩水的后果。

投资连结型保险会开设基金账户、发展账户、保证收益账户以供投保人根据自身的风险承受能力和收益期望进行选择和配比。

1. 基金账户

基金账户采用较激进的投资策略，通过优化基金指数投资与积极主动投资相结合的方式，力求获得高于基金市场平均水平的收益，让投资者充分享受保单价值的快速增值。

2. 发展账户

发展账户采用较稳健的投资策略，首先考虑资金安全，通过市场的判断调整不同投资工具的配比，力求获得长期稳定的收益水平，让投保人能够获得保单价值的稳步增值。

3. 保证收益账户

保证收益账户采用偏保守的投资策略，在保证本金安全和流动性的基础上，通过对各类存款的比例和期限的合理安排，让投保人享受投保资金利息收入带来的保单价值增长。

投资连结型保险除了具备投资账户使保单增值外，在保障方面具有以下特点：

(1) 灵活性高。投资连结型保险的灵活性主要体现在缴费灵活、账户资金调整灵活和保额灵活三方面。

① 缴费灵活。投资连结型保险有两种缴费方式供投保人选择。一种方式是在固定缴费基础上增加保险费“假期”，即允许投保人无需按约定的日期缴费但保留保单的有效性，避免投保人因超过 60 天宽限期为缴纳保费而导致的保险合同失效。投保人除缴纳约定的保险费外，还可以随时再支付额外的保险费，增加产品的灵活性。另一种方式则取消了缴费期间、缴费频率和缴费数额的概念，投保人可在最低支付限额以上随时支付任意数额的保险费，并按约定的比例将保险费投入对应投资账户。

② 账户资金调整灵活。投资连结型保险通常具有多个投资账户，不同投资账户具有不同的投资策略和投资方向，投保人可以根据自身风险的接受程度和偏好变化将用于投资的保费分配进行调整，只需要通过合同调整对应账户间的资金分配比例即可。

③ 保额灵活。投资连结型保险的投保人可不定额地对持有保单追加保额，就像往自己的投资账户中追加投资资金一样简单。也可以在合同约定条件下灵活支取投资账户的资金应对各种资金使用安排。

(2) 收费透明。投资连结型保险在费用收取上相当透明，保险公司详细列明了扣除费用的性质和使用方法，投保人在任何时候都可以通过电脑终端查询。

(3) 通常不设定最低保证利率。投资连结型保险的投资收益的来源是保险公司对投保资金的管理运作，其投资收益可能会出现负数，保险公司并不在投资结果确定前将收益确定为某一个固定值。在投保人持有保单后，保单的投资账户中会对投资结果作出反应，保险公司也会对投资结果定期公示。

(三) 万能型保险

万能寿险之“万能”是指其兼顾了保障和理财两种功能。投保人在投保以后可根据人生不同阶段的保障需求和财力状况，调整保额、保费及缴费期，确定保障与投资的最佳比例，让有限的资金发挥最大的作用。保障和投资额度的设置主动权在投保人，投保人可根据不同需求进行调节。万能型保险具有以下特点：

(1) 灵活性高。万能险的灵活性高主要体现在缴费灵活和保额灵活。

① 缴费灵活。万能险的缴费时间、金额及方式基本上不具备强制性。投保人在支付了初期的最低保费之后就享有追加投资的权利。在投保以后各年当中，客户可根据收益情况，随时追加投资；只要保单账户足够支付保单费用，客户甚至可以暂停保费支付。

② 保额灵活。万能险的保额不是一成不变的，客户可根据自身需求进行调整。投保人可以按照合同约定提高或降低保险金额，还可以在合同约定的条件下对账户资金灵活支取，为子女做教育资金储备、为自己退休做旅游基金储备、为养老做疾病资金储备等。

(2) 收费透明。万能险对所缴保费扣除初始费用、保障成本和进入投资账户的

比例都有明确说明。保险公司每月或每季度进行保单账户价值结算，公布对应的结算利率。

(3) 保证收益。万能保险在扣除费用及保障成本后的保费会进入单独账户专门用来投资。市场中的万能险向投保人承诺的保底收益范围大约为 5 年内收益1.75%～2.5%，高于保底利率以上的收益保险公司和投资人按一定比例分享。当然，各公司的保证收益并不相同，最终收益还是取决于保险公司的资金运用水平和综合管理能力。万能险的保证收益并不是全部保费的收益率，而是扣除费用及保障成本后的保费进入单独账户的部分。

任务解析 4　满足家庭理财增值层需求的理财工具

满足家庭理财增值层需求可使用的理财工具包括股票型基金、基金中的基金、分级基金 B 份额、私募基金、银行权益类理财产品、股票、集合资产管理计划产品、外汇、黄金、期货、家庭信托、金融衍生品等。通过将上述理财工具进行组合，可以为家庭财富的增值和传承发挥作用。这些理财工具风险较大，相互之间的收益差异也较大，如果投资成功会有较为可观的收益，但是也会有本金损失的可能，投资者要慎重选择。

下面仅针对上述工具在家庭理财增值配置中使用频率最高的部分投资工具进行介绍，涵盖了基金、权益类理财产品和股票三大类别。

一、基金

在为家庭客户做增值层需求的投资工具组合规划时，基金仍然是必不可少的部分。可在公募基金中挑选主动管理型股票型基金、指数型基金、基金中的基金等来投资，使资金累积增值，如投资人或其家庭符合基金合格投资者标准的，还可以开展私募基金投资。

(一) 股票型基金

股票型基金因为底层资产是价格波动剧烈的股票，因此涨跌幅度也比较大，具有天然的高波动性、高风险、高收益，俗称“三高”产品，其受大盘指数和行业股票表现的影响较大，在价值波动上呈现与股市相同的方向。

1. 主动管理型基金

主动管理的股票型基金在对股票市场分析的基础上，选取不同的投资策略，其风险和收益也有所不同，呈现出不同的投资风格。根据投资目的的不同，可将股票型基金分为成长型、价值型和平衡型三种。

(1) 成长型：以发展前景好、利润增长迅速的股票作为投资对象的股票型基金，以追求资本升值为基本目标，管理人关注所持股票公司的长期成长性，考量公司收入和净利润的增长。

(2) 价值型：以被低估的股票为投资对象，以追求长期稳定的经常性收入为基

本目标。这类基金的管理人钟情于稳定性较强的行业股票，热衷于低买高卖的策略。

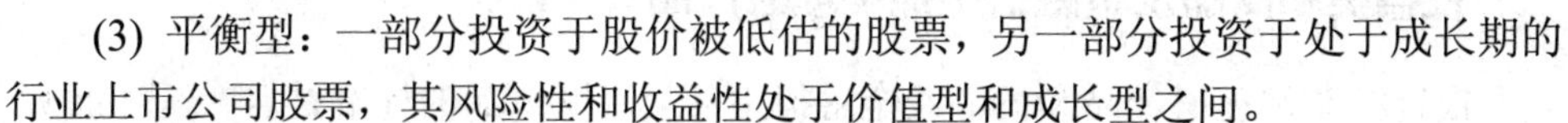

(3) 平衡型：一部分投资于股价被低估的股票，另一部分投资于处于成长期的行业上市公司股票，其风险性和收益性处于价值型和成长型之间。

2. 指数型基金

指数型基金是被动管理的以特定指数为标的，以该指数的成分股作为投资对象，通过购买该指数的全部或部分成分股构建投资组合，实现追踪标的指数的表现业绩的目的。指数型基金的命名通常包含其所跟踪的指数，有时还会出现“价值”字样，如图 4-34 所示。

代码	指数名称	相关链接	代码	指数名称	相关链接	代码	指数名称	相关链接
989004	新华京东价值50	行情	489004	新华京东价值50R	行情	480056	价值因子R	行情
980056	价值因子	行情	000919	300价值	行情	399377	小盘价值	行情
000029	180价值	行情	000031	180r价值	行情	000118	380价值	行情
399375	中盘价值	行情	399373	大盘价值	行情	000060	全r价值	行情
399348	深证价值	行情	399371	国证价值	行情	399604	中小价值	行情

图 4-34　指数型基金

指数型基金跟踪的指数有宽基指数和行业指数。常用的宽基指数有上证 50 指数、沪深 300 指数、中证 500 指数、创业板指数、红利指数、恒生指数、纳斯达克 100 指数、标普 500 指数等，常见的行业指数有医药、白酒、军工、证券、银行、地产指数等。

指数型基金运用简化的指数投资组合管理基金，使基金管理人不用频繁地接触经纪人，也不用选择股票或者确定市场时机，它不会对某些特定的证券或行业投入过量资金，一般会保持全额投资而不进行市场投机，所以基金周转率及交易费用都比较低，管理费也趋于最小。相较于股票型基金而言，指数型基金是被动运作的，其收益跟踪指数的增长，比主动选股运作的股票型基金的风险更加分散。

因为指数型基金管理起来比较省时省力，所以管理费也相对“亲民”，费率低廉，一般是 0.2%左右。指数型基金的运作公开透明，可预测性强，是资产配置的理想工具。

(二) 基金中的基金(FOF)

由于 FOF 基金投资的是基金组合，实际上就是帮助投资者一次买入“一揽子基金”，通过基金经理的二次精选，有效降低非系统风险。同时由于 FOF 投资的是基金组合，有可能包含股票型基金、货币型基金以及债券型基金中的一类或几类，所以其风险与收益就会低于股票型基金。

(三) 私募基金

私募基金的起投金额较大，需要投资人具有较强的风险识别和承受能力，对金融知识储备的要求也较高，整体投资门槛偏高，适合投资经验较为丰富和资金量大的合格投资人适当配置。

二、权益类和商品及金融衍生品类理财产品

银行权益类理财产品和商品及金融衍生品类理财产品的标准是自“理财新规”发布后才被规范的。其核心资产是权益类资产和商品及金融衍生品，产品风险较现金类理财产品、固定收益类理财产品以及混合类理财产品偏高，需要客户具有较强的风险承受能力。个人及家庭长期持有它们有可能会获得较为可观的收益，是使家庭资产实现较大幅度增值的选择之一。

三、股票

投资股票是实现家庭财富增值十分常见的方式，个人投资者可自行研究股票市场或参考证券公司及财富管理机构的专业意见进行投资。资本市场是多层次的，股票投资在理财投资方式中的风险较高，不同板块的股票风险收益特性有所差异，对投资者的要求也不同。家庭理财规划投资中主要选择主板、创业板、科创板的股票进行投资，投资资金量较大，专业性较高的人群或可考虑持有“新三板”、四板的股票实现收益。

主板市场交易的是优质的大型企业发行的股票，这些在所属行业内占有重要支配性地位、业绩优良，成交活跃、红利优厚的大公司股票也被称为“蓝筹股”。“蓝筹股”主要是由长期稳定增长的、大型的传统工业股及金融股构成的，经营管理良好，创利能力稳定、连年回报股东的公司在行业景气和不景气时都有能力赚取利润，具有稳定且较高的现金股利支付。在股票市场中持有主板的“蓝筹股”风险较小。投资者进行主板投资没有金额要求，几乎没有门槛。

创业板和科创板发行的是创新科技类的中小企业股票，分别于深交所和上交所上市交易，这些企业高度集中于高新技术产业和战略性新兴产业，具有较大的发展潜力。但是其发行主体为中小企业，管理能力提升的不确定性较高，经营业绩与公司的管理能力也有直接关系，未来的市值较主板而言上下波动区间较大。投资者如果具备对企业的经营分析判断能力，从中可享受的企业业绩增长红利就较高，反之风险则较大。

深交所和上交所对创业板及科创板的投资者做出了一些要求，具体如表 4-15 所示。

表 4-15　创业板、科创板的投资者开户要求

市场	交易场所	环节	标　准
创业板	深圳证券交易所	开户条件审查	(1) 申请权限开通前 20 个交易日证券账户及资金账户内的资产日均不低于人民币 10 万元(不包括该投资者通过融资融券融入的资金和证券); (2) 参与证券交易 24 个月以上
		首次交易	签署“创业板投资风险揭示书”
科创板	上海证券交易所	开户条件审查	(1) 申请权限开通前 20 个交易日证券账户及资金账户内的资产日均不低于人民币 50 万元(不包括该投资者通过融资融券融入的资金和证券); (2) 参与证券交易 24 个月以上
		首次交易	签署“科创板股票交易风险揭示书”

课外链接：“新三板”前世今生

新三板市场原指中关村科技园区非上市股份有限公司进入代办股份系统进行转让试点，因挂牌企业均为高科技企业而不同于原转让系统内的退市企业及原 STAQ、NET 系统挂牌公司，故形象地称为“新三板”。现在新三板不再局限于中关村科技园区非上市股份有限公司，也不局限于天津滨海、武汉东湖以及上海张江等试点地的非上市股份有限公司，而是全国性的非上市股份有限公司股权交易平台，主要针对的是中小微型企业。

2021 年 9 月 2 日晚间，习近平总书记在 2021 年中国国际服务贸易交易会全球服务贸易峰会上的致辞中宣布，将继续支持中小企业创新发展，深化新三板改革，设立北京证券交易所，打造服务创新型中小企业的主阵地。

新三板是资本市场服务中小企业的重要探索，自 2013 年正式运营以来持续改革创新，不断探索内部分层管理，2016 年初步分划为创新层、基础层，2020 年设立精选层，同时引入转板上市、公开发行和连续竞价交易，逐步形成了与不同层次企业状况相适应的差异化发行、交易等基础制度，建立了“基础层、创新层、精选层”层层递进的市场结构，可以为不同阶段、不同类型的中小企业提供全口径服务。

【能力拓展】

- 跟妈妈交流一下，了解你们家每个月的平均开支是多少。你认为妈妈留的备用应急资金量是多还是少呢？
- 了解一下家庭成员除了社会保险外是否购买了商业意外险及重大疾病险。如果没有配置，你认为应先从哪个家庭成员开始配置呢？

- 保值层产品有哪些共同特点？了解它们在市场中的收益率区间并对同期限的产品做一个收益率排序。

- 进行基金、股票投资前需要做的准备有哪些？
- 深入了解私募基金对“合格投资者”的具体要求。

实战演练 1　银行理财产品之战

实战演练
讲课视频

【任务发布】

试在以下列表的每一列中选取一家银行，登录网上银行或手机银行，对比平台上销售的产品种类的数量、收益率区间、操作界面的清晰性和操作顺畅性；查看哪些产品是银行发行的，哪些是代销的，代销合作的机构主要是哪些金融机构。在每个选取的银行中挑选两个产品，看看它们的投资标的构成及收益率情况如何，完成银行理财产品情况列表和银行理财产品分析列表。

【任务展示】

1. 从表 4-16 每一列中选取 1 家银行展开分析。

表 4-16　银行选用名单

国有商业银行	全国性商业股份制银行	城市商业银行	网络银行
中国工商银行	招商银行	西安银行	微众银行
中国建设银行	浦发银行	长安银行	网商银行
中国农业银行	中信银行	北京银行	苏宁银行
中国银行	中国光大银行	成都银行	新网银行
交通银行	华夏银行	齐商银行	众邦银行
中国邮政储蓄银行	中国民生银行	恒丰银行	
	广发银行	宁夏银行	
	兴业银行	重庆银行	
	平安银行	昆仑银行	
	浙商银行		
	恒丰银行		
	渤海银行		

2. 参照后文平安银行“平安口袋银行”APP 操作分析指引，对选取银行出售的理财产品整体情况进行了解，并将银行理财产品情况填入表 4-17。

表 4-17　银行理财产品情况列表

选取银行	界面操作体验	品类划分及产品数量	收益区间	主推产品

3. 参照后文平安银行“平安口袋银行”APP 操作分析指引，在选取银行出售的理财产品中选取两个产品，对其进行具体分析并将分析结果填入表 4-18。

表 4-18　银行理财产品分析列表

产品名称	是否保本	收益情况	投资标的构成

4. 操作演示：下面以平安银行“平安口袋银行”APP 为例，演示如何进行产品选取及查看，以供参考。

(1) 在手机中下载安装“平安口袋银行”APP，打开 APP 后点击“理财”，进入理财产品类型列表界面，选取“活期+”类别，进入子菜单，如图 4-35 所示。

图 4-35　进入“活期+”类别的子菜单

(2) 分别进入“活期+”子菜单下的产品系列界面，了解不同系列的大致情况，如图 4-36 所示。

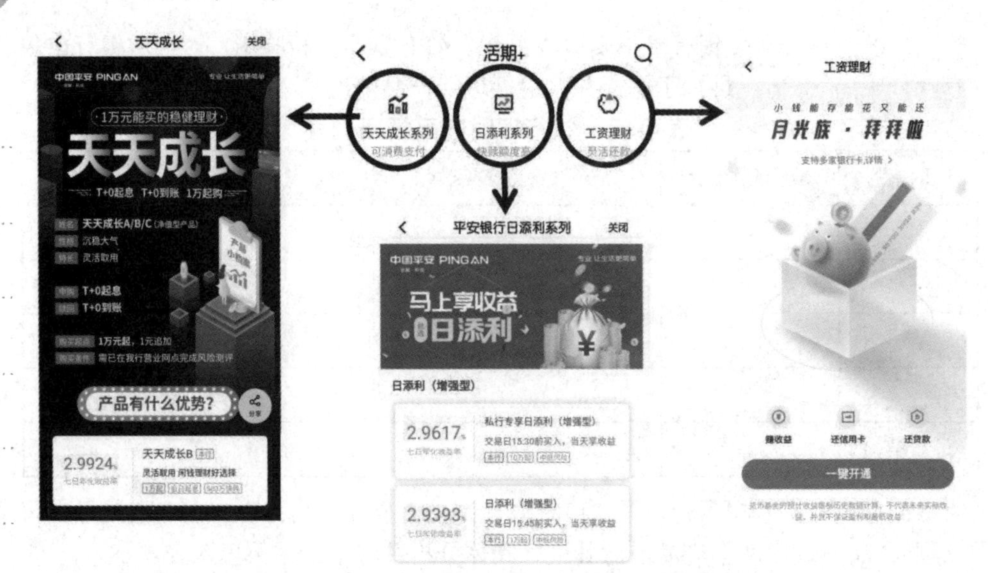

图 4-36 进入“活期+”子菜单下的产品系列界面

(3) 返回理财产品类型列表界面，选取“定期+”类别，进入子菜单，选择一个定期理财产品系列进入界面了解详情，此处选择“启航/稳健”系列，了解产品系列的大体情况，如图 4-37 所示。

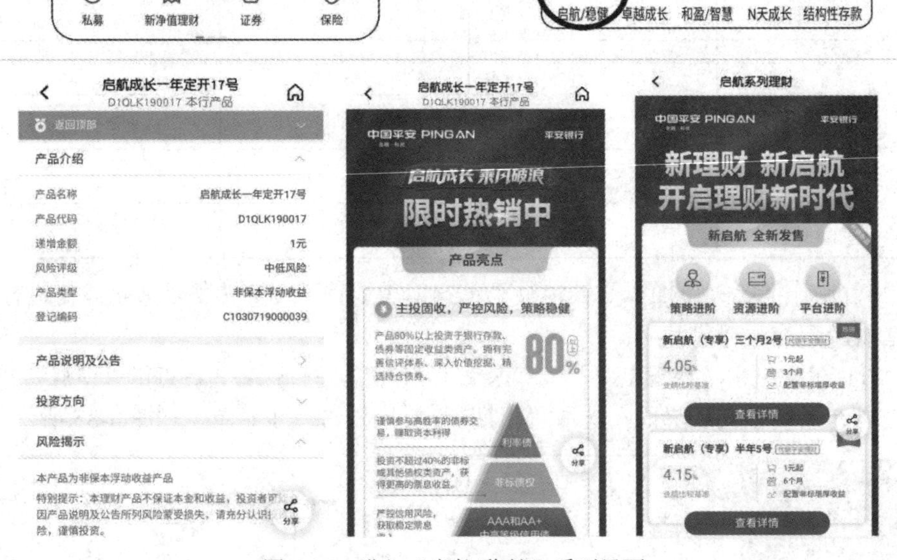

图 4-37 进入“启航/稳健”系列界面

(4) 选择任意“启航/稳健”系列的 1 支产品，此处选择“启航成长一年定开 17 号”，查看产品的风险程度和历史收益率，阅读产品说明书以了解产品的具体投资方向、投资策略等内容，如图 4-38 所示。

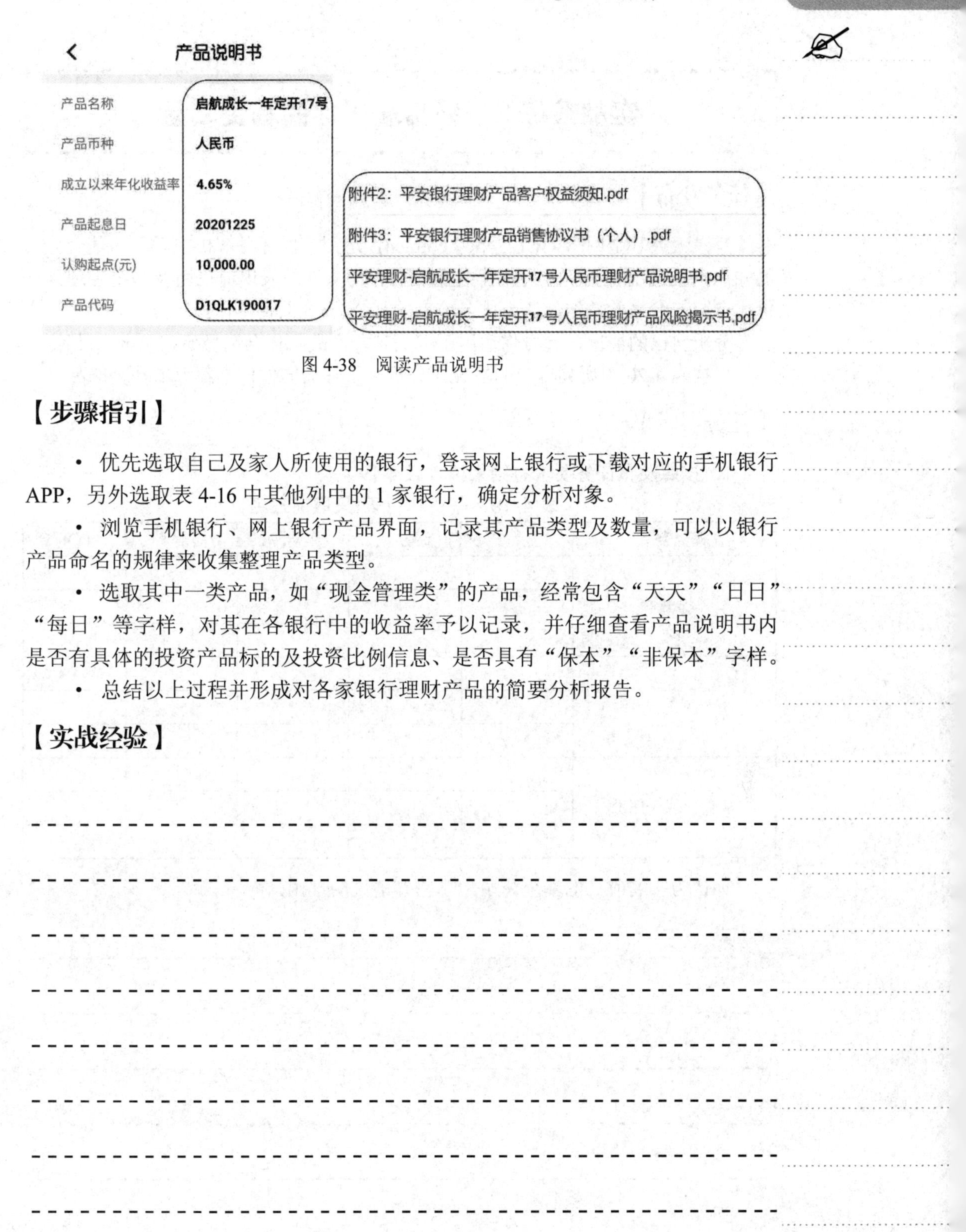

图 4-38　阅读产品说明书

【步骤指引】

- 优先选取自己及家人所使用的银行，登录网上银行或下载对应的手机银行APP，另外选取表 4-16 中其他列中的 1 家银行，确定分析对象。
- 浏览手机银行、网上银行产品界面，记录其产品类型及数量，可以以银行产品命名的规律来收集整理产品类型。
- 选取其中一类产品，如“现金管理类”的产品，经常包含“天天”“日日”“每日”等字样，对其在各银行中的收益率予以记录，并仔细查看产品说明书内是否有具体的投资产品标的及投资比例信息、是否具有“保本”“非保本”字样。
- 总结以上过程并形成对各家银行理财产品的简要分析报告。

【实战经验】

实战演练 2　找出属于你的基金之星

【任务发布】

登录天天基金网(www.1234567.com.cn)，运用前面任务解析中学习的基金分类的知识，挑选出各类基金规模排名前三名、历史业绩表现前三名及基金经理人评价排名前三名，并总结你认为排名前三的基金公司(见表 4-19)。

分析自己的情况，看看你适用于哪类基金产品，你会选择哪支基金产品？

根据表 4-20 内所列客户的情况，分析一下你会向他们推荐哪个基金产品。

【任务展示】

1. 按照发布任务要求将结果填入表 4-19。

表 4-19　争霸排行表(只取前三名)

基金类型	股票型	债券型	混合型	指数型	FOF
基金规模					
历史业绩表现					
基金管理人评价					

你认为排名前三的基金公司是哪些？请说明理由。

2．将自己及张小姐、李先生适合的基金类型和具体产品填入表4-20。

表4-20　基金产品适用表

基本情况	风险偏好	投资资金	金融知识	盯市时间	适用类型	适用产品
本人						
张小姐	中	1000元/月	有一些	不多		
李先生	高	50 000元待支配	丰富	充足		

【步骤指引】

1．完成基金争霸排行表(表4-19)。

• 打开天天基金网，注册用户并登录。

• 选择基金公司，了解排名前三的基金公司情况。

• 根据基金类型，筛选规模、历史业绩表现前三名的基金产品。

• 搜索基金经理，打开基金经理一览表，根据基金类型从基金经理中选取你认为排名前三的基金经理，可以根据他们的从业年限及其管理的基金表现来综合考量，从高到低以★★★、★★、★来表示。

2．完成基金产品适用表(表4-20)。

• 将你的风险偏好、可用投资资金量、金融知识储备情况、可用于关注基金市场走势的时间情况填入表内。

• 比对自己的情况，从上述挑选的优秀基金中选出相对适合自己的基金产品类型及你比较满意的基金产品。

• 分析客户信息表中张小姐、李先生的情况，你认为他们适用于哪种类型的基金产品？你会向他们推荐什么基金产品？

【实战经验】

项目五

初识家庭理财规划

项目概述

本项目通过概览家庭理财规划、灵活应用理财投资定律、体会家庭理财规划流程等任务，让学生对家庭理财规划初步形成总体认识，带领学生对家庭理财规划的目的及达成目的的基础理财组合模式进行探究，讲述家庭理财规划所要确立的目标和确立目标应遵循的基本原则，探寻家庭理财规划的构成并评判分项组合方式，介绍在做家庭理财规划时可参考运用的理财投资定律，引导学生灵活掌握并应用这些定律，让学生分别站在客户和理财从业人员的角度体会家庭理财规划流程，为学生今后顺利推进理财规划工作做好准备。

项目背景

家庭理财规划是完善家庭财务管理的过程，理财从业人员运用科学的方法和特定的程序为客户制订切合实际、具有可操作性的资产管理规划方案。一份合理的理财规划可以帮助个人或家庭设定不同阶段的理财目标，并选用恰当的投资工具和投资组合实现理财目标。通过实施家庭理财规划方案可使客户生活品质不断提高，实现财务安全、财富积累和财富自由，最终还可以协助家庭完成对财富安全传承的妥善安排，如图 5-1 所示。

图 5-1　家庭理财规划的作用

身为理财从业人员，应掌握理财规划的专业知识，熟悉理财规划流程，为客户提供专业理财规划服务，即其职责就是帮助客户提高对家庭财富管理的水平，如图 5-2 所示。

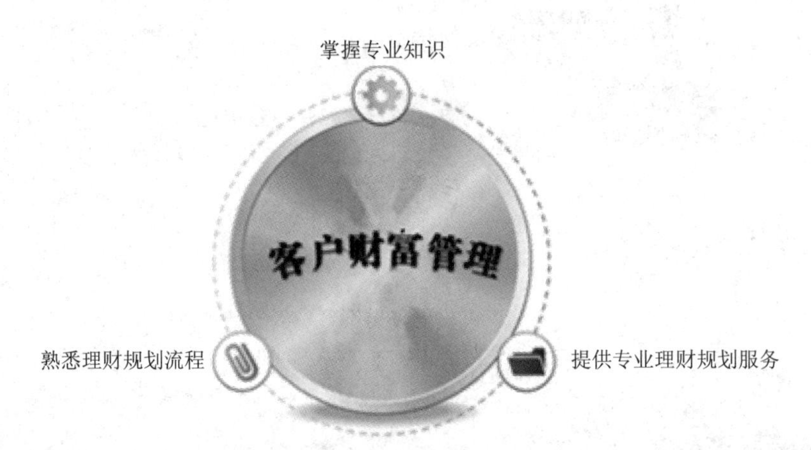

图 5-2　理财从业人员的职责

项目演示

小琪作为实习生协助吴经理进行日常的客户接待工作，在此过程中，她听了吴经理对李先生所做的详尽的理财规划(见图 5-3)，对此小琪十分钦佩并暗下决心要努力打好基础，做好准备。

图 5-3　吴经理与小琪的工作交流

为了能更好地协助吴经理制作理财规划草案，小琪结合自己实习中的工作经历，认真回顾了学校学习的理财规划知识，制定了如图 5-4 所示的学习计划。

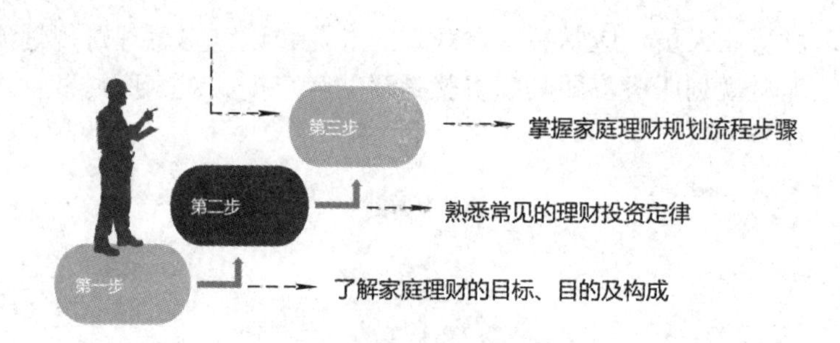

图 5-4 学习计划

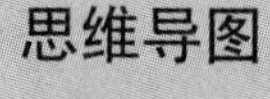

思维导图

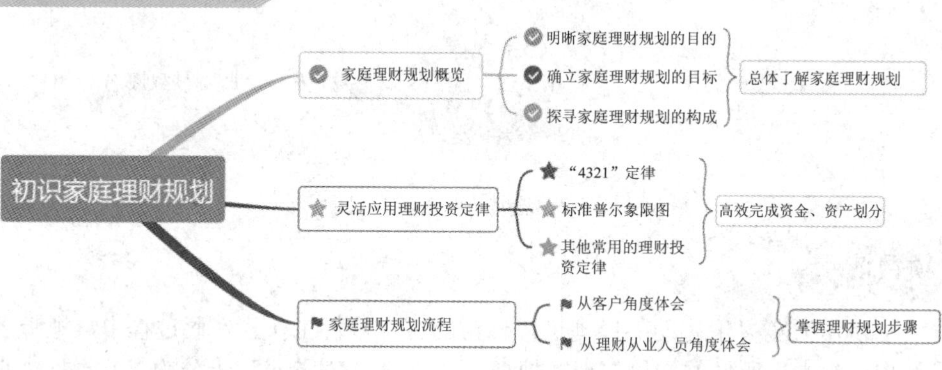

思政聚焦

《理财从业人员职业道德准则》对理财从业人员为客户提供专业服务方面提出了要求：理财从业人员应具备专业的胜任能力，以事实为依据开展理财规划工作，遵循行业内公认的理财投资定律。

理财从业人员应认识到自身的专业胜任能力是建立在持之以恒的学习基础上的，必须具有奋斗的精神才能让自己在实践中实现梦想。

教学目标

知识目标

◎家庭理财规划的构成内容。

◎家庭理财规划的目的及达到目的运用的基础理财组合。

◎确立家庭理财规划目标和需遵循的基本原则。

能力目标

◎应用各家庭理财分项规划。

◎结合理财投资定律完成家庭资金、资产分配。

◎掌握家庭理财规划的流程。

学习重点

◎掌握家庭理财规划遵循的理财投资定律并将其灵活应用。

◎形成家庭理财规划工作开展思路。

任务1　家庭理财规划概览

【任务描述】

- 明晰家庭理财规划的目的及基础的理财投资组合。
- 确立家庭理财规划目标和所需遵循的基本原则。
- 探寻家庭理财规划的构成及分项组合方式。

任务解析1　明晰家庭理财规划的目的

家庭生活水平的提高有利于提升生活幸福感，推动社会的和谐发展。要顺利实施家庭理财规划，提升家庭生活品质，发挥其对社会发展的积极作用，就要明晰家庭理财规划的目的，掌握可以推动家庭理财规划目的达成的基础理财投资组合模式。

一、明晰家庭理财规划的目的

科学的家庭理财规划应在考虑风险的前提下开展，在保证生活质量的同时控制家庭固定资产和流动资产的比例。总体来说，家庭理财规划要达成家庭资产的保障性、流动性和增长性三大目的。

(一) 保障性

家庭资产保障性是理财规划应达成的第一目的。一个家庭在任何时候都要为发生疾病、意外时导致的收入中断或下降做好准备，避免家庭因此灾难遭受大额经济损失。

理财从业人员可运用保障型保险，包括人寿保险、重大疾病保险、人身意外保险、医疗补充保险、家庭财产保险等来达成家庭资产保障性的目的。合理运用保险产品可以将个人疾病和家庭无法预料的意外所导致的财务风险转嫁给保险公司，将未来可能发生的大额不确定损失转化为当下需支出的小额确定的成本，发挥财务杠杆的作用，实现家庭资产保障。假如家庭主要收入的成员之一被确诊罹患重大疾病，一方面家庭面临收入中断，另一方面要支付高额的医疗费用，这会给家庭财产带来大额资金损失。如图5-5所示，如果家庭提前为家庭成员购买了平安保险公司的e生保2020版医疗险，仅需年交几百元就可拥有最高200万元的医疗报销额度，同时还可获得误工补贴、床位津贴等补偿，为家庭经济构建一道坚实的防火墙，让患者可以安心治疗，让其余家庭成员的生活质量尽量少受影响。

图 5-5 平安 e 生保 2020 版医疗保险产品

(二) 流动性

保持家庭资产流动性合理是理财规划应达成的第二目的。家庭资产流动性是指一个家庭可以适时应付紧急支付或把握投资机会的能力，是家庭资产变现速度能力的体现。家庭资产需要具备一定的流动性才能具有变现速度，才能支撑家庭的稳定运转。家庭理财规划设计和执行过程中要始终注意维护家庭资产的流动性指标，使其处于合理水平。比如，一个家庭的收入以固定工资为主，每个月需偿还房贷，如果其中一人突遇裁员，收入中断，则另一人需独自承担家庭的全部生活和房贷支出。假如这个家庭没有合理的资产流动性，则极有可能难以应付房贷还款压力，只能通过变卖部分家庭资产用于还贷。如果家庭资产的缺口长时间不能回补，则其财务状况必将陷入恶性循环，造成家庭资产严重缩水。

理财从业人员在设计流动性配置方案，选择流动性理财工具时，需要根据家庭的实际情况认真开展风险分析，了解其能够承受的风险，确立适宜的家庭资产流动性指标数值，运用储蓄或固定收益类投资工具(如银行存款及存款产品、银行固定收益类理财产品、货币市场及债券型基金等)来达成家庭资产流动性目的。

(三) 增长性

家庭资产的增长性是理财规划应达成的第三目的。一个家庭具备了资产的保障和流动性后需要考虑使其增长。保持家庭财富的增长是家庭理财规划实施的终极目标，它一方面要考虑控制规划方案的整体风险，保护好家庭原有的财富，另一方面要设立较为合理的增长目标，让财富收益实现积累。较理财规划的前两个目的而言，增长性目的在提高家庭生活品质和幸福感方面发挥着重要的作用。

理财从业人员可运用权益类工具和金融衍生品并结合其他工具来达成家庭资

产增长性的目的，如配置混合型及股票型基金、股票投资、期货等。这类工具投资收益较高，但风险也较大，对投资者的专业实操能力要求较高，所以在达成家庭资产增长目的的过程中如果能够较好地平衡风险，将更有利于家庭财富增长的快速实现。

二、基础的理财投资组合模式

不同的家庭具有不同的收入和支出结构及风险偏好，他们对上述家庭理财规划目的的达成程度要求也不一样。理财从业人员设计和实施家庭理财规划方案时就需要综合考虑每个家庭的风格，尽量做出三者兼顾的投资组合，追求客户财富的最大化增值，获得客户的认可。

下面讲解三种最基本的家庭理财投资组合模式，即保守安全型理财组合、稳中求进型理财组合和冒险速进型理财组合。

(一) 保守安全型理财组合

保守安全型理财组合的风险较低，在产品选择上比较偏向于安全性高、收益低、资金流动性较高的产品。此理财组合的资金分配比例大致如图 5-6 所示，其中储蓄占比 60%，保障型保险产品占比 10%，固定收益类理财占比 20%，其他如黄金及收藏等投资占比 10%。

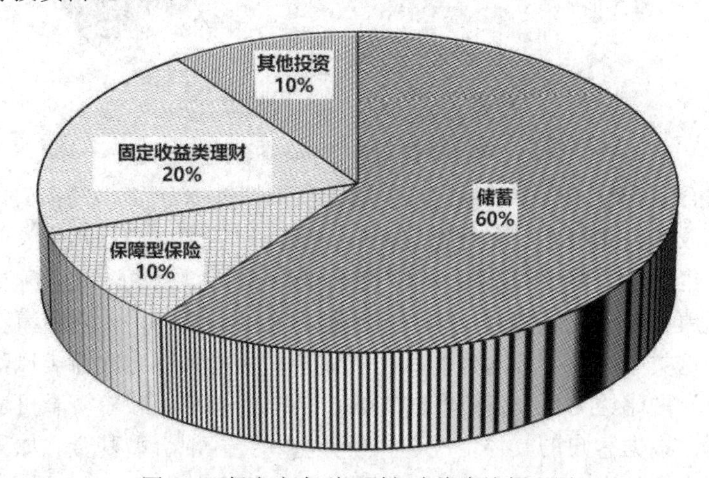

图 5-6 保守安全型理财组合资金比例配置

这种组合适合总收入不高，追求资金安全，不能接受本金损失，希望能较好抵御风险的家庭，他们对理财规划的收益要求不高，只要能抵御通货膨胀导致的资产贬值即可。这类家庭大多集中在主要收入来源人的年龄处于 20～35 岁以及大于 50 岁的家庭。20～35 岁家庭的家庭成员身体健康但是收入较少且不够稳定，缺乏财产积累，抗风险能力差；50 岁后家庭的家庭成员身体健康呈下滑趋势，创收能力减弱，承受风险的能力和心理承受能力也越来越弱。对于这类家庭，一般考虑为其配置储蓄、保险和固定收益类理财产品及工具，合计占比约为可投资资产的 80%～90%，剩余资金可在黄金暂时低位时做购置，建议客户长期持有以增强

货币贬值风险的抵御能力。

整体而言，家庭选择此组合后即便投资失败也不会对个人或家庭的正常生活产生较大影响。

(二) 稳中求进型理财组合

稳中求进型理财组合的风险适中，在产品选择上比较偏向于相对安全、收益适中且具有一定流动性的产品。此组合的收益有成长空间，风险可分层，比起保守安全型理财组合，虽然其风险稍高一些，但仍在大部分家庭的接受范围内，是适用于大多数家庭的理财组合类型。此理财组合的资金分配比例大致如图 5-7 所示，其中储蓄和保险占比 40%，固定收益类理财占比 20%～25%，股票投资占比 15%～20%，其他如黄金及收藏等投资占比 20%。

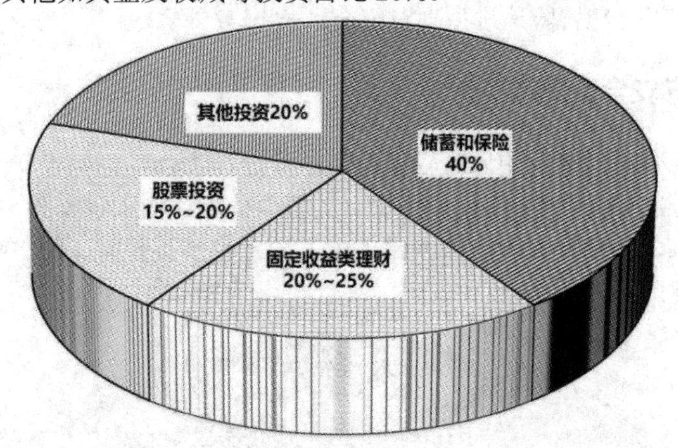

图 5-7 稳中求进型理财组合资金比例配置

这种组合适合收入适中且稳定，能够承担不超过本金 20%的损失，想要实现超过储蓄的收益，希望在具备抵御风险能力的同时实现财富稳步增长的家庭。这类家庭大多集中在主要收入来源人年龄处于 35～50 岁的家庭，这类家庭的家庭成员收入和健康状况都比较稳定，家庭成员精力充沛、活力足，对新事物的接受能力强。对于这类家庭，一般考虑为其配置储蓄、保险和固定收益类风险较低的理财产品，合计占比约为可投资资产的 60%～70%，剩余可投资资金可适当做投资证券类配置，根据客户的具体情况选择债券型基金、混合型基金。如果股票市场处于上行期，也建议客户考虑配置指数型基金和蓝筹龙头股，建议合计占比 20%左右，另外还可考虑少量增加黄金投资。

整体而言，家庭选择此组合后即便投资失败也不会对家庭的投资能力产生较大影响，损失后的本息仍然可以支持家庭继续稳步前行。

(三) 冒险速进型理财组合

冒险速进型理财组合的风险较高，在产品选择上比较偏向于风险较高但收益也较高的工具。这样的组合虽然风险水平较高，但其具有使投资资产迅速升值的可能性。这种理财组合的资金分配比例大致如图 5-8 所示，其中储蓄和保险占比

20%，固定收益类理财占比 10%，股票期货类及商品衍生品占比 50%，其他如黄金及收藏、古玩字画、奢侈品、海外资产投资等小众资产投资占比 20%。

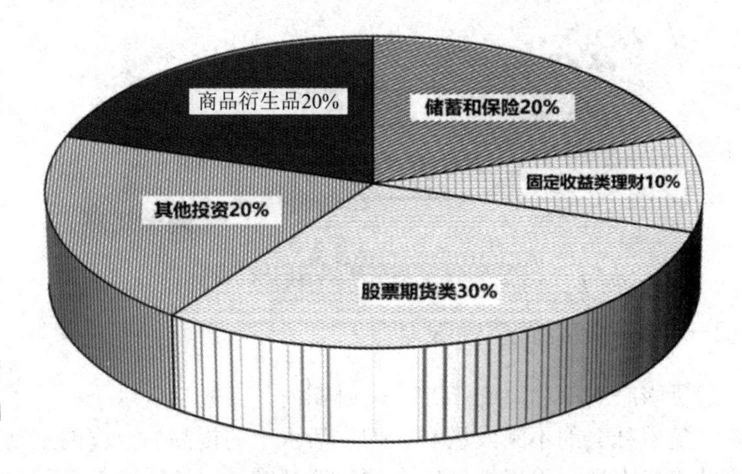

图 5-8　冒险速进型理财组合资金比例配置

这种组合适合于收入较高且收入途径不唯一，具有一定的资金实力，可以接受较高程度的本金损失，追逐超越本金的收益，希望快速积累财富的家庭。这类家庭主要收入来源人的年龄大多处于 35～50 岁之间。这期间的事业或经营处于上升期，部分家庭已经具有了财富积累，有实力将一部分闲置资金专门用于投资。对于这类家庭，一般考虑为其配置储蓄、保险和固定收益类理财等风险较低的工具总占比不超过 30%，证券投资、外汇、金融衍生品、房产投资等风险较高的工具约占 50%，剩余 20%资金用于配置海外资产、古董、字画、首饰等小众资产。

整体而言，家庭选择此组合后即便投资失败也不会影响家庭的正常生活，但是投资成功却可使家庭资产迅速增长。

任务解析 2　确立家庭理财规划的目标

家庭财富通常会面临因通货膨胀而导致的“缩水”危机，众多个人及家庭客户都期望通过家庭理财规划获得高于通货膨胀的收益。家庭作为一个社会的基本单元而存在，它需要具备抵御重大突发事件风险、维持家庭稳定的能力。所以，家庭理财规划需要能够实现收益跑赢通胀和保障家庭财富安全的目标。另外，实现家庭财富积累与增值、做好家庭财富的安全传承可以提升家庭幸福感，这也是家庭理财规划的更高层次目标。理财从业人员在家庭理财规划方案的设计过程中，通过遵循确立理财规划目标的基本原则可以较为高效准确地设立不同层次的理财规划目标。

一、家庭理财规划的目标

家庭理财规划的目标可设定为四个层次，即收益跑赢通胀、抵御“黑天鹅”事件、财富积累与增值及财富安全传承，如图 5-9 所示。

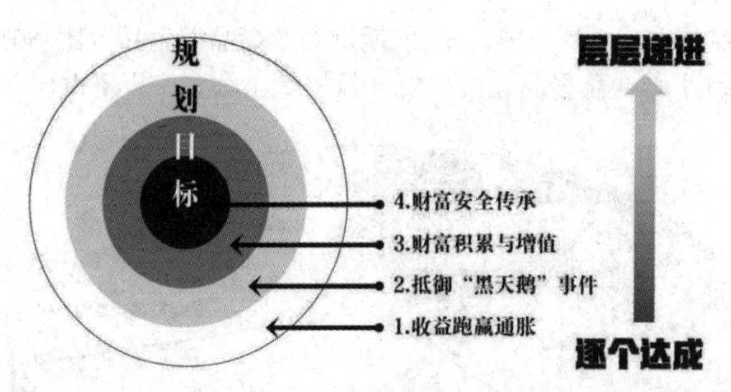

图 5-9 家庭理财规划的四层目标

(一) 第一目标：收益跑赢通胀

通胀是通货膨胀的简称，它指在一定时期内，一般物价水平持续不断地“上涨”的现象。随着社会的不断发展和人们生活水平的提高，家庭的生活支出保持着一定幅度的价格上涨，不仅涉及衣食住行的必需品，还涉及教育和住房等较大的支出项目，这对大众持有的资金价值带来了压力和挑战，引发了家庭资产“缩水”的危机感，于是通过理财规划来确保资产保值的需求几乎成了每个家庭都存在的基本诉求。所以实施理财规划所获得的收益水平至少要等于物价上涨的水平才有意义，实现收益跑赢通胀成为家庭理财规划的第一目标。

1. 居民消费价格指数

居民消费价格指数(Consumer Price Index，CPI)是反映城乡居民家庭购买并用于日常生活消费的一揽子商品和服务项目价格水平随时间而变动的相对数，在一定程度上反映了通货膨胀(或紧缩)的程度。CPI 是在居民消费价格统计的基础上编制计算出来的，它不是商品价格，是一组商品和服务项目价格变动的相对数，是平均综合指标。

CPI 统计涵盖的商品和服务项目包括全国城乡居民生活消费的食品烟酒、衣着、居住、生活用品及服务、交通通信、教育文化娱乐、医疗保健、其他用品及服务等八大类，268 个基本分类。通过统计与人们生活休戚相关的商品，反映物价波动的程度，是观察家庭生活消费成本的一项重要的经济指标，也是衡量通货膨胀水平的一把尺子。

课外链接：CPI 数据来源及获取

CPI 数据由国家统计局统计并定期发布，包括 CPI 的同比价格指数和环比价格指数，月度、季度分析报告及相关统计标准等，均可通过国家统计局网站(http://www.stats.gov.cn/)查询获取。其中，月度、季度分析报告会经中华人民共和国中央人民政府网站、新华网客户端转载，同时新华社会进一步精炼报告内容并进行发布。

上述同比价格指数一般是指当年某月与上年同月相比较计算的价格指数，环比价格指数一般是指当年某月与上月相比较计算的价格指数。

图 5-10 为新华社根据国家统计局发布的我国 2021 年 5 月 CPI 统计报告提炼的居民消费价格数据图片新闻。

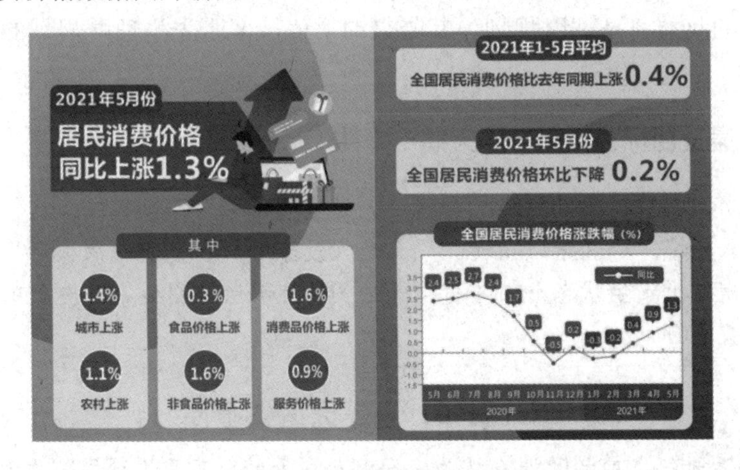

图 5-10　我国 2021 年 5 月 CPI 数据图片新闻

2. 通货膨胀率

运用居民消费价格指数可以计算通货膨胀率，能够更加直观地做出对物价水平上涨情况的测算。

$$通货膨胀率 = 当期\ CPI-1$$

例如，2021 年 5 月我国的 CPI 为 101.3%，则当前的通货膨胀率 = 101.3%−1 = 1.3%。

练一练

问问父母 10 年前购买一斤猪肉的价格是多少，剪一次头发多少钱，与之对比现在的价格上涨了多少个百分点？

3. 实际收益率

实际收益率是考虑通货膨胀因素，对名义收益率即理财规划实现的收益率扣除当期通货膨胀率后的结果，可以用来衡量理财产品收益是否跑赢通胀，跑赢通胀的程度如何。

$$实际收益率 = 名义收益率 - 通货膨胀率$$

课外链接：名义收益率

名义收益率也称票面收益率，是名义收益与本金额的比率，或者说是金融工具的票面收益与票面金额的比率。

$$名义收益率 = \frac{年息收入}{面值} \times 100\%$$

比如张先生家庭欲通过家庭理财规划抵御通货膨胀带来的资产贬值压力，当

下的通货膨胀率为 2.5%，那么张先生实施的家庭实施理财规划方案只有超过 2.5%才算其资产没有贬值。假设张先生实现了 3.5%的收益，则在考虑通货膨胀因素后，剩余的收益才是理财规划为其带来的增值，即张先生理财规划的实际收益率为 1%。

(二) 第二目标：抵御“黑天鹅”事件

家庭“黑天鹅”事件的降临会对个人及家庭带来毁灭性打击，往往会使个人及家庭陷入困境，局面难以扭转。只有个人及家庭具备抵御“黑天鹅”事件的能力，在财富处于安全状态下，才有可能去实现更高层次目标，家庭理财规划的实施才能不被掣肘。

课外链接：“黑天鹅”事件

17 世纪之前的欧洲人认为天鹅都是白色的，直至发现了澳大利亚的黑天鹅。随着第一只黑天鹅的出现，世界上的天鹅都是白色的这一不可动摇的观念崩溃了。自此，黑天鹅的存在寓意着不可预测的重大稀有事件，它在意料之外，却又改变着一切。

“黑天鹅”事件具有意外性和重大影响性，通常会引起市场连锁负面反应甚至颠覆市场，它存在于各个领域，无论金融市场、商业、经济还是个人生活，都逃不过它的控制。

理财从业人员可以使用保险产品为家庭垒起防护墙，未雨绸缪地将“黑天鹅”事件引发的大部分风险转移到防护墙之外。在客户家庭理财规划方案中为其配置人身意外保险、重大疾病保险、家庭财产保险等产品来避免家庭遭遇不可控事故发生时导致的家庭经济危机，以达到抵御家庭“黑天鹅”事件的效果。

(三) 第三目标：财富积累与增值

在确保家庭财富安全的基础上，就要考虑充分运用资金，实现家庭理财规划的第三个目标：财富积累与增值。实现此目标需要经历以下两个阶段。

1. 财富原始积累

有的人通过销售业绩的增长来增加工资收入，有的人通过不断升职来提升工资标准，有的人选择创业来创收，有的人采取兼职增加副业收入，还有的人则把目光放在专业理财上。不管选择哪种方式，都是力争通过增加收入，尽快完成家庭财富的原始积累。在此阶段的初期，家庭的可投资资金在家庭资产中的占比较低，理财投资获取的收益远不及本金。随着财富原始积累越来越多，家庭会形成一部分理财投资专用资金，且此部分资金在家庭资产中的占比增加，家庭通过理财投资实现的收益可以覆盖家庭的日常生活支出，初步实现家庭财富的原始积累。

练一练

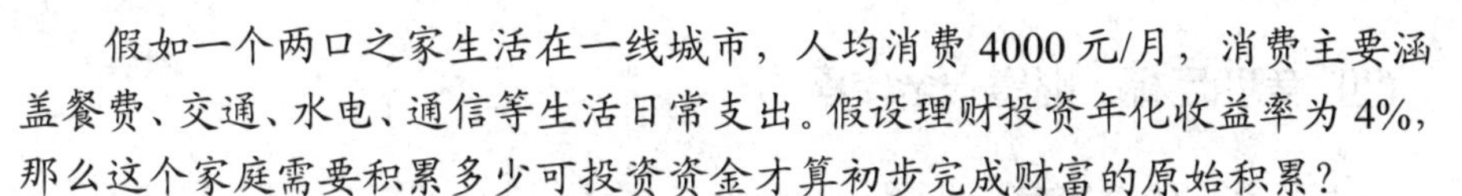

假如一个两口之家生活在一线城市，人均消费 4000 元/月，消费主要涵盖餐费、交通、水电、通信等生活日常支出。假设理财投资年化收益率为 4%，那么这个家庭需要积累多少可投资资金才算初步完成财富的原始积累？

通过计算，这个家庭每年需要消费 96 000 元，那么在 4%的投资收益率下需要拥有 240 万元本金进行理财投资，获得的收益才可以覆盖家庭的日常生活支出，算是初步实现了财富的原始积累。在这个例子中，两口之家的生活支出较为稳定，没有额外的大宗商品购买支出，但实质上家庭仍要继续成长，两口之家还需努力为今后的三口之家打下基础，应对今后有孩子之后的生活支出、教育支出、房屋改善支出、车辆更换支出等，所以只能称之为初步实现了财富的原始积累，这是一个阶段性成果。只有当这个家庭的全部支出都可以被理财投资收益所覆盖，才能称之为基本完成了财富的原始积累。另外，现实中的投资收益率也不会一直保持固定，假设这个家庭已经有了 240 万元可投资资金：如果将资金以定期方式存入银行，则收益率低于 4%；如果用来购买稳健型的理财产品，则收益率一般能够达到 4%；但如果想获得更高收益，将资金投资于高风险理财比如炒股和期货投资等，就很难确切预估收益。由此，我们也可以看出，同样是 240 万元的可支配资金，如何打理这笔钱将直接影响到后续资产的变化。因此，这也充分说明合理的理财规划非常重要。可见家庭财富的原始积累目标的达成是逐步按阶段实现的，它不是一个固定的数值。

对于大部分家庭而言，能够稳步积累家庭财富，逐步实现家庭财富增长已经十分难得，能够达成家庭财富的原始积累目标，进入下一个阶段的个人及家庭是理财投资中的佼佼者。理财从业者要把帮助客户家庭实现该目标作为对自己的挑战，耐心协助客户做好财富经营与积累。

2．财富自由阶段

当家庭的投资收益高于日常劳动所得时，就从财富的原始积累跨越至第二阶段：财富自由阶段。财富自由的基本体现是在较高的生活品质得到持续保障的前提下，家庭应拥有一定量的可支配资金，仅凭可投资资金实现的收益就可以拥有较好的生活，可以不受经济的约束去按照自己的意愿安排生活，家庭成员不以工资收入为目的进行劳动，而是以追求自我喜好与价值为劳动的首要考量。

不同的收入阶层的消费水平存在差异，对较高品质生活的定义也有所区别，家庭财富自由所需的资产量就有所不同。因此，财富自由是一个定性的概念，没有确定和统一的量化标准。

财富自由是家庭理财投资的高层次目标，当个人及家庭进入成熟期，在具备了相当的资产实力和投资能力的基础上才有可能实现该目标。理财从业者要珍惜为这些个人及家庭服务的机会，他们往往是我们的高净值客户或具备成为高净值

客户的潜力，要与他们保持良好的沟通，对自身的资产管理能力提出更高的要求，力争实现与客户的双赢。

(四) 第四目标：财富安全传承

个人及家庭的财富有所积累后，还要考虑运用专业的方法和工具进行家庭财富的传承安排，这是家庭理财规划要达成的第四目标，实现该目标主要从以下两个方面出发。

1．家庭资产的安全传承

我国传统的家庭财富观念使得家庭大多使用房屋、土地、古玩、黄金等实物方式将资产传递给后辈，在现代经济社会的各项法律的约束和政策的规定下，这种方式已经不是资产规模较大的家庭实现财富传承的最优手段。

当代实现家庭资产安全传承的方式立足于相关的法律法规，结合必要的法律手段来规避遗产继承风险，提高效率，压缩成本。例如：订立遗嘱规避后续的遗产纠纷；使用多样化的金融工具如配置大额保单、设立家族财产信托等方法来简化家庭资产继承流程，降低资产过户的难度，降低财富继承的费用；提前购买较长期限的银行理财产品、投资持有价值型的股票，为欲传承的资产做好增值安排。理财从业人员要根据客户的情况和需求，充分运用不同金融工具的特性去为客户家庭财产的安全传承做安排。

2．家族财商的传承

父母如果秉持“父母辛苦一辈子积累的财富就是为了后代不再吃苦受累”的想法一味溺爱子女，必将导致其子女世界观、价值观、人生观偏离正确轨道，导致后代不会懂得珍惜感恩，更无法回馈父母、奉献社会。

理财从业人员应保持和客户的交流，引导其将自身宝贵的财富经营理念传承给后代，让客户意识到“授人以鱼，不如授之以渔”，只有子女传承到了家族的高财商才是真正拥有了家庭的财富，传承“财商”才能让家族财富代代相传。

(五) 家庭理财规划目标之间的关系

上述家庭理财规划的四个目标是层层递进、相辅相成的关系，只有首先达到收益跑赢通胀的目标，家庭能够抵御“黑天鹅”事件，才具备了稳步完成财富原始积累与财富自由的坚实基础，才能拥有财富安全传承的“原材料”。如果不分层设立上述目标并逐一争取实现，后续的规划安排就无从谈起。

当然，对于不同年龄阶段的家庭来说，对这四个目标的选择侧重点会有所不同，但这四个目标的递进达成与个人年龄及家庭成长的历程方向总体一致，如图5-11 所示。

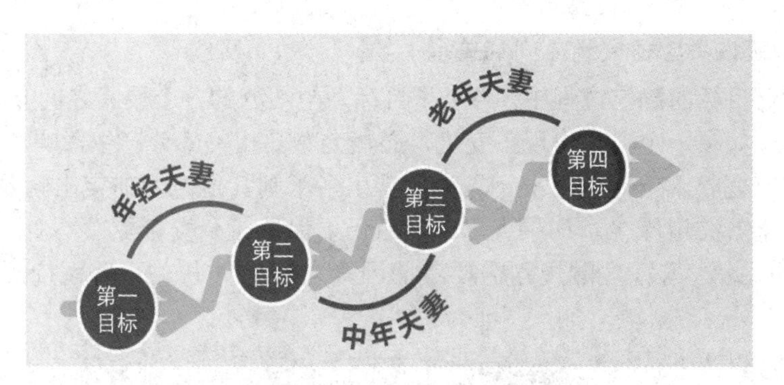

图 5-11　家庭理财规划目标之间的关系

二、遵循确立家庭理财规划目标的基本原则

经过诸多家庭的实施和证实，遵循确立理财规划目标的基本原则可以较为准确地设定家庭理财规划阶段性目标，可以行之有效地协助理财从业人员实现客户家庭财富管理。

确立家庭理财规划目标需遵循以下六个原则。

(一) 系统规划原则

理财从业人员在为客户确立理财规划目标时应遵循系统规划原则。此原则既针对理财规划目标确立过程，也针对理财规划目标的确立结果，它要求理财从业人员运用系统性的思维方式，考虑理财规划目标的整体性，并基于多个角度审视其中的平衡协调关系，主要体现在以下三方面。

1. 系统性考虑各目标之间的关系

家庭理财规划的总体目标通常不会是一个单一性的目标，它涉及一个家庭的财务目标和非财务目标的多个方面，是一揽子目标的组合结果。这一揽子目标主要包括家庭成员的职业规划与收入目标、家庭的支出与负债目标、家庭税务筹划目标、家庭资产理财组合目标、家庭成员的退休养老目标、家庭资产继承规划目标等，如图 5-12 所示。

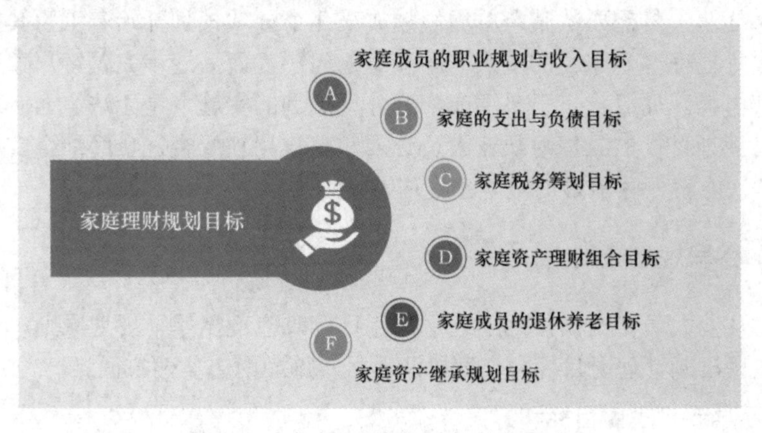

图 5-12　家庭理财规划目标基本构成

2. 系统性考虑各要素之间的关系

在理财目标的确定过程中，各个子目标乃至细分的各个要素之间会相互影响、相互作用。如果一个方面出现了变化，必然会对其相关部分产生影响。如图 5-13 所示，在家庭收入一定的情况下，消费支出多了则其他方面的支出就要减少，否则盈余资金就必定减少。如果支出增加后仍要保持盈余资金数额不变，则必须增加收入。因此，家庭理财规划需要考虑因素之间的关联关系后系统规划，着眼全局。

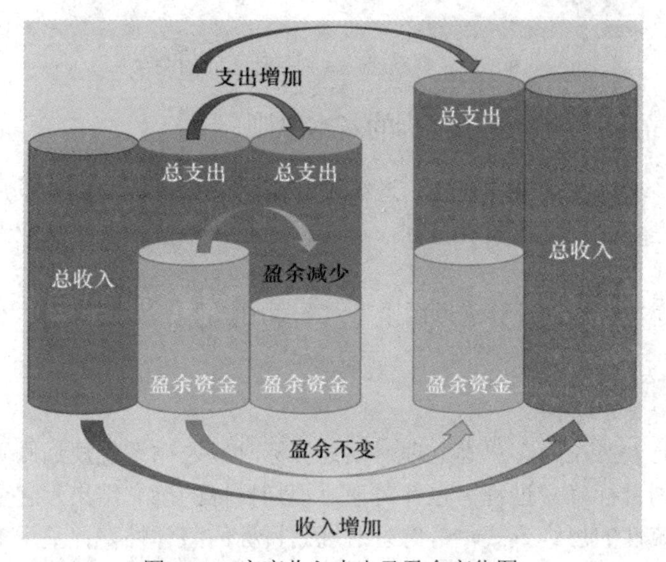

图 5-13　家庭收入支出及盈余变化图

3. 系统性考虑家庭财务与非财务状况之间的关系

在家庭理财规划中，不仅要综合考虑家庭的财务状况，而且要关注家庭的非财务状况及其变化，进而提出符合家庭实际情况的目标预期。只有这样列出的财务规划方案才具有可行性，制订出的理财规划目标才具有实践意义。因此，家庭理财规划不是执行某一个单项规划或者某几项规划，它是一种动态全局规划，是将与家庭发展相关的所有元素都考虑在内所形成的具有可行性的综合规划方案。

理财从业人员需要从某个单项规划或某几个分项规划开始着手为其提供解决方案，先行处理客户家庭的重点问题和急迫问题，而后逐步完善客户家庭理财规划的全部内容。如果止步于单项或部分分项规划的实施，是无法全面实现客户家庭的理财规划目标的。理财从业人员必须和客户相互配合，全面综合实施家庭的整体性解决方案，才能最终实现家庭理财规划目标。

(二) 尽早规划原则

理财从业人员在为客户确立理财规划目标时应遵循尽早规划原则。该原则主要体现在尽早制订理财目标和方案以及尽早实施理财方案两方面。

1. 尽早制订理财目标和方案

越早进行理财方案的准备，越有利于充分考量分析客户情况，这样制订出的

理财目标和理财方案才更加科学适用。家庭理财规划没有绝对的门槛，理财从业人员对待客户要一视同仁、逐步引导，帮助客户尽早制订理财目标和方案，即便客户目前没有足够的理财资金储备，也可以在有限资金资产情况下做出拓展收入的规划、节约现金开支的规划等，鼓励客户进行自我投资，设立合理的收入目标、资产增值目标等，要持续跟进客户，伴随客户储备理财知识、提升财商思维，为后续继续完善规划做积累。

2. 尽早实施理财方案

因为理财规划方案无法一步到位，尽早实施可为后续方案的调整留有余地。通过理财积累更多的财富，运用时间价值更快地向理财规划目标迈进。如图 5-14 所示，一个人在经济独立后就开始实施家庭理财规划相较于中年以后才开始实施家庭理财规划，能够更加充分地利用货币时间价值，更有利于尽早完成财富原始积累，在相同的终止时间点获得的财富积累会更高。

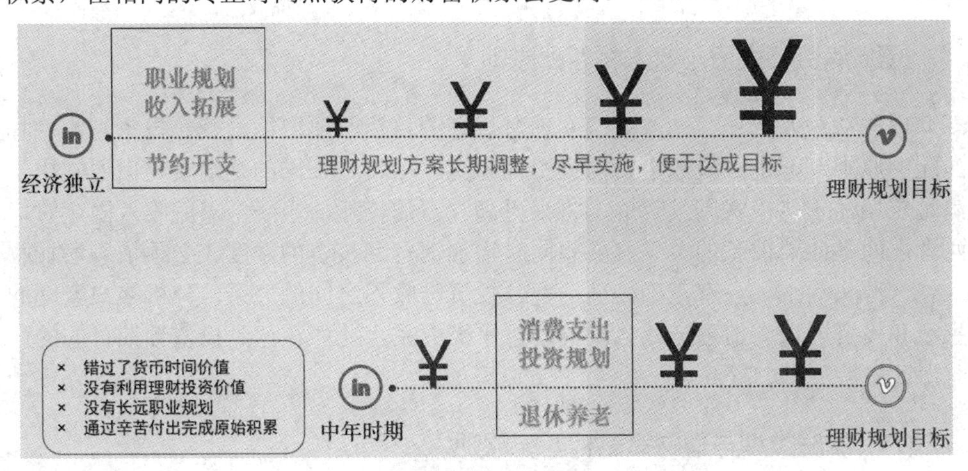

图 5-14　尽早规划有利于实现理财规划目标

(三) 现金保障优先原则

理财从业人员在为客户确立理财规划目标时应遵循现金保障优先原则。只有建立了完备的现金保障，才能考虑将家庭的其他资产进行专项安排。一般来说，家庭建立现金储备需要包含日常生活消费储备和意外现金储备两部分。

1. 日常生活消费储备

对于多数家庭而言，一旦家庭主要劳动力因为失业或者其他原因失去劳动能力而失去了收入来源，这将对整个家庭生活质量造成严重影响。为了应对这一风险，一个家庭就需要建立日常生活消费储备资金来保障正常生活。

2. 意外现金储备

意外现金储备是为了应对家庭因为重大疾病、意外灾难、突发事件等计划外开支而做的资金准备。这笔现金储备用以缓冲可能发生的重大事故对家庭经济造成短期的冲击。如果遭遇意外所需的款项金额较大，则需要家庭具备一定的资产

或资金实力才能更有效地应对意外支出，如家庭成员遭遇车祸或重大疾病需要的支出就需要动用家庭的意外现金储备。

(四) 风险考量优先于收益考量原则

理财从业人员在为客户确立理财规划目标时应遵循风险考量优于收益考量的原则。理财规划旨在通过管理资产，通过合理的财务安排和运作来协助个人、家庭的财富实现保值、增值和传承，让被服务的个人及家庭的生活更加舒适富足。只有先考虑当下的家庭资产保值，评估可能出现的各种风险，合理利用理财规划工具规避风险，并具有备案措施在风险出现时予以应对，才有可能去考虑进一步让客户家庭资产逐步增值。家庭理财规划对收益最大化的追求始终都应基于风险管理的基础之上，理财从业人员要能够根据客户家庭所处的不同生命周期阶段暴露的主要风险点和所能承受的风险程度去制订不同的理财规划方案。

(五) 消费、投资与收入相匹配原则

理财从业人员在帮助家庭确立理财规划的目标时要遵循消费、投资与收入相匹配的原则。一个家庭的消费与投资均为支出项目，不同的是消费支出通常用于满足短期需求，投资则具有追求将来更高收益的特质。当一个家庭收入固定时，两者之间是此消彼长的关系。要想同时增加消费和投资的额度，必须依靠增加收入这一源头活水。只有正确处理消费、投资与收入之间的关系，分析客户家庭的生活和投资习惯，梳理彼此之间的动态平衡关系，才能在达到投资预期目的的同时保证生活质量的提高。

(六) 家庭类型与理财策略相匹配原则

理财从业人员为不同家庭确立家庭理财方案目标时应该遵循家庭类型与理财策略相匹配的原则。不同的家庭类型，财务收支状况、风险承受能力各不相同，理财需求和具体理财规划内容也不尽相同，所以家庭理财规划方案的目标就要因家庭的类型特点而定。在家庭理财规划的具体设计中，应该根据不同家庭类型的特点，分别制订不同的理财规划策略。

比如从家庭成员的年龄段角度出发，有青年家庭、中年家庭和老年家庭三种基本类型。一般来说，青年家庭和老年家庭的风险承受能力较低，理财规划就要以防守为主要核心，其策略为防守大于进攻；中年家庭的风险承受能力比较高，理财规划就要以进攻为主要核心，其策略为进攻大于防守。

任务解析 3　探寻家庭理财规划的构成

家庭理财规划可通过对家庭的资金用途、资产的形态做出专项规划安排，这些专项规划共同构成了家庭理财规划的主要内容。理财从业人员要能够做出合理

的理财规划专项安排，通过健康的家庭理财分项规划组合的分步实施来协助客户实现家庭理财规划目标。

一、家庭理财规划的主要构成

家庭理财规划主要由储蓄规划、保险规划、教育规划、证券投资规划、房产购置规划、节税规划、退休规划、遗产规划等八个分项构成，如图 5-15 所示。

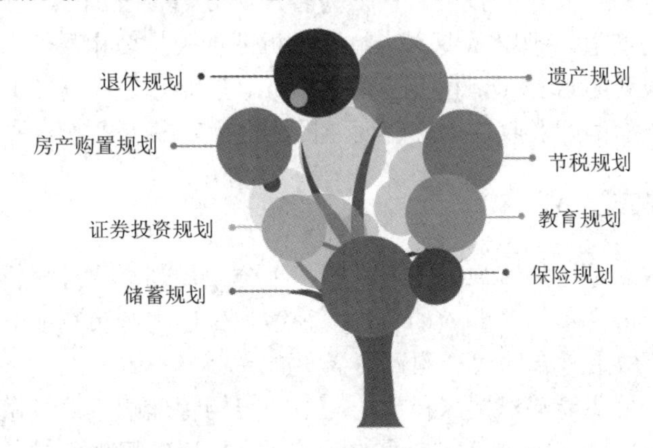

图 5-15 家庭理财规划的主要构成

(一) 储蓄规划

储蓄规划是家庭理财规划的基础分项规划。通过分析家庭现金流结构，寻找提高家庭储蓄可能的方式，为客户家庭设计出合理的储蓄规划方案，提高家庭的储蓄额。理财从业人员要能够灵活组合应用活期、定期储蓄工具来实现储蓄规划目标。

(二) 保险规划

保险规划是理财规划不可或缺的分项之一。通过分析个人及家庭风险，寻找适合的保险类型，为客户家庭设计出合理的保险产品组合方案，转移个人及家庭风险，为保障生活保驾护航。理财从业人员要能够掌握各类保险的特性，本着客户适用、量力而行的原则，合理搭配人身保险产品和家庭财产保险，做出行之有效的保险规划。

(三) 教育规划

教育规划既包括以客户自己作为受教主体又包括其子女作为受教主体的教育投资安排，是追求提高家庭成员受教育水平，家庭所需开展的分项。通过分析家庭成员的教育需求情况，了解教育支出的时间及额度，为客户家庭做出合理的专项资金运作方案，帮助家庭成员如愿完成教育计划，为客户家庭成员提高文化水平和生活品位，增加受教育者收入做出安排。理财从业人员要了解客户的婚育情况，确定家庭现阶段和未来的教育计划，分析客户的教育需求，结合客户的收入

状况分步落实教育投资资金的来源，核算出现阶段可运用投资资金后，综合运用投资工具来弥补客户教育投资资金的来源与需求之间的差距。

(四) 证券投资规划

证券投资规划是实现家庭理财增值时的必备分项。通过分析客户的财务状况和风险承受能力，确立证券投资目标，为客户制订出合理的证券投资组合方案，实现投资资金的增值。理财从业人员能够分析证券类投资市场，善于运用证券投资工具，具备投资组合技术，确定合适的债券、基金、股票等工具的投资比例，设计符合客户风险偏好及收益期许的证券投资执行方案。

(五) 房产购置规划

房产购置规划是增加客户固定资产的一个分项规划。通过分析客户家庭资产情况，确认客户可支撑房产购入的负担，为客户做出房产市场的分析和房产购置建议，协助客户做出适合的房产购置资金安排。

理财从业人员要能够对国家释放的房地产市场管理政策信号做出正确解读，掌握金融机构在房地产资金管理方面的要求，分析影响房地产的各种因素，详细了解客户的支付能力，引导客户遵守国家的相关法律、法规、政策购置房产，帮助客户确定最合理的房产购置计划。

(六) 节税规划

节税规划主要针对企业主类的客户做出的分项规划。通过分析个人或家庭涉及的纳税范围，核算其应税额度，为其做出合法的避税安排，减轻客户的税收负担，节约成本，增加留存收入。理财从业人员要能够充分了解本国税收制度，合理运用收入分解转移、收入延期、投资于资本利得、资产销售、杠杆投资、税负抵减等税务筹划策略，做出减少个人及其所经营企业的税负的综合节税规划。

(七) 退休规划

退休规划是大多数个人和家庭都需开展的一个分项规划。通过对客户当下消费支出的分析和未来生活支出的合理判断，做出满足其退休后较好生活质量的资金准备，为客户退休后的衣食无忧奠定基础，为将来减轻子女的经济负担做出安排。理财从业人员要提醒客户此项规划的执行实施是一个长期过程，建议客户要尽早开始详细规划、逐步实施。可通过长期持有基金、购置养老储蓄保险、职业年金等方式开展此规划，让客户在退休后的生活有所保障。

(八) 遗产规划

遗产规划也是每个家庭理财规划中必不可少的部分，只是其大多集中在家庭的中老年阶段执行。通过对客户家庭资产及成员情况的分析，为不同的资产设计

适合的继承方式，协助客户将遗产高效、顺利地转移给受益人，尽可能减少遗产传承的成本，减少价值损失。理财从业人员在接触此阶段的客户，根据其财富资产状况做出遗产规划的提醒，对于不抵触的客户做出遗产规划。通过协助客户订立遗嘱、设立财产信托、配置保险等方式完成遗产规划。

二、健康的家庭理财分项规划组合

普通家庭因自身的理财规划水平和实际理财需求的差异，往往是在上述八个分项规划中选取部分进行组合实施，基本不会同时开展八个分项规划。理财分项规划的组合具有多种方式，对一般家庭而言，理财从业人员在为其构建家庭理财分项规划组合时要首先考虑其抗风险能力，运用储蓄规划和保险规划为家庭画出财务安全线，然后再进一步放开手脚逐步编织完整张家庭理财规划之网。

健康的家庭理财规划分项组合要能够保障家庭的财务状况稳固不倒，如图5-16所示。

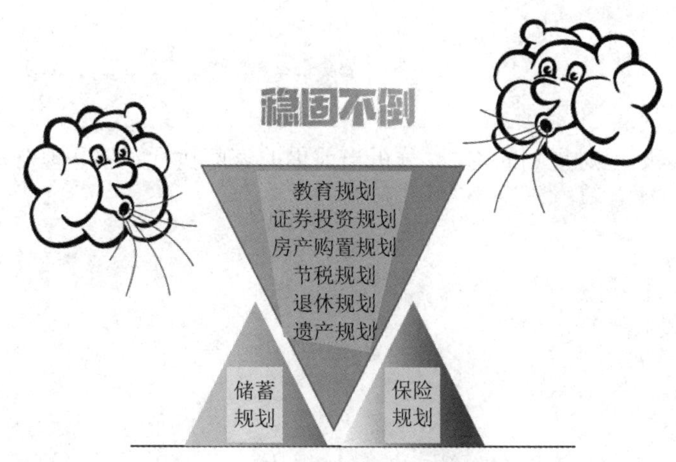

图 5-16　健康的家庭理财分项规划组合

在实际生活中，很多家庭由于家庭理财规划专业知识的缺乏，在家庭理财规划布局时只重视投资性规划，忽视保障性规划，对理财分项规划组合安排只着眼于风险较高的证券投资规划和流动性较低的房产购置规划，不开展储蓄规划、保险规划等保障家庭财务安全的规划，致使家庭理财规划分项组合呈现出“倒三角”的形状，这种组合下的家庭风险暴露大、保障覆盖不足，是不健康的家庭理财规划组合，如图 5-17 所示。

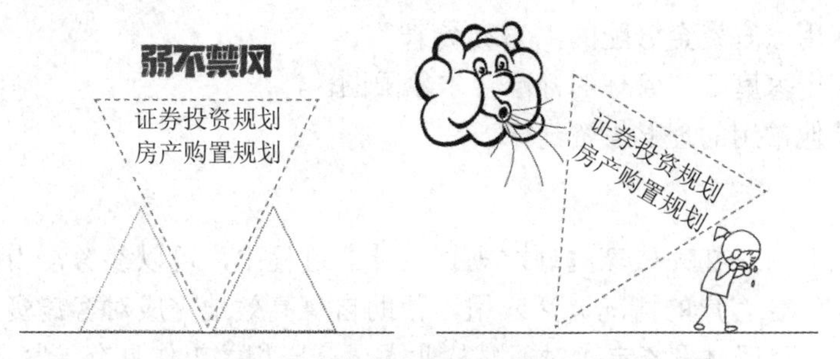

图 5-17　不健康的家庭理财分项规划组合

理财从业人员在对客户家庭理财分项规划进行设计时，要尽量避免运用不健康的家庭理财分项规划组合方式，不能偏离家庭理财规划的总体目标。如果发现客户家庭实施的家庭理财方案存在不健康的情况，要与客户积极沟通，建议其对现行方案及时做出调整，为家庭财务安全打好基础，增强家庭抗风险能力。

【能力拓展】

你认为家庭的短期理财规划目标是什么，后续需要怎样帮助家庭实现财富增值？

根据家庭理财规划的构成，分析当前你的家庭执行了哪些理财规划分项。

任务2 灵活应用理财投资定律

【任务描述】

- 灵活应用家庭资金分配的“4321定律”。
- 灵活应用家庭账户管理的标准普尔象限图。
- 掌握其他常用的理财投资定律。

理财从业人员在完成家庭理财规划设计的过程中，可以参考常用的家庭理财投资定律，结合客户的情况灵活应用，帮助自身高效地完成对客户资金、资产的功能划分。家庭理财投资定律对理财从业人员开展相关工作具有借鉴和指导意义。

任务解析 1 家庭资金分配的“4321 定律”

家庭资金分配的“4321 定律”对家庭资金应如何分配给出了合理性建议，它对投资、生活支出、储蓄和保险的比例给出参考值。家庭资金分配的“4321 定律”建议将家庭理财资金的 40%用于投资，30%用于生活支出，20%用于储蓄，10%用于保险，如图 5-18 所示。在此过程中采取恒定混合型策略，即某种资产价格上涨后，减少这类资产总额，将其平均分配在余下的资产中，使之恒定保持一个“4321”的比例。

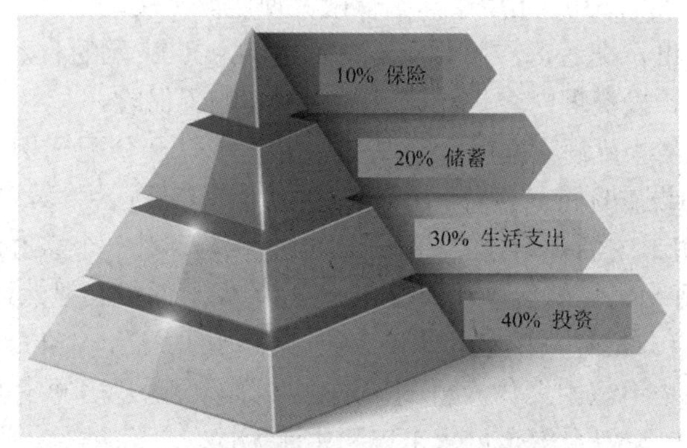

图 5-18 4321 定律

一、“4321 定律”对资金的具体分配

(1) 40%用于投资是指 40%的家庭理财资金用于基金、债券、股票等方面的投资。

(2) 30%用于生活支出，包括家庭基本生活和享受生活以及提升生活质量相关支出，如基本生活支出、汽车和家电等大件支出以及教育支出、旅游支出等。

(3) 20%用于储蓄，包括用于家庭应急所用的活期存款，用于以安全理财为目的的定期大额存款以及用于未来教育消费的教育储蓄。

(4) 10%用于保险，是指将 10%的家庭理财资金用于购买消费型保险产品或者理财型保险产品。

练一练

张先生的家庭有 50 万元的收入，如果按照家庭资金分配的“4321 定律”，分别应该怎么对投资、生活支出、储蓄和保险进行资金划分呢？

二、“4321 定律”适用的人群

家庭资金分配的“4321 定律”比较适合中等收入水平且收入来源比较稳定的家庭。随着家庭收入的增加和人们对于家庭理财的不断深入理解，社会中的中等收入家庭在不断增多。中等收入家庭在资金分配方面也越来越接近“4321 定律”的比例。

在实际操作中，各个家庭的具体情况不同，资金分配的比例会有些许差距。一般情况下，资金总量越少，在资金运用上的风格越偏向保守。例如，当前大部分资金总量少的人会将 80%～90%的投资支出资金分配给风险程度较低的固定收益类产品。

三、“4321 定律”不适用的人群

“4321 定律”不适用的人群如下：

(1) 实习学生。刚踏入社会的实习学生月薪较低，假设约在 3000 元，若运用“4321 定律”分配资金，每月需将 1200 元用于投资理财，900 元用于生活开销，600 元用于储蓄存款，300 元用于购置保险。而实际上实习学生的生活开销较大，每月需要支付房租、交通费，还要保障基本生活，3000 元的收入只能维持生活正常运转，难以进行投资理财，更无法进行储蓄和购置保险。

(2) 高薪家庭。高薪家庭的资金基数较大，在资金分配比例上往往无法满足“4321 定律”的设置标准。例如，年薪 100 万元的家庭运用“4321 定律”就需要每年将 30 万元用于生活开销，10 万元用于购置保险。对一个家庭的日常生活支出而言年支出 30 万元稍显奢侈，年支出 10 万元的保险保费又显然过高。

(3) 退休人群。退休后的老年人更倾向于安稳的生活，“4321 定律”中投资部分的设置标准是不适用退休人群的。退休人群不会考虑开展有风险性的投资理财，而是偏重于保障资金安全以求未来的生活无忧。

任务解析 2　家庭账户管理的标准普尔象限图

标准普尔象限图是一张指导家庭应如何划分家庭账户及在账户内资金如何运用的象限图。它是由美国的标准普尔公司组织专业研究团队对全球十万个资产稳健增长的家庭进行长期跟踪调查和深入分析总结而提炼出的资产配置理论。因该公司在当时全球的金融分析领域非常有实力，故将该图命名为“标准普尔象限图”。

标准普尔象限图把家庭资金支出分为四个账户分别管理，这四个账户的资金分配比例、使用功能和投向都各不相同，具体如图 5-19 所示。

图 5-19　标准普尔象限图

一、第一账户：短期消费账户

第一账户中的资金是家庭“要花的钱”，这个账户资金余额占比约为家庭资产的10%，大概是家庭3～6个月的生活费，一般以活期存款的形式存在，主要用于满足家庭日常开销。家庭日常生活中的生活必需品购置、交通、煤水电费、物业费、旅游等支出都是由这个账户提供的。

有些家庭的理财观念较弱或者对于理财非常保守的低收入家庭平时会将闲置资金长期放在短期消费账户，其占比远高于10%，这会造成资金价值浪费。还有一些年纪较轻的新建家庭，他们秉持超前消费意识，没有储蓄和理财观念，追求享受当下甚至过度消费，家庭没有短期消费账户结余或者账户资金设置的比例过低，这很容易引起家庭财务困难甚至家庭财务危机。

二、第二账户：家庭的保障保险账户

第二账户中的资金是家庭“保命的钱”，该账户资金余额占比约为家庭资产的20%，专门用于解决家庭突发事故的大额开支和购置保险。购买保障型保险和应对如家庭成员的意外伤亡、突发重大疾病等支出都由这个账户提供。这个账户中的资金是专款专用的，发挥以较少的资金成本对冲较大的风险损失的作用，能够以小博大，所以这个账户也称杠杆账户。杠杆账户像是一个蓄水池，当收入较多时，将一部分钱补充到该账户；因意外事故产生巨大支出时，该账户对应的保险理赔或保险储蓄又能弥补损失，从而使家庭及家庭成员在出现意外事故、重大疾病时，有足够的资金用来支出。

三、第三账户：投资收益账户

第三账户中的资金是家庭“生钱的钱”，该账户余额占比约为家庭资产的30%，主要用于为家庭创造收益，发挥投资功能。该账户资金可用于投资各类能够实现较高收益的理财产品及工具，可考虑分散风险，组合投资，运用国债、“固收+”类理财产品、混合型基金、股票型基金、股票、期货、金融衍生品等工具，确保家庭在财务安全的情况下用盈余的资金获得更多的收益。这个账户运营的最终目标就是要将人从繁重的劳作中解放出来，使用现有的钱来生钱。

四、第四账户：长期收益账户

第四账户中的资金是家庭“升值的钱”，该账户余额占比约为家庭资产的40%，主要用于让目前闲置的资金稳定增值。该账户资金可用于做孩子的教育储备金、家庭成员的养老金、家庭财产的传承等，通过对账户资金进行稳健的投资策略去对抗通货膨胀对资产的侵蚀，让资产做到长期稳健增值，用现在投资未来，以解决后顾之忧。

这里需要说明的是，标准普尔象限图中家庭资产配置配比并不是一成不变的，不同的家庭收入状况、不同的家庭人员结构、不同的家庭成长阶段都会引起家庭资金分配比例的变化。因此，要结合家庭生命周期进行合理配置，满足不同阶段

的财务目标。

任务解析 3　其他常用的理财投资定律

一、复利“72 法则”

复利“72 法则”是假设对本金 100 元做每年 1%的复利计息，在 72 年后的收益就会等于本金的规律。换言之，也就是要让在年收益率 1%的情况下让 100 元本金实现翻倍需要 72 年。本法则用于计算投资本金计复利后多久能够实现收益翻倍，帮助理财从业者非常快速简便地计算在某一收益率下计复利，要实现本金翻倍所需的年限。例如，在银行存入 25 万元，存款利率为每年 4%，计复利的话需要 18 年实现存款本金翻番。具体计算是用 72 除以 4，得出 18 的年限，即在 18 年后可从银行支取总额 50 万元的存款。

二、个人高风险投资的“80 定律”

个人高风险投资的“80 定律”是用来计算投资者在不同年龄段应该持有的高风险投资占资产总额比例的定律，如图 5-20 所示。可见随着投资者年龄的增长，其所应用于高风险投资的资金比例占个人总资产的比例应该逐步降低，这符合人们随着年龄的增长，承受风险的能力在下降的实际情况。

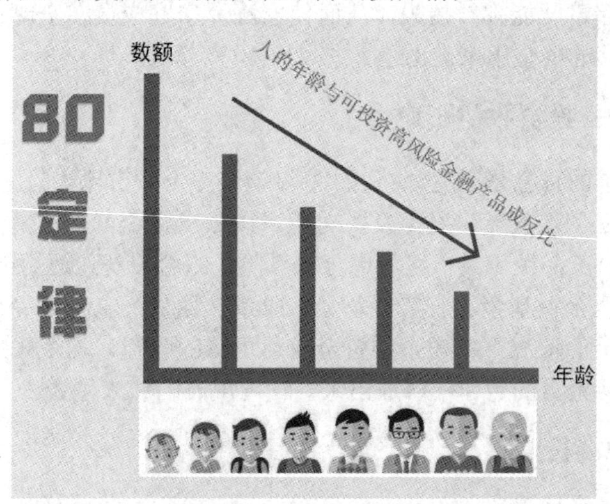

可投资数额 = (80 − 你的年龄) × 1%

图 5-20　家庭高风险投资的“80 定律”

“80 定律”的具体计算过程是：用 80 减去投资者的年龄再乘以 1%，得出该投资者当时年龄所应用于投资高风险产品和工具占个人总资产的比例。例如，杨女士今年 35 岁，运用“80 定律”计算杨女士投资高风险投资项目的资产应为总资产的(80 − 35) × 1%，即总资产的 45%。当杨女士到了 45 岁时，她进行高风险投资的数额在个人总资产中的占比不应超过(80 − 45) × 1%，即 35%。

练一练

根据“80 定律”，张先生今年 30 岁，应该把个人总资产的多少投资于股票呢？如果张先生到了 40 岁、50 岁，是应该增加还是减少股票的持有量呢？应调整到多少的比例才合适呢？

三、家庭保险“双十定律”

家庭保险“双十定律”包含保费(保险费)和保额(保险额度)两层含义，它对家庭每年应支付的保险费和获得的保险额度做出了建议：第一层保费的含义是指家庭保险年保费支出应该约为家庭年收入的 10%，第二层保额的含义是指年家庭年收入应约为保险额度的 10%，如图 5-21 所示。

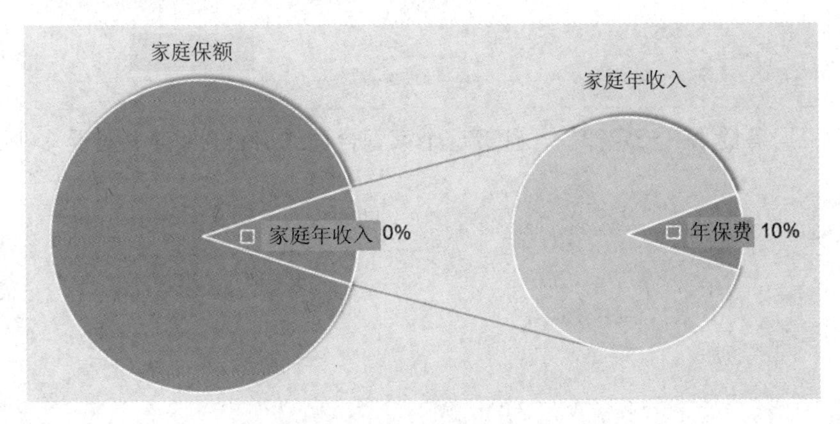

图 5-21　家庭保险“双十定律”

家庭保险“双十定律”给理财从业人员提供了保险费支出在客户家庭理财规划中所应设置的限额的参考，给出了合理的保额区间，为理财从业人员实现保险产品选择和优化配置提供了依据。应用它可以帮助理财从业人员非常直观地做出保险规划分项的框架，处理好保险分项与家庭理财规划的关系，得出比较科学的结论。

练一练

根据家庭保险“双十定律”，某家庭年总收入 35 万元，那么年保险费支出应该为多少？所配置的家庭保险理赔额度应该达到多少较为理想？

四、房贷支出“三一定律”

房贷支出“三一定律”对个人或家庭每月应支出房贷的数额做出建议，它以家庭月收入为占比基数，建议家庭每月支出的房贷金额不超过当月总收入的三分之一。

家庭的住房贷款是一笔额度不小的且需长期负担的债务，当一个家庭的房贷

支出超过家庭收入的三分之一时，就会长期背负较重的财务负担，影响家庭生活的幸福感。如果家庭总收入不能增长，基本生活水平就有可能会因房贷压力过大而下降，同时家庭的风险抵御能力也会减弱。当家庭成员收入减少时，还有可能无力偿还房贷，面临断供风险。

【能力拓展】

根据“4321 定律”，如果一个家庭的月均收入为 3 万元，每月用于投资的金额应控制在多少以内比较合理？

根据房贷“三一定律”，计算这个家庭合适的房贷月供金额应是多少。

任务 3　家庭理财规划流程

【任务描述】

- 从客户角度体会家庭理财规划流程。
- 从理财从业人员角度体会家庭理财规划流程。

开展家庭理财规划的过程中，客户和理财从业人员都是主要参与者，因两者所处的角度不同，其经历的流程步骤也有所区别。

任务解析 1　从客户角度体会家庭理财规划流程

对客户而言，开展家庭理财规划大致需要经历三个阶段、九个步骤，如图 5-22 所示。

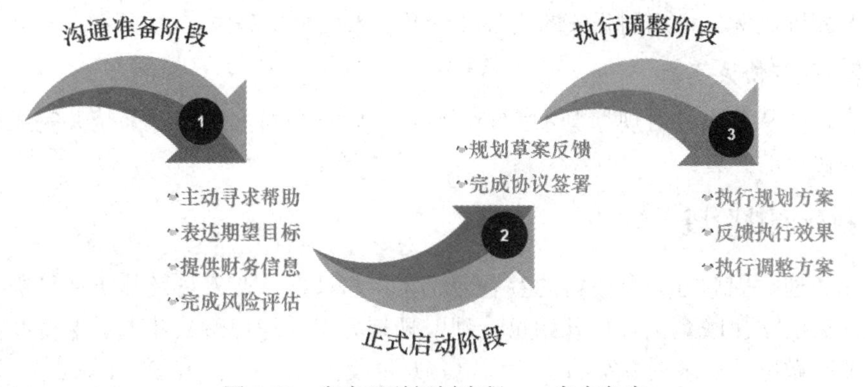

图 5-22　家庭理财规划流程——客户角度

一、沟通准备阶段

客户因自身缺乏投资知识和能力，不能对自己的财务收支状况做出正确的分析，或因无暇顾及市场变化信息，不能独自做出合理的投资判断，都有可能需要理财从业人员帮助其进行专业的家庭财富管理。开展理财规划由沟通准备阶段开始，此阶段客户会经历以下四个步骤。

1. 主动寻求帮助

客户主动向理财从业人员寻求帮助，向其提出自身的资产管理诉求、提供相关信息，以便理财从业人员进行情况分析。

2. 表达期望目标

客户应准确表达所期望的理财目标，积极与理财从业人员沟通以求双方在理财目标上达成一致，设定合理的目标值。

3. 提供财务信息

客户还需向理财从业人员进一步提供其详细的财务信息，包括家庭的资产负债情况、现金适用安排等相对敏感、涉及隐私的信息等，以便理财从业人员通过这些信息对客户的家庭财务状况进行分析，为制订理财规划草案奠定基础。

4. 完成风险评估

客户在和理财从业人员具有一定的合作意向和信赖基础后，配合完成对自己的风险承受能力评估，了解自己的风险承受水平和偏好。

二、正式启动阶段

客户在与理财从业人员做出较为充分的沟通后，基本完成了家庭理财规划的准备。在理财从业人员提出理财规划草案后，客户与之对接进入家庭理财规划方案的正式启动阶段。此阶段主要包括以下两个步骤。

1. 规划草案反馈

客户与理财从业人员就理财规划草案沟通交流，并对草案内容做出反馈，包括其中设立的不同期限的家庭理财规划目标、资金配置建议、理财产品和工具的

选择及配置比例、各规划分项的实施计划及投入资金量等内容。

2. 完成协议签署

在理财从业人员对规划草案完成调整后，客户需对方案进行确认并完成相关资料与协议的签署。

三、执行调整阶段

完成理财规划方案和资料的签署后，客户与理财从业人员及其所在机构建立相互约束的法律联系，客户开始执行理财规划方案并与理财从业人员保持互动，在必要时做出理财规划方案的执行调整。此阶段主要包括以下三个步骤。

1. 执行规划方案

客户按照相关约定执行家庭理财规划方案的具体内容，如进行相关账户的开立、资金的划拨、投资资产的认购等。

2. 反馈执行效果

客户在执行理财规划方案的过程中要及时与理财从业人员互动交流，积极反馈方案的执行效果，响应理财从业人员的跟踪回访。如果理财规划方案的执行效果不理想或市场发生变化，可主动向理财从业人员提出调整的诉求。

3. 执行调整方案

如果理财从业人员对理财规划方案给予调整建议，则要对调整方案做出反馈，以求和理财从业人员达成一致后及时调整现行的理财规划方案。

任务解析2 从理财从业人员角度体会家庭理财规划流程

对理财从业人员而言，开展家庭理财规划所需经历的流程大致要经历三个阶段、八个步骤，如图 5-23 所示。

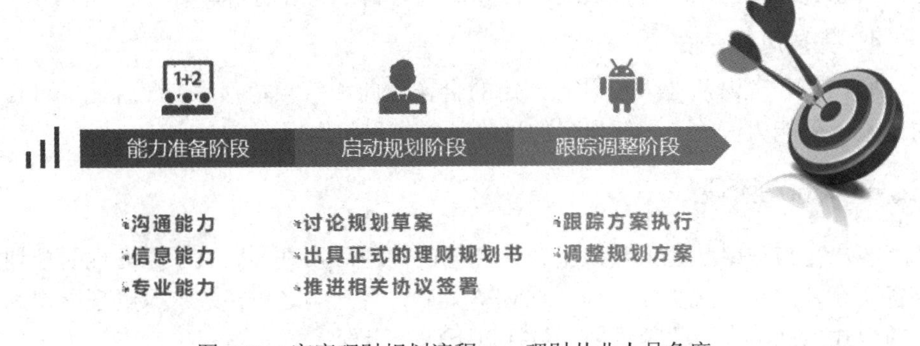

图 5-23 家庭理财规划流程——理财从业人员角度

一、能力准备阶段

理财从业人员为客户提供家庭理财规划服务前要做好个人综合能力的充分准

备，它主要包括以下三方面。

1. 沟通能力准备

理财从业人员应该掌握基本的沟通礼仪，把握一定的业务沟通技巧，增强客户的信赖，向客户准确表达理财产品，能推进开展理财规划方案的工作进程。

2. 信息能力准备

理财从业人员必须能够对经济环境和金融市场的信息做好收集和挖掘，对客户信息做出准确的分析和整理，充分运用信息帮助自己更加有针对性地开展理财规划工作。

3. 专业能力准备

客户寻求理财从业人员的服务最基本的出发点就是寻求专业服务。因此，理财从业人员要在经济、金融、财务管理、法律等领域具备专业知识支撑，运用科学的方法对经办业务和行业案例做出分析，为形成理财规划方案提供事实依据，积累应用实践经验。

二、启动规划阶段

理财从业人员正式启动理财规划工作需建立在初步具备综合能力的基础上，能够与客户进行高效沟通、具备信息及专业能力后才有可能得到客户认可，与客户共同将理财规划工作推进至启动规划阶段。

理财从业人员在本阶段需要完成以下三个工作步骤。

1. 讨论规划草案

理财从业人员通过掌握客户信息，结合经济及金融市场情况，按照与客户达成一致的理财目标构建出较为适宜的理财规划草案，与客户约定一个相对充裕的时间对此草案做出讲解，与客户进行规划草案的讨论，收集客户对方案的反馈意见，根据讨论结果对理财规划草案做出调整。

2. 出具正式的理财规划书

理财从业人员结合规划草案调整结果，运用理财规划术语撰写理财规划报告书，向客户发送报告书并获得客户的最终确认。

3. 推进相关协议签署

理财从业人员提前准备理财规划方案的签署版，收集整理其余需签署的相关资料和协议，积极联系客户前往机构做确认签署。资料签署过程中要耐心向客户做好专业术语和重要内容的解释，做出风险提示，确保客户明确自己签署资料后生效的权力和应履行的义务。

三、跟踪调整阶段

客户完成理财规划服务相关的协议签署只是理财规划工作的阶段性成果，执行理财规划方案才是理财规划工作的意义所在，只有长期跟踪客户对理财规划执行的情况，结合经济市场的状况在必要时对客户的执行方案做出更优调整，促成

理财规划方案目标的达成才能真正帮助客户、服务客户。

1. 跟踪方案执行

理财从业人员要对客户独立建档，对理财规划的执行进度和效果要保持跟踪并做好记录，及时提醒客户关注产品及工具的起息、到期、收益波动等情况。

2. 调整规划方案

理财产品及工具创新不断，经济及金融市场常有变化，政策及制度要求不断调整，这些都与家庭理财规划方案的执行息息相关。理财从业人员为客户做出的理财规划方案不是一成不变的，当原方案执行效果不及预期或存在更优方案时，理财从业人员应与客户充分沟通，对现行方案做出调整，在获得客户认可后引导客户实施调整方案。

【能力拓展】

向父母咨询家庭财产状况，并整理这些信息，设想如果由你向理财从业人员寻求帮助应怎样表述需求，描述你预期的理财目标。

如果你将来要从事理财行业，成为一名理财从业人员，现在你要如何做好能力准备阶段的准备？

实战演练　理财投资定律的应用

实战演练讲课视频

【任务发布】

根据杨先生的家庭状况，应用理财投资定律帮其完成家庭资金的分配、设置合理的高风险投资比例，计算合理的保险费用支出数额。

【任务展示】

杨先生今年 38 岁，年收入 36 万元，妻子 35 岁，年收入 18 万元，育有一女。杨先生家庭现有各类存款及理财投资 55 万元，家庭年生活开支约 9 万元，欲为全家购置保险。

1. 应用“4321 定律”完成杨先生家庭资金分配(见表 5-1)。

表 5-1　杨先生家庭资金分配

资金用途	资金占比	资金数额
投资		
生活支出		
储蓄		
保险		

2. 根据家庭高风险投资的“80 定律”，结合杨先生的年龄情况，计算其进行高风险投资的占比不应超过_______%。

3. 根据家庭保险“双十定律”，杨先生家庭购置保险的年支出不应超过____万元，投保保额建议为_________万元。

【步骤指引】

- 老师带领学生回顾理财投资定律的相关知识内容；
- 学生对任务展示中提供的杨先生家庭信息做出理解，计算出家庭年总收入；
- 引导学生根据个人资金分配的“4321 定律”的内容计算杨先生家庭的资金分配数额并填入对应表格；
- 引导学生根据个人高风险投资的“80 定律”和家庭保险“双十定律”计算杨先生的高风险投资最高限额和保险费用支出的建议数额；
- 老师组织学生自由发言，陈述其完成任务的思考过程并填写结果。

【实战经验】

项目六

家庭理财规划工作准备

项目概述

本项目通过让学生完成建立客户关系、关注客户的财务信息及非财务信息三个任务，培养学生认识客户、学会与客户交流沟通的基本礼仪；让学生熟悉理财从业人员所需收集整理的家庭财务信息，运用财务指标分析客户的家庭财务状况，找到财务问题所在；引导学生准确分析客户的家庭成员基本信息，把握客户家庭所在阶段的特征及理财方向，知晓客户风险水平，观察客户的理财价值观和心理状况，让学生对客户家庭做出全面认知，具备一定的沟通能力和信息能力，为后续正式启动理财规划工作做好准备。

项目背景

如图 6-1 所示，《中国银行业理财市场年度报告(2020 年)》全面反映了 2020 年中国银行业理财市场的情况，并对 2021 年银行业理财市场的发展进行了展望。

图 6-1　《中国银行业理财市场年度报告(2020 年)》

理财从业人员只有充分了解理财市场的情况，才能更好地为客户服务，为其提供专业的个性化理财建议及规划指导，帮助客户实现财务目标，获得更好的生活品质。理财规划方案要发挥实际意义，就必须基于客户的具体情况，如财务状况、家庭成员基本情况等事实，理财从业人员才能运用专业知识对实际数据信息进行甄别、整合和判断。

项目演示

如图 6-2 所示，小琪根据吴经理的要求，需要对郑先生的信息进行整理分析，为郑先生的家庭理财规划做好准备工作。为了能更好地完成工作，小琪回顾所学的理财规划知识，制定了如图 6-3 的学习计划。

①小琪，你把郑先生的客户信息整理一下，甄别出哪些是财务信息，哪些是非财务信息，针对财务信息编制家庭资产负债表和家庭收入支出表，并对郑先生的财务和收支情况进行财务分析，为后面给郑先生策划家庭理财规划方案做好准备。
②嗯嗯，好的，吴经理。
客户信息：
郑先生今年31岁，在一家房地产公司担任部门经理，每月税后收入为9500元。与他同龄的妻子是一名中学教师，每月税后收入为5500元左右。两人于2015年结婚，并在同年购买了一套总价为110万元的住房，为此他们向银行申请了一笔贷款，目前每月需按揭还款4000元，贷款余额为36万元。郑先生夫妇每月基本生活开销为2500元左右，额外的购物和娱乐费用大约为1500元。除了日常保留的零用现金2000元外，目前他们的家庭资产主要包括25万元的银行存款，5万元的债券基金和一套房子。郑先生夫妇除参加基本社会保险外没有购买任何商业保险，所以希望给二人买些必要的保险。此外，郑先生夫妇打算两年后生育小孩，他们希望未来孩子能去欧洲留学，预计孩子教育费用大约为90万元。同时，郑先生夫妇希望在60岁时退休，根据他们的身体状况，推测可以活到85岁。他们希望在退休后尽量保持现有生活水平，预计退休后两人每年共需生活费用18万元。

图 6-2　吴经理与小琪交谈

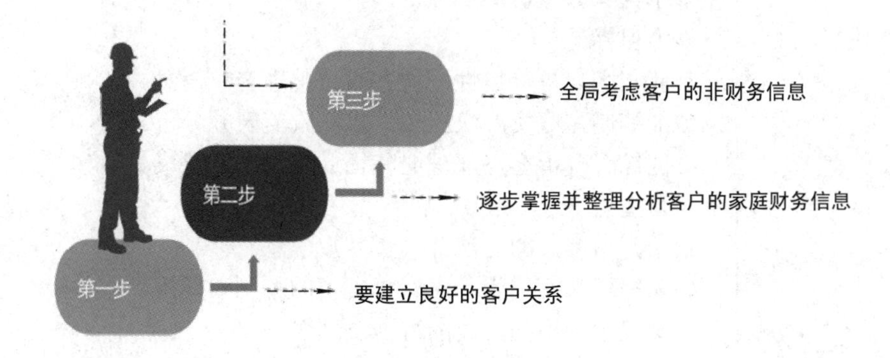

图 6-3　学习计划

思维导图

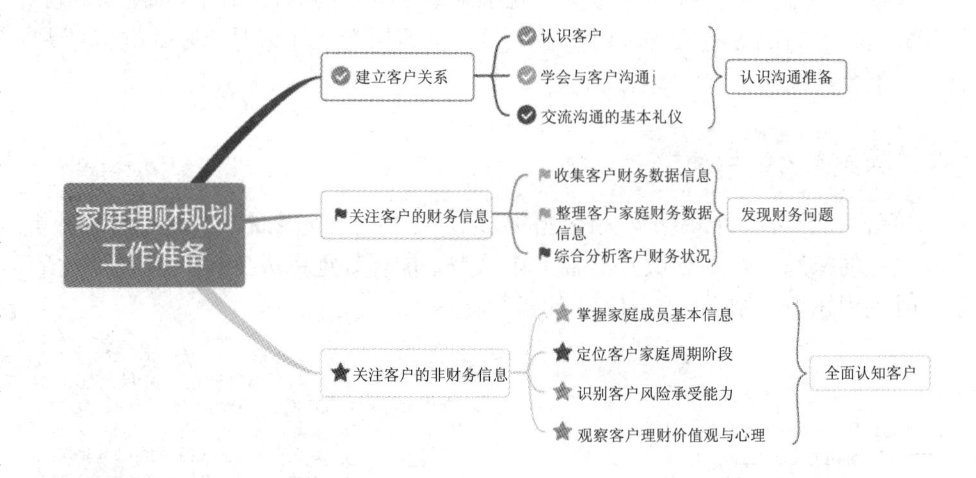

思政聚焦

在《理财从业人员职业道德准则》中，要求理财从业人员未经客户书面许可，不得向合同关系以外的第三方透漏任何有关客户的个人信息。除非出现开立咨询或经纪账户、为达成交易或为执行客户某项具体要求，以协议形式认可；依法要求披露信息；针对失职指控，理财从业人员进行申辩；理财从业人员与客户之间产生民事纠纷等情况，才可以披露与使用相关信息。

教学目标

知识目标

◎熟悉客户关系生命周期和客户类型。

◎掌握基本的交流沟通技巧和礼仪。

◎掌握客户财务信息的主要内容。

◎掌握家庭生命周期理论。

能力目标

◎能与客户进行良性沟通并收集整理客户信息。

◎能编制家庭资产负债表、家庭收支表并分析。

◎能综合分析客户非理财特征并作出理财建议。

学习重点

◎展开与客户的交流并收集客户信息。

◎家庭资产负债表、家庭收支表的编制和分析。

◎家庭周期不同阶段的特征及理财方向。

任务1　建立客户关系

【任务描述】

- 定位与客户关系所处的生命周期阶段并对客户进行分类。
- 掌握基本的沟通原则和技巧。
- 遵守社交沟通礼仪，增进与客户之间的距离。

任务解析1　认 识 客 户

客户是指用金钱或某种有价值的物品来换取接受财产、服务、产品或某种创意的自然人或组织，是商业服务或产品的采购者。企业有客户才能盈利。客户给企业创造的价值，不仅包括客户直接购买企业商品所产生的利润，还包括客户在其整个生命周期内带给企业的所有价值。

客户与企业之间是一种互惠共赢的合作关系。企业与客户良好的合作，有助于提升企业的服务意识和管理水平，还能给企业带来丰厚的利润。海底捞的成功之道就在于对顾客无微不至的贴心服务。

课外链接：海底捞的成功之道

海底捞火锅吸引着众多的食客络绎不绝地前去消费，凡是去过海底捞火锅店的顾客都会被它深深吸引，然而吸引人们的不仅是海底捞火锅的口味特色，更是海底捞火锅无微不至的服务带给顾客的满足感。

等候用餐的时候，海底捞提供无微不至的贴心服务：免费的水果、小吃、棋牌、杂志、美甲、擦鞋等；就餐时，每桌至少有一位服务员守在旁边随时为顾客送毛巾、续饮料，服务员可以帮忙下菜、捞菜、剥虾皮等，现场还有抻面表演；洗手间有专人服务，提供美发护肤用品；店内设置电话亭，顾客可以享受免费电话，等等。正是由于秉承着服务大于产品的理念，致力于让顾客享受到“顾客就是上帝”的服务，海底捞才能做大做强。

一、客户关系生命周期

客户关系是指企业为达到其经营目标，主动与客户建立起的联系。客户关系特征包含多样性、差异性、持续性、竞争性和双赢性。

客户关系生命周期是与发生业务关系的客户从认识到完全终止业务关系的全过程，是客户关系水平随时间变化的发展轨迹，它动态地描述了客户关系在不同

阶段的总体特征。客户关系生命周期可分为培育期、成长期、回报期和挽留期四个阶段，如图 6-4 所示。

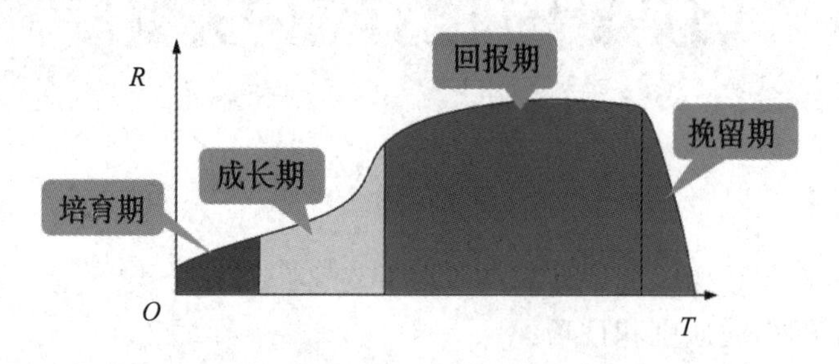

图 6-4 客户关系生命周期

(一) 客户关系培育期

客户关系培育期是指客户刚刚开始对产品或服务感兴趣，并开始收集有关信息，而此时企业与客户的业务关系还未真正建立，需要付出较大成本才能与客户建立稳定的关系的时期。

客户关系培育期的基本特征就是企业与客户之间相互了解不足，不确定性大，双方的交流并不同步。这一阶段，企业会对客户关系投入成本，但客户还未对企业做出贡献。

(二) 客户关系成长期

客户关系成长期是指客户在对企业产生信任感后，开始购买企业产品，客户给企业带来的价值逐步提高，而企业为维护客户关系所付出的成本大幅度降低的时期。

客户关系成长期的基本特征是企业与客户之间，相互依赖的范围和程度日益增加，双方认识到对方能够提供令自己满意的价值，因此双方交易不断增加。本阶段客户开始为企业做贡献，企业从客户交易处取得的收入已经大于企业投入，开始从客户身上获取利润。

(三) 客户关系回报期

客户关系回报期是指企业与客户之间建立了牢固的信任度，企业为客户提供了最大的价值，客户也用极大的价值对企业进行回报的时期。

客户关系回报期的基本特征是企业与客户之间，对持续长期关系或含蓄或明确地作出了保证。双方对相互提供的价值满意度高，企业与客户相互依赖水平达到最高点，并且相对稳定，本阶段客户为企业做出的贡献较大，而企业投入较少，双方交易量较大。

(四) 客户关系挽留期

客户关系挽留期是指由于同类企业和竞争产品的出现，客户价值开始下降，

企业需要通过加大投入来挽回客户关系的时期。

客户关系挽留期的基本特征是客户会表现出对企业提供的服务不满意，支付意愿下降、交易量回落、交易额和利润迅速降低。本阶段企业的管理重点就是挽留客户，纠正曾对客户犯下的错误，向客户提供补偿，努力使关系恢复。如果确实无法挽留，客户流失后要认真总结原因，改进自身存在的缺陷，对未来维护客户的策略进行调整，或许有客户回流的可能性。

二、客户状态分类

按照客户与企业之间距离的远近可分为潜在客户、目标客户、准客户、成交客户、忠诚客户五类客户状态，详见表 6-1。

表 6-1　客户状态分类表

客户类型	距离表现
潜在客户	对企业产品和服务有需求，还没产生购买行为，但是有购买能力和动机的人群 潜在客户要具备“用得着”和“买得起”两个要素
目标客户	听了产品介绍后产生兴趣的客户
准客户	准备购买产品的客户
成交客户	已经购买产品的客户
忠诚客户	持续购买产品的客户或者带来收益比较大的客户

课外链接：寻求潜在客户过程中的“MAN”原则

M：Money，金钱，指所选择的对象必须有一定的购买能力；

A：Authority，购买决定权，指购买对象对购买行为有决定、建议或反对的权力；

N：Need，需求，指购买对象有这方面(产品、服务)的需求。

任务解析 2　学会与客户沟通

客户沟通，是指理财从业人员将个人的思想与客户的想法与期待进行碰撞、交互，最终实现双方相互了解并协调一致的过程。沟通不是自说自话，也不是浮于表面的说教，而是要通过有层次、有逻辑的方法精准、扼要地表达出想要传达的内容。在沟通过程中倾听的作用也十分重要，理财从业人员要从客户的众多表述中准确地捕捉信息并总结，往往有必要将总结的内容逐条向客户复述，确认自己理解的准确性。理财从业人员在与客户沟通的过程中要遵循三项原则，利用不同沟通方式的特性完成和客户的互动交流。

一、与客户沟通的原则

(1) 具有以客户为中心的思想，所有工作从客户需求出发，是作为理财从业人员提供专业理财服务的基础和前提。理财从业人员与客户沟通时不能自以为是地解读客户，而是要尊重客户的真实想法，以此为理财规划方案的设计、实施出发点。

(2) 具备娴熟的与客户沟通、服务的技巧，能较好地进行产品推荐，能成功有效地让客户了解和接受。理财从业人员面对的客户大多不是金融理财的专业人士，这就要求理财从业人员要运用通俗易懂的语言表述专业的内容，不能有炫技心理，以为使用专业名词会使客户对自己另眼相看，这样往往会让客户难以理解，让客户产生距离感，彼此之间形成沟通隔阂。

(3) 牢牢把握客户需求，但对客户的转化不可操之过急，避免以产品销售业绩为中心推荐产品。理财从业人员要明白与客户沟通的初衷是了解客户需求，解决客户问题，而不是完成工作任务，销售某些产品。否则客户会有被推销的感觉，对你所建议的产品产生抵触心理，拒绝进一步的沟通。

二、与客户沟通的主要方式

沟通是通过信息交互作用来传递看法、决策和行为的方式，理财业务开展过程中，看法、决策要双向传递才是有效沟通。只有和客户建立有效沟通，才能了解客户的实际需求，理解他们的期望，在交互过程中加深与客户的感情，稳定客户关系。现在常用的客户沟通主要方式有面谈沟通和非面谈沟通，这里的面谈指沟通方都存在同一空间的情况，视频通话虽然可以看到彼此的面貌，但是它和电话沟通、微信沟通一样都属于非面谈沟通。

(一) 面谈沟通

面谈是指任何依照计划及受控的、在两个人(或两人以上)之间进行的、参与者当中至少一方是有目的并且在整个面谈过程中互有听、说的谈话。下面对面谈沟通做简单的分类以及对面谈的技巧作简要介绍。

1. 面谈的分类

根据是否在面谈前与客户进行约定，可将面谈分为有约面谈和无约面谈。

(1) 有约面谈要提前选好面谈的时间、地点，理财从业人员赴约时应穿着大方得体，优先考虑着职业装前往，在面谈过程中要自信自重、不卑不亢。假若面谈成功，双方皆大欢喜；假若面谈失败，也要坦然面对。

(2) 无约面谈一般时间较短，理财从业人员需要把握时机，在较短的时间内用精练准确的语言表达清楚意图，争取获得客户的初步认可，为下一步或下一次业务发展奠定基础。

2. 面谈技巧

面谈过程中合理运用沟通技巧可以达到事半功倍的效果。

(1) 交流时要多直视对方的眼睛，专注于你的顾客，如果不进行目光的交流，

会让对方产生不安。

(2) 与对方交谈时要保持微笑、及时回应，不要呆若木鸡，要让对方体会到你微笑的魅力和力量。

(3) 用心去倾听对方的言语，对于重要信息可以简单复述，一方面可以向客户表示你认真倾听了对方的想法，另一方面还可以确保理解了对方的真实的意图。如果客户一方长时间发言，并且与理财规划内容毫无关联，理财从业人员应找准时机恰当回答并尝试转移话题。

(4) 注意语速、声调、表达方式要有适度的调整，不能从交流一开始就“大水漫灌”，而要控制表达节奏并观察客户反应。交流时如果客户皱眉侧耳则说明语速过快，客户理解获取信息有困难，需要放慢语速并用更通俗易懂的语言表达；如果客户哈欠连连、表情呆滞，则说明客户对你说的内容感到乏味，没有兴趣，需要尝试转移话题或穿插轻松幽默的语言来让客户集中注意力。

(5) 时刻关注客户的口头语、身体语言，捕捉其中所传递的信息，及时做出判断，尽可能地多看、多听、多交流。

(6) 要把顾客当朋友，以结交朋友的心态去沟通，不要一直把自己的产品挂在嘴边，要以顾客需求为中心，帮助顾客做出正确的选择。

(二) 非面谈沟通

非面谈沟通主要是面谈沟通以外的方式，常见的非面谈沟通有电话沟通、微信沟通、视频沟通、QQ 沟通、邮件沟通等方式。

1. 电话沟通

我们在日常的沟通活动中，使用最多的工具就是电话，电话使人们的联系更为方便快捷。理财从业人员与客户建立初次“接触”多是通过电话沟通。在通话过程中，可通过客户的语气、语调等情感信息了解到客户的情绪与态度，从而把控沟通交流的节奏，对后续是否能够进一步深入沟通做出判断。理财从业人员进行电话沟通时，可运用以下技巧提升沟通质量，达到沟通目的。

(1) 应提前做好准备、打好腹稿，确定电话沟通的目标，对对方可能做出的反应要有预案。

(2) 注意沟通时间，应尽量在客户的工作时间内完成，不要在对方可能的休息时间内打电话。

(3) 要讲究沟通效率，尽量言简意赅、干脆利索、直陈诉求。

(4) 要注意第一句话的重要性，电话沟通标准的开始应该自我介绍：“您好，我是××公司的××”，避免在电话接通后，客户却没有反应过来你是谁的情况发生。

(5) 电话沟通一定要有明确的时间节点，我们通过电话直言诉求时，不一定每次都能获得对方的肯定回应，经常会有这样那样的理由或突发事件。所以一定要有清晰的时间节点，如果不能马上满足诉求，那么其他什么时间合适呢？一方面要给对方一定的紧迫感，另一方面也为我们进行下一步的进度跟踪留下依据。

(6) 电话沟通要做好文档保管，可以建立一个“客户档案”，尤其是针对需要后续跟踪的客户，所记录的客户档案显得非常重要。不然过了一段时间，或者业务繁忙后，你很难清晰地记得当初电话沟通的全部内容，正所谓“好记性不如烂笔头”。

(7) 电话沟通的最后，要注意结束通话时的礼仪，讲完就马上挂电话是很没有礼貌的表现。交谈结束时，礼貌地讲一声“再见”或者“好的，非常感谢”，能更好地体现理财从业人员的涵养。

2．微信沟通

微信(WeChat)这一通信软件已经成为我们工作、生活中不可或缺的沟通工具，在相当大的程度上微信已经替代了手机短信(SMS)和电话沟通。微信沟通是基于已和客户建立起初始关系，是加深与客户沟通的重要手段。

微信与腾讯QQ、电话有很大的差别，它并不是即时通信工具，因此它不存在在线与否这一功能。用微信聊天的双方，没有时间上的紧迫感，双方均有足够多的时间用来琢磨话题、斟酌用词，这同时也意味着沟通的双方对此次沟通内容的质量有更高的要求。进行微信沟通，不要期待对方第一时间回应，否则你就应当使用即时通信工具——电话。当然，如果事先用微信约定好沟通时间，那就更稳妥了。

3．视频沟通

通过电话沟通和微信语音沟通都无法彻底满足人们的情感需求，并且大多只能进行一对一的交流沟通。基于高清视频技术的支撑，通过视频形式进行的通话和会议可以在多人之间开展，并且可以看到参与人员的表情反馈，也能进行资料的展示，让沟通双方消除了空间的距离，获得前所未有的沟通体验。对于家庭理财方案，其中的内容往往涉及多个家庭成员，大家可以通过同一个视频平台在不同的地点参与沟通，不能参与沟通的人员也可以在事后观看回放，看到沟通的真实过程，避免了经过他人转达时造成的信息误差。

参与人员较少时可通过微信视频通话来完成视频沟通，参与人员较多时可使用专门的视频会议软件平台，如腾讯会议、钉钉会议、华为会议等进行沟通，这样更便于展示沟通内容，保存交流过程。

4．其他沟通方式

其他沟通方式还有邮件沟通、QQ沟通等方式，这两种方式主要用于发送正式的资料文件及较大的图文及声像文件。

三、与客户沟通的技巧

完美的沟通就是要让另一方完全接收、理解和接纳你想要表达的意图，理财从业人员在与客户沟通时把握一定的业务沟通技巧，有助于我们与客户实现良性沟通。如图6-5所示，理财业务人员在与客户的沟通中应善于运用以下核心技巧：正确聆听、专业的解释、有效的询问、善用赞美、仔细观察、准确核实等。

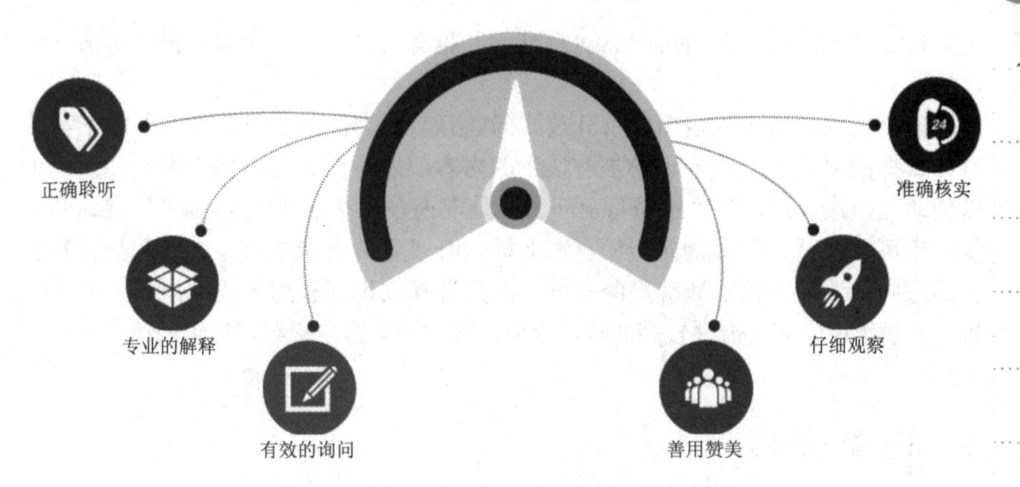

图 6-5　理财从业人员与客户沟通的核心技巧

(一) 正确聆听

理财从业人员要学会倾听客户的“声音”。通过倾听，双方的思想可以互相渗透和融合，凝聚力也就逐渐地汇集起来，客户就更有可能把自己真实的顾虑、想法、意见和期待向你敞开、倾诉，这对于与客户形成良好的关系非常有利。在运用倾听技巧的过程中，要非常注意倾听的专注性，要屏蔽一切干扰、集中精力、保持开放式的心态，并积极认真思考，以饱满的情绪投入地倾听客户的言语；“听话听声，锣鼓听音”，要审慎地分析客户言谈中所暗含的意图与观点，抓住关键点，识别出客户的感情色彩，并预判出客户要从哪些方面来向你施加压力；要关注隐蔽性话语，要特别关注客户相对晦涩的语言，以及模棱两可的语言，并做好记录，仔细质询对方并随时观察伴随的动作，或许对方是故意用难理解的言语转移你的关注与思路，要注意整体的同步性。当在倾听时，要以得体的身体语言进行回应，适时适当提问，同时适时保持沉默，使谈话能够顺利进行下去。

(二) 专业的解释

理财从业人员要具备预见性，对客户提出的专业问题要提前预判准备，回答问题要简明扼要，切中主题，通俗易懂，要专业、准确、全面。对不能准确回答的问题不要不懂装懂、强词夺理，可以坦率地告诉对方，承诺自己会把问题记录下来，在查证确认后作出回复，切忌作出模糊不清的回答或回避客户关心的问题，让客户有被搪塞的感受。

(三) 有效的询问

理财从业人员面对客户时，应通过有效的询问尽量引导客户多说话，而不是自己“竹筒倒豆子”似的说个不停。多使用开放性问题让客户反馈，客户说得越多，其言语中所表露的需求等信息也就越多，隐藏的问题暴露得也越多，判断客户的真实内在需求，可以更好地了解客户的情况和态度，更多地发掘出客户有价

值的信息，更加利于分析客户，对精准服务越有帮助，进而为客户提供更适合的产品。

理财从业人员可以运用以下开放式问题开启对客户的了解，如“您对产品的有什么样的要求？”“除了您之前谈到的内容，您是否还有其他需求？”；也可以辅助选择式询问，如“您想马上开通还是现在办理?”；要想得到更加准确的回复，还可以通过封闭式询问，如“怎么样，听了我的介绍之后，您现在是否有了新的意向？”，直接了解客户的态度。但是选择式询问和封闭式询问要把握好时机，一般可在成交可能性较高的时候提出，否则一旦客户拒绝，后续的谈话将难以展开。

(四) 善用赞美

理财从业人员在与客户的交流过程中要想打动客户的心，需要时常真诚地赞美客户。只有高契合度、诚心诚意的赞美，才能显现出它的价值与魅力。对客户的赞美对象应该是它确实拥有的，而不是生搬硬套，更不能将客户的缺点、劣势作为赞美的对象。另外，对客户的赞美要发自肺腑，有真情实感，不能溜须拍马、言不由衷，谄媚的表现一旦被识破就会惹来客户的反感。理财从业人员在与客户沟通时，要关注客户，处处留心，多从细节出发寻找赞美点，要适时、适度对客户的闪光点诚恳表达赞美之意。

(五) 仔细观察

理财从业人员在与客户沟通的时候，要学会仔细观察，不放过交往过程中的任何细节。针对每个客户不同的内在修养和气质，需采用差异化的交谈方式；通过观察才能够掌握客户最急切的需求，从对方最在意的事情入手，才能够掌握与客户沟通交流的节奏。

(六) 准确核实

理财从业人员应在与客户的沟通过程中，保持倾听，确保准确了解客户的需求与愿望、意见与感受，对客户的需求和问题进行核实，与客户实现高效沟通，从而及时找到解决问题的有效方法。

练一练：客户资产了解沟通演练

首次面见客户陈先生，向他了解其资产情况，提出关于具体的资金情况的问题，陈先生有所抵触，请通过以下角度劝说引导其配合后续工作的开展。

1. 帮助客户消除心理障碍

告知客户我们是站在为他着想、解决问题的立场上，所以需要去深入了解客户的财务信息。

2. 正确引导客户

告诉客户为什么我们要了解这些信息，可以通过专业分析向他反馈哪些是能够帮助他做好家庭财务决定的建议，或是针对他目前的家庭理财期望，我们可以给出哪些专业解答或指导。

3. 有的放矢

在具体提问的时候要有的放矢，尽可能先围绕客户关心的问题解答或提问，不要一股脑按照固定表格的内容去提问。

任务解析 3　交流沟通的基本礼仪

在人际交往过程中，遵守礼仪规范有助于建立相互尊重、友好和谐的相互关系，具备基本的交流沟通礼仪是人们建立关系的润滑剂。理财从业人员在与客户沟通中更要注重礼仪规范，体现自身的修养与素质，表达对客户的尊重，拉近与客户的距离，从而增强客户的信任。

在与客户的沟通中，常见的基本礼仪主要有仪表礼仪、举止礼仪、谈吐礼仪、名片礼仪和商务社交礼仪等，如图 6-6 所示。

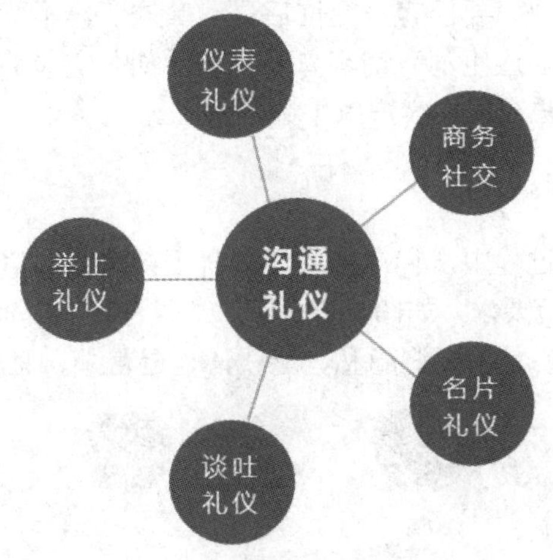

图 6-6　沟通的基本礼仪

一、仪表礼仪

仪表是一个人的外表表现，不仅包括容貌、服饰，还体现在姿态、风度等方面。一个人的仪表直接体现出其文化修养和审美趣味，得体的仪表能够让人在商务事务及社交场合留下好印象。

女性理财从业人员在与客户沟通前，应着淡妆，头发保持干净整洁，发型与妆容、服饰要得体大方，不宜喷气味浓烈的香水。男性理财从业人员一般不用化妆，面部及头发干净清爽即可。不论男性、女性都应整理着装，着装要符合个人

的性格特点，与自己的体形匹配，符合时间、地点、场合。女性以饱和度较低的纯色商务西装套裙、带领带袖的纯色连衣裙、衬衣搭配长裤或过膝长裙最适宜，忌穿过于暴露、透、短的服装；男性以黑、灰、蓝三种颜色的商务西装套装最适宜，西装内可搭配白色、浅蓝色、浅灰色的带领衬衣并佩戴领带，忌穿印花或大方格衬衫、背心等服装面见客户。

二、举止礼仪

举止是人的行为和自我的外在表现，能够直接反映出对人对事的态度，一系列微小的动作集合起来会构成客户对你的总体印象。理财从业人员在与客户沟通时要注重举止礼仪，做到温文尔雅、落落大方，知晓进退之礼节，务必改正各种粗鄙、不文明的习惯。

拜访客户要事先进行确认、按时赴约，见面时礼貌问好。初次拜访客户时态度应不卑不亢、落落大方，在沟通过程中保持行为得体、有礼有节。切忌面对客户时处理鼻子、耳朵、指甲、牙齿中的异物，不乱丢垃圾。尽量不要在与客户交谈中打哈欠、咳嗽、打喷嚏，如果实在难以忍受，要用手帕或纸巾遮挡口鼻、面朝一旁。女性理财从业人员在与客户交谈的空闲中应避免在客户面前照镜子补妆，这会让客户感到不被尊重。如果在与客户用餐后必须进行补妆，可以借用洗手间、化妆室整理发型、补妆和调整衣服。

如果上门拜访客户，要经客户允许后进入其居所，不要随意脱掉外套、松扣子、卷袖子、解腰带。应主动咨询客户手持物品如公文包的摆放位置，不要随手乱放，也不要未经客户允许在客户家中乱走乱动。

三、谈吐礼仪

在与客户沟通的过程中，客户主要通过言语谈吐获得信息，理财从业人员要注重“四有四避”规范要求，如图 6-7 所示。“四有”是指有分寸、有礼节、有教养、有学识；“四避”是指要避隐私、避浅薄、避粗鄙、避忌讳。

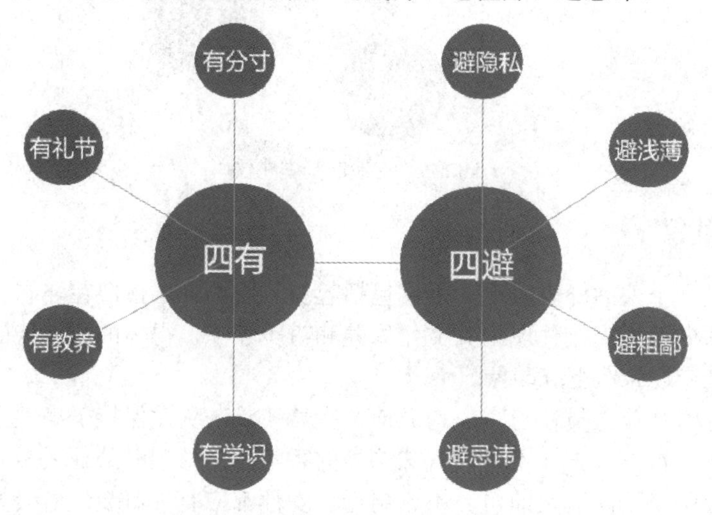

图 6-7　谈吐的“四有四避”规范

(一) 谈吐的“四有”要求

1. 有分寸

说话谈吐要讲究分寸，根据时间、人物、主题、场景的差异，对应地调整沟通的长短轻重和严松快慢，根据说话对象的特质和彼此之间关系距离的远近，把握说话的深度和玩笑的适度。

2. 有礼节

谈吐中需要有礼貌地进行问候、致谢、致歉、告别、回敬等，以此体现对客户的尊重。见面使用“您好”“幸会”等礼貌问候开启愉快的对话，分别前使用“再见”“再会”表达对下次见面的期待，交流中多使用“感谢”“谢谢”表达对客户支持理解的致谢，在迟到或无法回复客户问题、提问内容不当时使用“抱歉”“对不起”表达真诚的歉意，在客户致歉时回复“没关系”“不要紧”回敬表达对客户歉意的接受。

课外链接：商务常用词

初次见面应说“幸会”，看望别人应说“拜访”，等候别人应说“恭候”，请人勿送应用“留步”，对方来信应称“惠书”，麻烦别人应说“打扰”，请人帮忙应说“烦请”，求给方便应说“借光”，托人办事应说“拜托”，请人指教应说“请教”，他人指点应称“赐教”，请人解答应用“请问”，赞人见解应用“高见”，归还原物应说“奉还”，求人原谅应说“包涵”，欢迎顾客应叫“光顾”，老人年龄应叫“高寿”，好久不见应说“久违”，客人来到应用“光临”，中途先走应说“失陪”，与人分别应说“告辞”，赠送作品应用“雅正”。

3. 有教养

说话语速和音量的控制以及对客户的倾听都彰显出个人的教养，理财从业人员与客户的面谈多在公共场合，更要注意不要一味音量过大、语速过快，一定不要着急抢话，频繁打断客户，要耐心倾听别人讲完后用中等音量平稳说出要说的内容。

4. 有学识

理财从业人员要潜心提高自己的学识，增加自身可以和客户交流的知识范畴，找到共同话题有助于双方迅速建立信任，顺利推动理财业务开展。比如理财从业人员在与中年女性沟通时，一定会涉及育儿、教育等方面的话题，如果理财从业人员有所了解，给予一些合理建议会让客户对你刮目相看；如果接待男性客户，他可能会对足球、篮球等体育运动感兴趣，如果理财从业人员也能对近期的赛事做出反馈，则会打开客户的话匣子，从而拉近双方的距离。

(二) 谈吐的“四避”要求

1. 避隐私

隐私是每个人最不愿意公开的信息，是理财从业人员沟通交流中要非常慎重触及的部分，在非工作必要的情况下，和客户的交谈要规避隐私问题。如果因理财规划设计的需要，应礼貌告知会需要客户提供相关信息，如果客户不愿意配合不应强行再问，这会使客户感到被侵犯和不被尊重，一定要十分重视。

2. 避浅薄

理财从业人员应该避免在客户面前不懂装懂、“好为人师”或词不达意、言不及义。理财从业人员在自身工作领域相对专业，但是并不是万能博士，在交流中如客户说到不懂之处，理财从业人员应该虚怀如谷、谦虚谨慎，对自己想要提升的领域要谦虚请教，并表达受教的感谢。

3. 避粗鄙

理财从业人员与客户沟通时应避免在交流中无意间使用粗俗污秽的语言，不能说粗话脏话。这要求平时就注重使用礼貌用语，时刻不忘自身修养的提高，不使用粗鄙言语，否则自己会在无意间说出不雅的话，让客户反感。

4. 避忌讳

社会通用的避讳语言和行为是社会的一种重要的礼貌语言，是因风俗习惯、道德规范被人类视为顾忌的现象、事物和行为举止，它往往是顾念对方的情感，通常避忌讳的语言同它所要代替的语言有着约定俗成的对应关系。理财从业人员在与客户交流时要尽量避免触犯忌讳情况的出现，比如在刚亡故丈夫的女性面前频繁询问其过往生活，在穆斯林客户面前提起非清真的食品等都是犯了忌讳，会让客户有不适感。

四、名片礼仪

名片集中涵盖了个人的基本信息，包括姓名、就职公司、就职岗位、联系方式等，通过递送名片可以让客户对理财从业人员的信息有最初步的了解，还能作为客户联系理财从业人员的备忘资料。因此，初次与客户见面时，注重名片递送礼仪能够增加客户对理财从业人员的好感。

名片要单独存放于容易拿出的地方，避免见到客户时取名片的过程中手忙脚乱，让客户等待时间过长，让客户对理财从业人员的职业素养印象打折扣。递送名片时，语言要简明清晰、实事求是，客观传递个人的基本情况即可。要双手递交名片以表示对对方的尊重。名片上的文字要正向面对对方，以方便对方查看。递交名片的规范动作如图 6-8 所示。

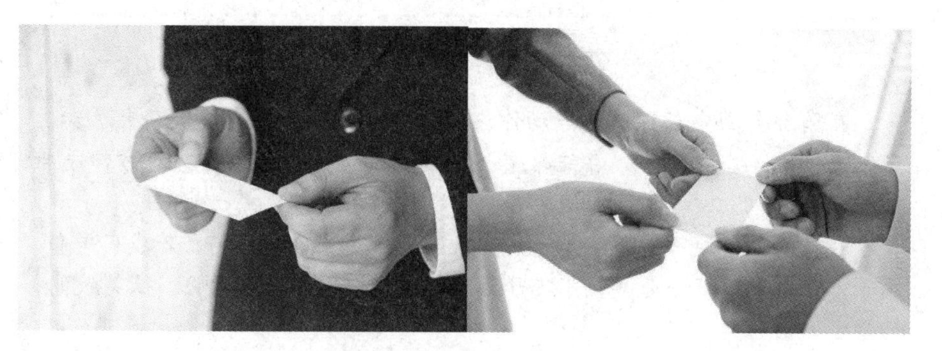

图 6-8　正确递交名片姿势

名片一般由职级低的人先向职级高的人递交，男性先向女性递交。理财从业人员在接受客户回递的名片时，应第一时间起身或欠身，双手接受，并表示感谢。

五、商务社交礼仪

在商务社交中，应选择正确恰当的称呼，礼貌得体地表达问候，这既能反映自身的教养，又体现对他人的重视。

课外链接：称呼礼仪规范

在商务会面中，依照惯例应当称呼对方的行政职务、技术职称或使用泛尊称。商务社交中称呼对方的行政职务最为常见。一般还可在职务前加上对方姓氏，如“胡局长”“张处长”等。

对医生、教授、法官、律师以及博士等有职称和学位的人士，均可单独称呼其职称。同时也可加上对方姓氏表示对其职称的认可和尊敬，如“李教授”“张博士”等。

当初次见面不了解对方职务和职称时，可以直接称呼“先生”“小姐”或者“夫人”等泛尊称。在知道对方的姓氏后，可以在前面加上对方的姓氏后称呼，如“张先生”“李小姐”等。“夫人”需谨慎使用，在称呼她人“夫人”时需要确认对方已经结婚。

理财从业人员在向客户介绍自己时，可先说“请允许我自我介绍”，表达后续自我介绍的意图；在多人场合内向客户介绍在场的其他人时，可先对客户说：“请允许我为您介绍”或者“请让我介绍一下”，告知你要向客户介绍他人的意图。在介绍他人时，配合手掌朝上，五指并拢的手势向被介绍者方向伸出，切忌用手指左右比划。

当理财从业人员作为被介绍给客户认识的对象时，应对客户面带微笑、点头示意，如果当时你正在坐着，应及时起立，如客户主动伸手握手，则应及时响应以表达对双方结识的荣幸之感。

课外链接：握手礼仪

在商务会面中，握手这一动作应由主人、年长者、身份较高者、女士先做出伸手姿态。客人、年纪轻者、身份低者见面先问候，待对方伸手后再握。

在多人同时握手时，注意切勿交叉互握。男士在握手前，若戴有手套、帽子，应当先脱下手套并摘下帽子。在握手时，双眼注视对方，微笑致意，切忌左顾右盼。

【能力拓展】

假定你是中国平安保险公司的一名业务员，主要工作是接听电话并做好电话服务。针对以下电话接听情景，简述你接电话时如何表达。

情景1：对方要找本部门王岩经理，而王经理这会儿不在，对方提出让王经理回来后给她回电话，并告诉该业务员她的电话号码。

情景2：对方询问公司车险的办理办法，业务人员给予解释。期间，对方咨询的一些业务需要查资料，业务人员需要提请客户等候片刻。

任务2　关注客户的财务信息

【任务描述】

- 熟悉客户家庭财务信息的内容。
- 编制家庭资产负债表、家庭收支表，实现客户财务信息的整理。
- 运用财务分析指标分析家庭财务状况并作出调整建议。

任务解析1　收集客户财务信息

客户理财信息包括客户财务信息和非财务信息。客户财务信息主要是指客户家庭的各类资金收支与资产负债情况，有时还包括其财务安排(比如储蓄、保险、投资等)。财务信息会直接影响客户理财方案的判定和理财工具的选择。客户家庭

财务信息的主要内容包括以下几个方面。

一、家庭总收入

家庭总收入指生活在一起的所有家庭成员在一定时期内得到的工资性收入、经营净收入、财产性收入、转移性收入的总和，不包括出售财物和借贷收入。家庭收入按发生频率区分为经常性收入和非经常性收入，其中工资性收入、经营净收入都属于家庭的经常性收入，财产性收入、转移性收入属于非经常性收入。常见家庭收入来源构成主要有工资、年终奖金、投资收入等。如胡先生家庭年收入构成明细如图 6-9 所示，本人及配偶工资占 66%，年终奖金占 19%，其他收入占 15%，整个家庭年收入工资薪金收入占比为 85%，胡先生家庭收入构成比例反映了我国大多数家庭收入的现状，工薪收入是主要收入来源。

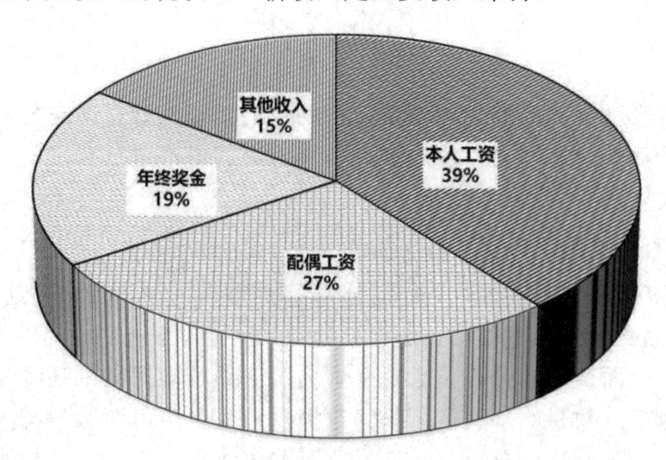

图 6-9　家庭收入构成明细

同时，理财从业人员应对家庭的收入形态充分了解，清楚掌握客户的收入性质是自雇收入亦或是雇员收入。因为不同性质的收入常常涉及不同的税率，需要理财从业人员额外考虑合理的税收缴纳安排，有些收入还可以通过投资或其他计划来减少税收支出。

二、人均家庭支出

家庭支出是指一般生活开支的人均细分，包括住房、家庭成员衣食、日常水电通信等公用事业及其他杂项开支。然后将所有开支的总数除以家庭人口总数，得出每个成员的开支情况。家庭支出按发生频率将其区分为经常性和非经常性支出。生活中按期支付的费用，如房租、住房贷款的按期归还、公共事业费、汽车贷款月供、投资支出都是经常性支出。日常生活中不定期的费用支出如外出旅游的费用、购置家电、购买服装及礼品等不固定的现金流出是非经常性支出。

为了便于进行家庭的财务管理，按照支出的用途，家庭支出可划分为日常消费支出、理财投资支出、其他支出三大类。理财规划中建议较为合理的支出比例如图 6-10 所示。

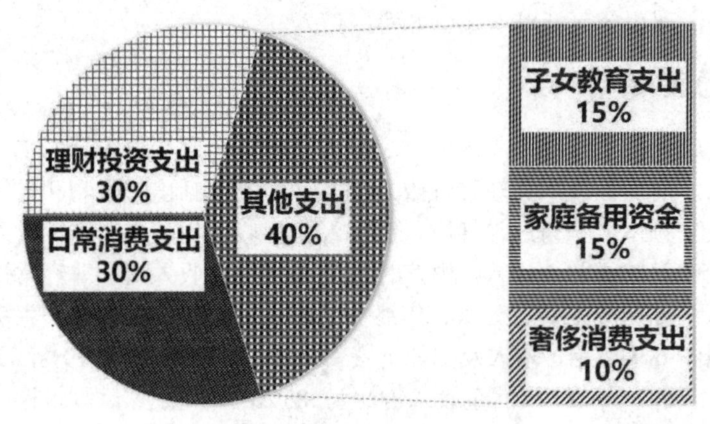

图 6-10　合理的家庭支出比例

三、家庭资产

对家庭资产进行清晰的分类，可以帮助我们了解家庭资产的分布情况，更加有利于理财从业人员运用客户家庭现有资源，对其资产进行合理的分配调整，从而使效益最大化。

1. 按是否持续生息分类

按家庭资产是否持续生息，可将其分为金融资产、个人使用资产以及奢侈资产。

(1) 金融资产也叫生息资产，是指家庭资产中能带来利息收益的资产。对金融资产情况进行全面透彻地分析是理财从业人员必须要做好的准备工作。另外，通过对现存金融资产数量、种类的了解，理财从业人员也可对客户的理财观念意识以及理财偏好作出初步的分析，这有助于其作出有针对性的且客户满意度高的理财规划。

家庭常见的金融资产主要有金融机构理财产品、各类股票基金等，个人使用资产主要有自用住宅、汽车等，个人奢侈资产主要指贵金属、贵重首饰等，如表 6-2 所示。

表 6-2　家庭资产情况列表

金融资产	个人使用资产	奢侈资产
金融机构理财产品	自用住宅	贵金属
退休储蓄计划	汽车	贵重首饰
养老金的现值价值	家具	珠宝
股票、基金	衣物、化妆品	艺术品
直接的商业投资	家居用品	度假别墅
用于投资的不动产	厨具、餐具	其他奢侈品
	家庭维护设备	
	健身器材	
	电视、音响等	

(2) 个人使用资产也叫自用资产，是指日常生活中要使用的资产，如住房、交通工具、家具、家电、健身器材、衣服等。

(3) 奢侈资产是指个人使用但不是家庭必需的，如珠宝首饰、字画收藏等。奢侈资产与个人使用资产的主要区别在于，奢侈资产购买价格较高，公允价值较难衡量，市场风险较大，个人资产主要是家庭生活必需的资产。

2．按流动性强弱分类

从家庭资产的流动性强弱区分，可将其分为流动资产、固定资产。

(1) 家庭中的流动资产是指可以适时应付紧急支付或投资机会的资产，强调资产的变现能力，主要是现金以及现金等价物。这是一个家庭之中流动性最强的资产，主要包括现金、银行活期及定期存款、货币市场基金等，是家庭储备应急资金的主要来源，一般需要能够维持 3 至 6 个月的家庭开销。

(2) 固定资产是指住房、汽车、物品、艺术品、收藏品等实物类资产。通常情况下，这些资产价值较高，占据客户财产的比例较大。固定资产还可以分为消费类固定资产和投资类固定资产。家庭日常生活所必需的生活用品，它们的主要目标就是供全部家庭成员使用，一般不产生收益(且只能折旧贬损)，如自用住房、家用汽车、服装、个人电脑等都属于消费类固定资产。黄金珠宝、商铺投资等可产生收益的实物均属于投资类固定资产。

四、家庭负债

家庭负债是指家庭的借贷资金，其中包括所有家庭成员欠非家庭成员的所有债务、银行贷款、应付账单等。

1．按期限分类

从家庭负债的期限的角度区分，可将其分为短期负债和长期负债。

家庭短期负债也叫流动负债，主要是指期限小于等于一年的负债，期限大于一年以上的负债是长期负债。对家庭而言，最常见的长期负债就是房屋按揭贷款。

2．按使用用途分类

从家庭负债所获得的资金渠道和使用用途角度区分，可将其分为银行贷款、应缴税费、应付账款和企业贷款。

(1) 银行贷款。对于家庭而言，涉及的主要银行贷款有住房贷款、汽车贷款、教育贷款、个人创业贷款、消费贷款等各种银行贷款。

(2) 应缴税费。从税费缴纳的方式来看，在应缴未缴之前，对于家庭形成税务负债，主要包括个人所得税、遗产税、营业税等。

(3) 应付账款。家庭运转过程中所产生的应付账单，如房租，水、电、燃气费，通信费，家电家具采购支出的分期付款账单等。

(4) 企业贷款。对于有创业或者企业经营的家庭而言，还可能涉及与之相关的企业贷款需求，主要包括企业经营贷款、债务担保人等。

五、家庭各类保障的配置情况

理财从业人员还需要了解客户家庭目前各类保障配置的情况，分析其险种、保额是否足够抵御风险，被保险人的获偿顺序、购买的保险种类先后顺序是否合

理，有无重大缺漏和购买误区。比如家庭保障类保险尚不完善的家庭，未给家庭主要收入来源支撑人购买重大疾病和意外保险，却将资金投入到生息分红型保险中，一旦家庭主要劳动力出现收入突然锐减如失业、疾病或身亡时，整个家庭的运转会陷入困境。

六、遗产安排

随着我国遗产税开征的脚步声的临近，财产的存在形式越来越复杂，财产委托管理的观念也日渐形成，遗产规划也逐渐引起了人们的重视。因此，理财从业人员也要了解客户是否有遗产安排规划的意愿，客户家庭是否有做遗产安排的必要性等信息，以便分析客户应如何以适当的方式将财产交给后代或由后代享受其利益，对于财富积累多的客户而言，这项内容与投资、保险等规划同样重要。

任务解析 2　整理客户家庭财务信息

家庭理财规划过程中要将收集的信息不断整理汇总成可读性、可用性更强的有效信息，其中重要的一项工作就是对客户家庭财务信息的整理。将客户家庭财务信息进行整理便于理财从业人员进一步对客户财务状况做出分析并得出准确结论，从而为方案设计和产品配置提供参考依据。

客户家庭财务信息整理的主要任务是编制家庭财务报表，主要包括家庭资产负债表、家庭收支表、家庭收支预算表，本任务主要针对前两张家庭财务报表做示例讲解。

一、家庭资产负债表

家庭资产负债表反映了一个家庭在某一个时间点上(一般是年终时)的财务状况。家庭资产负债表的格式、内容并不唯一，但一张完整的家庭资产负债表应该包含资产、负债和净资产三个部分，其中资产包含流动资产、金融资产等内容，负债包含短期负债、长期负债等，如表 6-3 所示。

表 6-3　家庭资产负债表

资产	金额/万元	负债	金额/万元
一、流动资产		一、短期负债	
现金		信用卡透支	
活期存款		消费贷款	
定期存款		其他借款	
货币基金			
其他			
合计		合计	

续表

资产	金额/万元	负债	金额/万元
二、金融资产		二、长期负债	
债券		汽车贷款	
基金		房屋贷款	
股票		其他借款	
黄金		其他	
外汇			
期货			
理财产品			
其他			
合计		合计	
三、不动产		总负债	
自用		净资产	
投资			
合计		合计	
四、其他资产			
汽车			
收藏品			
首饰			
其他			
合计			
总资产		总负债及净资产合计	

(一) 家庭资产负债表的编制基础

编制家庭资产负债表就是要确定总资产、总负债和净资产这三项，并且把相应的项目归类到其中的工作。资产负债表具有以下等式：

总资产－总负债＝净资产

根据此等式得出的总资产、总负债、净资产数据可以帮助了解客户目前的基本财务状况。例如，客户李先生的总资产是 4 000 000 元，总负债是 1 870 000 元，那么净资产就是 2 130 000 元。

(二) 家庭资产负债表的编制步骤

由资产负债表等式可知，家庭资产负债表主要包括三项内容，即总资产、总负债和净资产。与之对应的编制可由此分解为以下三个步骤。

1. 列出资产大项并计算总资产

将客户资产分类梳理后归属在流动资产、金融资产、不动产、其他资产等细分科目项下。

(1) 流动资产包括现金、活期存款、定期存款、货币基金和其他。各项目内容根据家庭实际情况进行填写。

(2) 金融资产包括债券、基金、股票、黄金、外汇、期货、理财产品以及其他金融资产。各项目内容根据家庭实际情况进行填写。

(3) 不动产包括自用不动产和投资不动产，不动产包括房屋、土地使用权。各项目内容根据家庭实际情况进行填写。

(4) 其他资产包括汽车、收藏品、首饰及其他，其中其他主要是没列举的不能归属于上述项目的资产。各项目内容根据家庭实际情况进行填写。

2. 列出负债大项并计算总负债

以一年期为界，负债分为短期负债和长期负债。短期负债包括信用卡透支、消费贷款以及其他需要一年内偿还的借款；长期负债包括汽车贷款、房屋贷款以及一年以上需要偿还的借款。各项目内容根据家庭实际情况进行填写。

3. 根据总资产及总负债计算净资产

净资产是总资产减去总负债后所剩余的部分。家庭净资产的规模是家庭理财的出发点，是实现购房、教育、养老、旅游等计划的基础。因此，每个家庭需要在了解自己的净资产规模以后再去制订投资计划并实施。

35 岁的郭先生与郭太太为双薪家庭，有一个 8 岁的孩子，夫妻现有一套自住房，成本价为 180 万元，市价约为 300 万元，房贷余额 120 万元；现有一辆家用汽车，成本价为 20 万元，车龄两年，计提折旧率 40%；两人月工资收入合计 1.9 万元(税后)，每月生活花费 6000 元，子女教育花费 4000 元；假设每月 6000 元月供，其中本金 4000 元，利息 2000 元；银行活期存款 20 万元，全年利息收入 600 元；持有股票市值 25 万元，年初成本 20 万元，基金市值 10 万元，成本 8 万元；信用卡未支付账单 9000 元；每月从活存账户中提拨 2000 元用作基金定投。请为郭先生编制资产负债表。

1. 梳理案例中的财务数据信息并整理思路。

✓ **思路整理如下：**

列出资产负债表中的资产大项并计算总资产。

① 住房：不动产 – 自用 (300 万元)；

② 小轿车：其他资产 – 汽车[$20 \times (1 - 0.4) = 12$ 万元]；

③ 活期存款：流动资产 – 活期存款 (20 万元)；

④ 持有股票：金融资产 – 股票 (25 万元)；

⑤ 持有基金：金融资产 – 基金 (10 万元)。

→ 总资产：367 万元。

列出资产负债表中的负债大项并计算总负债。

① 房屋贷款：长期负债 – 房屋贷款（120 万元）；

② 信用卡透支：短期负债 – 信用卡透支（0.9 万元）。

→ 总负债：120.9 万元。

根据前两步结果填列资产负债表，并完成净资产的计算。

→ 净资产 = 总资产 – 总负债 = 367 万元 – 120.9 万元 = 246.1 万元

2．填制郭先生家庭的资产负债表，如表 6-4 所示。

表 6-4　家庭资产负债表

资产	金额/万元	负债	金额/万元
一、流动资产		一、短期负债	
现金		信用卡透支	0.9
活期存款	20	消费贷款	
定期存款		其他借款	
合计	20	合计	0.9
二、金融资产		二、长期负债	
债券		汽车贷款	
基金	10	房屋贷款	120
股票	25	其他借款	
合计	35	合计	120
三、不动产		总负债	120.9
自用	300	净资产	246.1
投资			
合计		净资产合计	246.1
四、其他资产			
汽车	12		
合计	12		
总资产	367	总负债及净资产合计	367

二、家庭收支表

家庭收支表是指一个家庭在某段时间内现金收入和支出的财务报表，又称现金收支表，通常是反映一个月之内或是一年之内家庭的现金流流入与流出情况。家庭收支表能反映出个人或家庭生成现金的能力和时间分布，为家庭进行消费和投资决策提供支持。

家庭收支表格式、内容并不唯一，主要包括收入、支出、收入盈余三个方面，其中收入可分为工资收入、财产经营收入等，支出可分为日常开支、投资性支出等，如表 6-5 所示。

表 6-5 家庭收支表

收入	金额	支出	金额
一、工资收入		一、日常开支	
薪金收入		衣	
补助收入		食	
		住	
		行	
		娱乐	
		医药	
		通信	
		其他	
二、财产经营收入		二、投资性支出	
股息红利		股票	
利息		债券	
租金		基金	
其他		房产	
		其他	
三、劳务收入		三、保障性支出	
稿费收入		备用金	
其他劳务		保险费	
		其他	
四、个体经营收入		四、教育支出	
五、其他收入		五、其他支出	
收入合计		支出合计	
收入盈余 = 收入合计 – 支出合计			

(一) 家庭收支表的编制基础

编制家庭收支表就是要确定总收入、总支出和收入盈余这三项。家庭收支表也有计算等式：

$$收入盈余 = 收入合计 - 支出合计$$

根据此等式得出的总收入、总支出和收入盈余可以帮助了解客户目前的资金收支结余状况，也可称为家庭经营财务成果。例如，客户王先生的总收入是200 000元，总支出是180 000元，那么收入盈余就是20 000元。

(二) 家庭收支表的编制步骤

家庭收支表的编制可分为三个步骤：

(1) 确定收入项目并计算总收入，包括工资、奖金、利息收入、股票分红等。

(2) 确定支出项目并计算总支出，包括固定支出和可变支出。固定支出如房租、

公共事业费、汽车贷款月供、每月基金投资支出等，可变支出如购买衣服、购买礼品、购置家电的支出等，支出因人而异，可包含不同内容。

(3) 根据总收入和总支出计算收入盈余。

若收入盈余 > 0，表示家庭日常有一定的积累；

若收入盈余 = 0，表示家庭日常收入与支出平衡，日常无积累；

若收入盈余 < 0，表示家庭日常入不敷出，要动用原有的积蓄或借债。

张某夫妻 2020 年的二人税后工资 21 万元，利息收入 0.3 万元，股票收入 8 万元，股票基金收益 4 万元，债券基金亏损 2 万元，房租收入 4 万元；家庭生活支出 8 万元(衣：1 万元，食物：3.8 万元，住：0.9 万元，行：1.2 万元，通信：0.5 万元，娱乐：0.3 万元，其他：0.3 万元)；赡养父母支出 1.2 万元，保障型保费支出 1.5 万元，储蓄型保费支出 1 万元，房贷本金支出 5 万元，利息支出 2 万元，定期定额投资基金 2.4 万元，孩子教育支出 1.5 万元。请编制 2020 年张某家庭收支表。

1．梳理案例中的财务数据信息并整理思路。

✓　**思路整理如下：**

确定家庭收入支出表中收入明细，并计算总收入。

① 工资收入：薪金收入(21 万元)

② 利息收入：利息(0.3 万元)

③ 房租收入：租金(4 万元)

④ 股票、股票基金盈利、债券基金亏损：股息红利(8 + 4 − 2 = 10 万元)

总收入 = 35.3 万元

确定家庭收入支出表中的支出明细，并计算总支出。

① 家庭生活支出：日常开支(1 + 3.8 + 0.9 + 1.2 + 0.5 + 0.3 + 0.3 = 8 万元)

② 赡养父母：其他支出(1.2 万元)

③ 保障型保费支出：保险费(1.5 万元)

④ 储蓄保费支出：投资性支出 − 其他(1 万元)

⑤ 房产贷本金支出：投资性支出 − 房产(5 + 2 = 7 万元)

⑥ 定投基金：投资性支出 − 基金(2.4 万元)

⑦ 教育支出：1.5 万元

总支出 = 22.6 万元

根据总收入和总支出计算收入盈余。

收入盈余 = 总收入 − 总支出 = 12.7 万元

2．填制张某的家庭收支表，如表 6-6 所示。

表 6-6　家庭收支表

收入	金额/万元	支出	金额/万元
一、工资收入		一、日常开支	
薪金收入	21	衣	1
补助收入		食	3.8
		住	0.9
		行	1.2
		娱乐	0.3
		医药	
		通信	0.5
		其他	0.3
二、财产经营收入		二、投资性支出	
股息红利	10	股票	
利息	0.3	债券	
租金	4	基金	2.4
其他		房产	7
		其他	1
三、劳务收入		三、保障性支出	
稿费收入		备用金	
其他劳务		保险费	1.5
四、个体经营收入		四、教育支出	1.5
五、其他收入		五、其他支出	1.2
收入合计	35.3	支出合计	22.6
收入盈余 = 35.3 – 22.6 = 12.7 万元			

任务解析 3　综合分析客户财务状况

理财从业人员可以从客户家庭资产负债表和家庭收支表中取数计算一些财务比率，这些比率能够从不同的方面反映客户的财务状况及相关信息。理财从业人员可以通过这些比率描绘的家庭财务状况对客户及其家庭背后的消费投资行为方式和理财心理特征进行分析，这对于客户家庭理财方案设计的合理性具有十分重要的意义。

通常我们可以从家庭偿债能力、家庭应急能力、家庭储蓄能力、家庭财富增值能力以及家庭财务自由度等方面运用指标进行分析。

一、家庭偿债能力指标

家庭偿债能力指标主要包括家庭资产负债率、流动比率、融资比率、财务负担率，如表6-7所示。

表6-7　家庭偿债能力分析指标列表

指标	内容
资产负债率	计算公式：资产负债率 = 总负债/总资产
	资产负债率是总负债与总资产之比，用来衡量家庭的综合还债能力。资产负债率越低，则所有者权益所占的比例越大，说明家庭的经济实力越强，债权的保障程度越高；反之，该指标越高，说明所有者权益所占的比例越小，家庭的经济实力越弱，偿债风险高，债权的保障程度低，债权人的安全性差
	资产负债率的合理区间应在20%～60%。资产负债率小于20%，说明没有充分利用自己的信用额度，如通过低息的住房贷款来进一步优化财务结构；资产负债率高于60%，意味着财务状况不容乐观，可能会出现资不抵债的局面。如果是长期偿还的房贷还可以接受，若是短期贷款应立即进行减债计划，以免周转不灵，陷入破产困境
流动比率	计算公式：流动比率 = 流动资产 / 流动负债
	流动比率是指1元的流动负债有多少流动资产保障，一般情况下，该比率越大负债越安全。多数消费负债是流动负债，流动负债 = 消费性负债 + 短期投资性负债(股票融资等)
	合理区间：大于等于200%，表示家庭的流动负债偿还比例比较有保障
融资比率	计算公式：融资比率 = 投资性负债 / 投资性资产
	融资比率是考核家庭为利用财务杠杆做投资的指标，投资的风险越大，融资比率应越低
	合理区间：小于等于50%，否则家庭将面临较大的投资风险
财务负担率	计算公式：财务负担率 = 本息支出 / 可支配收入
	这一比率亦称为债务偿还收入比率，是到期需支付的债务本息与同期收入的比值。它是反映客户在一定时间内(如一年)财务状况良好程度的指标
	合理区间：小于等于40%。该比率若高于40%，很难从银行增贷，也会影响生活水平；过低说明没有使用资金杠杆，没有收益

二、家庭应急能力指标

为了应对失业或紧急事故的出现，家庭需要保有一定的流动资产。通常使用紧急预备金月数来反映家庭应急能力的强弱，运用该指标可以知道一个家庭所持有的流动资产可以应付几个月的基本生活支出。

紧急预备金月数的计算公式为

$$\text{紧急预备金月数}=\frac{\text{流动资产}}{\text{月总支出}}$$

一般情况下，家庭的应急流动资产应该能够覆盖家庭3～6个月的支出，即该指标在3～6之间较为合理。该指标若低于3，说明家庭流动资产过少，容易导致在家庭出现紧急状况时没有钱用；该指标若大于6，则会因为流动资产过多，丧失获得投资收益的机会。

该指标的高低合理度还需参考客户家庭的保险配置度，如投保了医疗险或者财产险，或者拥有备用贷款信用额度，则可将该指标稍微降低。若有离职打算或面临行业竞争加大具有失业风险，未来或将面临较长的待业期，则需提高紧急预备金的水平。

三、家庭储蓄能力指标

家庭储蓄能力指标是反映家庭支出结余后的资金余量情况的比率。它主要包括工作储蓄率、储蓄率以及自由储蓄率。

(一) 工作储蓄率

工作储蓄率是家庭税后工作收入经过消费支出后的结余数与税后工作收入的比值，体现一个家庭的税后工作收入经消费支出后的结余占其税后工作收入的高低。税后工作收入包括社保缴费的收入。

工作储蓄率计算公式为

$$\text{工作储蓄率} = \frac{\text{税后工作收入} - \text{消费支出}}{\text{税后工作收入}} \times 100\%$$

该指标的合理区间应在 20%以上。在消费支出固定的情况下，税后工作收入越高，该比值越大。当税后工作收入不变时，消费支出越大，该比值越小。

(二) 储蓄率

储蓄率是家庭总收入经过总支出后结余的数额与家庭税后总收入的比值，体现一个家庭所有的收入和所有的支出结余出的数额占税后总收入的高低。税后总收入包括工作收入以及理财收入。

储蓄率计算公式为

$$\text{储蓄率} = \frac{\text{总收入} - \text{总支出}}{\text{税后总收入}} \times 100\%$$

该指标一般保持在25%以上，可通过开源节流即多挣少花提高该指标。

(三) 自由储蓄率

自由储蓄额是客户可以自由决定如何运用的储蓄额，是储蓄总额扣除已经安排的本金还款及投资后的固定用途储蓄额。自由储蓄额占总收入的比率，称为自由储蓄率。

自由储蓄率计算公式为

$$\text{自由储蓄率} = \frac{\text{储蓄总额} - \text{固定用途储蓄额}}{\text{税后总收入}} \times 100\%$$

自由储蓄率合理区间是大于等于 10%。自由储蓄率越高说明生活越宽裕，越利于实现短期理财目标和债务提前还款。

四、其他家庭财务分析指标

除上述家庭财务分析指标外，在客户家庭财务分析时还会用到其他分析指标，如表 6-8 所示。

表 6-8　其他常用家庭财务分析指标列表

指标	计算公式及合理区间	说　明
保费负担率	保费/税后工作收入	只有社保不足以应付寿险与产险的需求，一般以工作收入的 10%为合理商业保险保费预算的标准
	5%～15%	
保险覆盖率	应有保额/税后工作收入	该指标表示保额应是收入的 10 倍以上，在风险发生时才足以给家庭带来很好的保障
	10 以上	
收支平衡点收入	固定负担/工作收入近结余比率	收支平衡点收入越高，家庭的收入要求越高
	每个家庭不一样	
安全边际率	(当前收入–收支平衡点收入)/当前收入	用来衡量收入减少或者固定费用增加时可以有多少的缓冲空间
	30%以上	
生息资产比率	生息资产/总资产	衡量家庭有多少资产可以用于满足流动性，有成长性与保值性需求的年轻人应尽早利用生息资产来累积第一桶金
	50%以上	
平均投资报酬率	理财收入/生息资产	因资产配置比率与市场表现的差异，每年的投资报酬率会有较大的波动。可选择合适的指标来比较当年度的投资绩效
	通货膨胀率+2%以上	
资产增长率	资产增加额/期初资产	衡量家庭资产增值速度，提高储蓄率、提高生息资产比率与提高投资报酬率为资产增长的着力点
	10%以上	
净值增长率	净值增加额/期初净值	当投资报酬率高于负债利率时，利用财务杠杆才可以加速净值增长，储蓄的持续增长也是提高净值增长率的关键因素
	10%以上	
财务自由度	年理财收入/年总支出	合理的比率与年龄有关 30 岁以下：5%～15%； 30～40 岁：15%～30%； 40～50 岁：30%～50%； 50～60 岁：50%～100%
	达到 100%，才能退休	

吴军，28 岁，广告设计师，月薪 6000 元。妻子张丽，27 岁，小学教师，月薪 3000 元。二人除有社保外，无任何商业保险。双方父母都有住房，经济条件较好，没有赡养负担，夫妇商量好 3 年后要孩子。请根据表 6-9 所示吴军家庭的资产负债表及表 6-10 所示吴军家庭月收支表分析该家庭的财务状况，是否能够实现以下理财目标：

(1) 在孩子出生前，为其预先准备好一定数额的抚养教育经费；

(2) 尽可能提前偿还房贷，把月还房贷金额降低到 600 元；

(3) 补充一定的商业保险，防范家庭风险。

表 6-9　吴军家庭资产负债表

资产	金额/元	负债	金额/元
一、流动资产		一、短期负债	
现金	5000	信用卡透支	
活期存款	15 000	消费贷款	
合计	20 000	合计	
二、金融资产		二、长期负债	
债券		汽车贷款	
基金		房屋贷款	260 000
股票		其他借款	
合计		合计	260 000
三、不动产		总负债	260 000
自用	590 000	净资产	435 000
投资			
合计	590 000	净资产合计	435 000
四、其他资产			
汽车	60 000		
其他	25 000		
合计	85 000		
总资产	695 000	负债及净资产合计	695 000

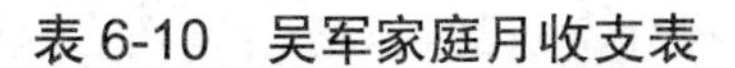

表 6-10　吴军家庭月收支表

一、收入	金额/元
工资收入(包括奖金、津贴、加班费、退休金)	9000
收入总额	9000
二、支出	
日常生活消费(食品、服饰费)	2500
交通费	840
医疗保健费(医药、保健品、美容、化妆品)	1200
旅游娱乐费(旅游、书报费、视听、会员费)	500
家庭基础消费(水、电、气、物业、电话、上网)	1714
教育费(保姆费、学杂费、教材费、培训费)	100
保险费	132
税费(房产税、契税、个税等)	530
还贷费(房贷、车贷、投资贷款、助学贷款等)	1200
支出总额	8716
三、收入盈余	284

根据表 6-9、表 6-10 所示，可对其家庭的财务指标做出计算，参照指标的合理区间值对吴军家庭的财务状况做出分析，详见表 6-11。

表 6-11　财务指标分析

指标	数值	合理区间	分析结果
资产负债率	0.374	20%～60%	合理
储蓄率	0.034	25%以上	不合理：较低
财务负担率	0.133	小于等于 40%	不合理：较低
净值增长率	0.032	10%以上	不合理：较低
财务自由度	0.30	30 岁以下财务自由度为 5%～15%	不达标：较低

根据表 6-11 中吴军家庭的财务指标表现情况可知其家庭的财务情况良好，但是储蓄率、财务负担率、净值增长率以及财务自由度都略显不足，反映出这个家庭还是存在财务问题的，资产结构需进一步做出调整。

储蓄率过低，说明这个家庭是典型的“月光族”，如果想实现理财目标必须设法提高该比率，攒出第一桶金；财务负担率偏低，说明其家庭融资成本占比很低，显示出他的家庭没有充分运用财务杠杆获取收益，未将资金价值充分发挥，这就导致家庭资产净值增长缓慢，家庭资产净值增长率显示偏低。基于上述指标的表现，吴军的家庭距离财务自由仍存在较大差距。

要按照实现既定的理财目标来对吴军家庭的财务状况做出改善和调整，首先需要解决家庭金融资产过少的问题，提高流动资产、投资资产、年金保险资产等投资，制订合理的资产优化配置方案，加大金融产品的投资收益来源，以期提高

投资收益率。另外，为了提升家庭财务安全度，还需加强针对意外事件发生的保障措施，奠定稳步实现理财预期目标的基础。

【能力拓展】

了解你家的资产负债情况和每年的收支情况，尝试着编制家庭资产负债表和家庭收支表。

选择3～5个财务指标，计算一下你家的指标数值并判断是否合理，看看有哪些指标不合理，应该怎么调整。

任务3 关注客户的非财务信息

【任务描述】

- 熟悉客户本人和家庭成员基本信息。
- 把握家庭周期不同阶段的特征及理财方向。
- 识别客户风险承受能力并选择相应的理财产品。
- 观察客户的理财价值观及心理活动。

开展理财规划工作，除了做好上述的客户家庭理财财务信息的收集、整理、分析外，还要重视客户家庭的非财务信息。理财规划方案的适用性和后续实施直接受到这些非财务信息的影响。

与家庭理财规划相关的客户非财务信息主要包括客户本人和家庭成员基本信息、客户家庭所处的家庭周期阶段、客户的风险承受能力情况以及客户的理财价值观、对待开展理财活动的不同心理等内容。

任务解析 1　掌握家庭成员基本信息

掌握客户家庭的非财务信息，一方面需要对提出理财需求的客户本人基本信息进行更深入地了解，这些信息包括客户本人的年龄、性别、婚姻情况、子女情况、职业发展状况等。另一方面要知晓其他家庭成员的年龄、对待理财的态度以及家庭成员人数等情况。

一、客户本人基本信息

如图 6-11 所示，展示了理财从业人员要了解的客户本人最基本的非财务信息内容。

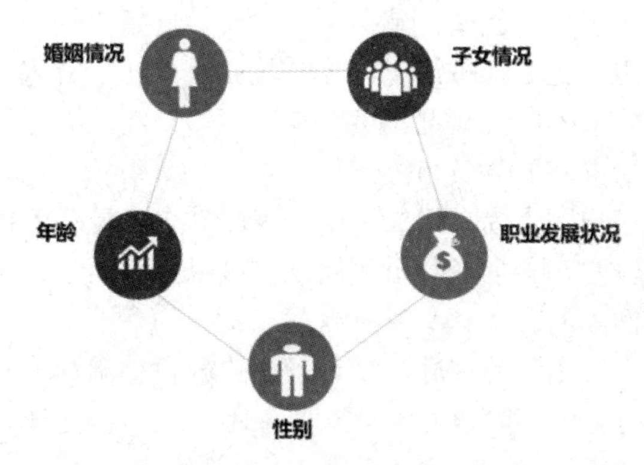

图 6-11　客户基本信息

(一) 年龄

理财从业人员可以从客户的年龄上大体判断其社会经验积累情况，发生死亡风险的高低，还可以辅助判断客户未来收入的变化，大致了解其风险承受能力，这些都对客户的理财目标设定具有较大影响。

一般情况下，一个人的年龄与其拥有的社会经验成正比，年龄过大或者过小都会增大贷款的风险。年龄偏小的客户阅历浅、社会经验不足、理财能力相对会受到制约，存在较大的不确定性。一个人在不同的年龄阶段所需要承担的责任不同，需求、抱负不同，其承受能力也有所差异。根据前述的家庭生命周期，我们可以根据客户的年龄大致判断他所面临的主要财务收支和理财规划诉求。一个 25 岁的客户和一个 55 岁的客户，两者的理财目标会存在很大的差异。前者或许更重视如何通过投资实现购房计划或是教育计划，而后者则会更多地关注于如何通过养老金理财来保证退休后的生活质量。

(二) 性别

客户的性别资料能够在理财从业人员判断客户适用的人寿保险种类、社会保

障和收入情况时提供相当大的帮助。因为不同性别的客户，其生存年限、重大疾病发病率、退休年龄都不同，且男性和女性在社会中的收入结构情况各有特点，理财从业人员要根据客户本人的性别判断客户的风险和收入水平，使理财方案更合理。

一般情况下，保险公司会参考银保监会提供的经验生命表来预计未来需要向客户赔付的资金数额。银保监会发布的第三套寿险生命表中显示，我国男性平均寿命短于女性，所以男性投保人寿保险的保费要高于女性。同样根据数据显示，男性的死亡率和疾病发生率要高于女性，因此男性的重疾险保费会高于女性。但是人身的意外伤害并不会专门针对男性或女性，其发生几率是同等的，所以意外伤害保险基本不需要考虑性别问题。

(三) 婚姻情况

婚姻情况主要有未婚、已婚、单身不婚主义、已婚“丁克”家庭、离异单亲抚养子女、再婚重组家庭这几种情况，理财从业人员在了解客户家庭生命周期的同时就要掌握客户的基本婚姻状况，可以帮助我们后续准确分析、判断客户的收入水平、收入变动情况和财务负担等。

未婚及单身的客户因为尚未组成家庭，因此其自身责任感很难判断，而且此类客户流动性相对较强，一旦经营出现问题，可以只身而退，无形当中加大了理财过程中的不确定性。

已婚选择“丁克”生活的家庭，没有子女的教育支出和子女成人后的购房、结婚几项重大支出打算，其阶段性大项支出并不凸显。但是选择此种生活方式的人大多对生活质量要求较高，其生活消费支出、家庭改善型需求支出以及自我提升投入较为旺盛。

离异单亲抚养子女的客户，其财务状况无疑会受到影响，以一己之力承担孩子的大多数支出，在较长时间内会面临财务压力，理财从业人员在设计理财方案时应考虑这一因素。

对于再婚重组家庭的客户，要了解夫妻双方之前离婚的原因，以判断目前家庭的稳定性。

(四) 子女情况

这里提到的子女情况较判断家庭生命周期时更加细致，包括了解子女的年龄段和所处的教育学段，子女的就读学校及学习成绩，爱好特长及未来的教育发展目标，这些将会直接影响子女教育金的储备规划。如未来如何升学，选择普通教育路线还是职业教育路线，学习成绩是否优异，能否拿到奖学金，准备读到本科、硕士还是博士，在国内读书还是到国外读书，等等，以较为准确的目标为依据来估算教育费用，做出教育储蓄资金安排才具有实际参考意义。尤其是未来有让子女去国外读书计划的家庭，更需要掌握备选国家的生活成本和教育支出费用，提前开展实施教育资金规划。

(五) 职业发展状况

通过对客户职业以及职称信息的了解，理财从业人员可以做出对客户的收入水平、稳定度和未来收入波动情况的判断，进而为客户规划出更具参考意义的消费支出方案。

理财从业人员可以通过客户的职业发展信息侧面了解客户的社会地位，收入水平和收入稳定程度。如果客户所从事的职业比较稳定，那么收入也相对比较稳定。如国家公务人员、教师、医生的收入相较于保险经纪人员、创业人员、商品销售人员就更加稳定一些。客户如果具有职称，职称等级越高对应的收入就会越高，且具有职称更加有利于应对工作变动，减少工作空窗期。

二、关注客户家庭成员的基本信息

一般情况下，理财从业人员直接面对的是具有理财规划需求的客户本人，但客户的家庭成员也直接影响家庭理财规划的设计与执行，所以要重视关注其家庭成员的非财务信息。一方面要像了解客户本人一样了解其家庭成员的年龄信息及其对待理财规划的态度，另一方面还要知道家庭成员的数量情况，掌握生活的收支总额。

了解客户家庭中其他人的年龄情况，例如父母年龄偏大，出生年代较早，则有可能思想守旧且固执、难以沟通，对理财规划的实施形成阻碍或者不予配合。同时，父母的年龄和身体健康有密切关系，一旦生病或身故，将会给理财规划的客户带来还款风险和支出压力，这都必须考虑在理财规划方案中。在分析过程中，还要注意配偶一方对理财规划的态度，如果对方坚决反对或不配合沟通，无形当中也会加大理财业务的不确定性。同时，分析客户夫妻双方之间的关系，以及申请人对其他家庭成员的态度，从而判断其责任感。

客户本人仅涉及一家两口或三口的生活支出与要共同负担夫妻双方父母的支出截然不同。有些家庭是和夫妻某方的父母共同生活，父母的养老金也一并纳入生活的家庭，并不能做出收入的严格区分，所以对客户家庭成员数量的掌握会直接影响理财规划中的收入、支出核算以及可用资产的合计，对理财规划目标的设定与实施带来影响。

任务解析2　定位客户家庭周期阶段

在了解客户家庭周期阶段的同时，要对这个家庭的婚姻情况、子女情况、家庭成员数量大体有所掌握。一般情况下，从个人脱离父母成人后，我们将每个人开始自己的家庭生活的周期大致划分为六个阶段，即单身期、家庭形成期、家庭成长期、子女大学教育期、家庭成熟期、退休期。此处以一个人组建家庭并养育一个孩子为例来划分这六个家庭阶段，对各家庭阶段表现的特征和其理财的方向做出分析，详情见表6-12。

表 6-12　家庭生命周期表

家庭阶段	阶段特征	理财方向分析
单　身　期	从参加工作至结婚的时期，一般为 2～5 年。 男性年龄：22～30 岁 女性年龄：20～24 岁 这一阶段，经济收入比较低且花销大，是家庭未来资金积累期	此阶段是少花多挣，努力积蓄第一桶金的阶段。在理财规划的顺序上应该优先考虑开源节流，慢慢积累起个人的积蓄，逐渐增加资产增值的投资计划，为后续步入家庭生活做准备
家庭形成期	从结婚到新生儿诞生时期，一般为 1～5 年。 男性年龄：30～35 岁 女性年龄：24～32 岁 此阶段，家庭经济收入增加而且生活稳定，已有一定财力和基本生活用品，但是会为提高生活质量做出较大的家庭建设支出如购房、购车，是家庭主要的消费期	此阶段需继续增加各自的薪酬收入，稳健运作资金，逐步开始实施理财规划。本阶段要将有限的资金多用于"生钱"，避免挥霍浪费。进行房屋购置或租赁、家庭硬件采购提高生活水平，同时配置抵御风险的保险产品、储备应急资金
家庭成长期	第一个小孩出生直到高中毕业，一般为 15～18 年。 男性年龄：35～48 岁 女性年龄：32～46 岁 孩子年龄：0～18 岁 此阶段，家庭成员的年龄都在增长，家庭的最大开支是保健医疗费、学前教育、智力开发费用	此阶段父母精力还较为充沛，积累了一定的工作和投资经验，投资能力大大增强。本阶段应做好子女教育支出的规划，逐步实施理财规划，积极运作资金，多样化配置家庭资产，加大投资收益为家庭减负，加强家庭风险抵御能力
子女大学教育期	子女上大学至工作前的这段时期，一般为 4～7 年。 男性年龄：48～55 岁 女性年龄：46 至 52 岁 子女年龄：18～25 岁 这一阶段，子女的教育费用和生活费用猛增，财务上的负担通常比较繁重	此阶段父母自身的工作能力和经验、经济状况都达到高峰状态。之前实施的教育储蓄金到了要动用之际。本阶段还需考虑子女未来毕业成家的结婚支出和房屋购置的支出，家庭压力较大。家庭要做好资金支出规划，更加谨慎稳妥地进行投资。同时，此时也是疾病的高发期，不能忽视家庭的风险抵御能力搭建
家庭成熟期	子女参加工作到家长退休为止的这段时期，一般为 10 年左右。 男性年龄：55～65 岁 女性年龄：52～60 岁 子女年龄：25～35 岁 此阶段，子女已完全自立，债务已逐渐减轻，无较大项的生活支出	这个阶段父母的工作收入较前三个阶段已经逐步稳定，增长空间不大，尤其到退休前 5 年甚至呈下降趋势。但是如果前几个阶段的储备做的较好，该阶段的支出压力就减轻不少。仍可对所拥有的资产进行稳健投资，为退休养老做好准备

续表

家庭阶段	阶段特征	理财方向分析
退休期	指父母退休以后的这段时期，一般为10～15年。 男性年龄：65～80岁 女性年龄：60～85岁 子女年龄：30～40岁 此阶段，子女已有自己的家庭，父母开始安度晚年，投资和花费通常都趋于保守。阶段前期以生活支出和休闲支出为主，阶段后期以医疗支出为主	这个阶段父母有社会养老保险以及之前的养老储蓄资金作为生活保障，可以应对日常开支。本阶段疾病医疗费用将是较大的不确定支出，如在前面的阶段做好了家庭保险保障，则支出负担不大。在资金充裕的情况下，可尽早做好财富传承的规划

2021年5月31日，中共中央政治局召开会议，会议指出，进一步优化生育政策，实施一对夫妻可以生育三个子女政策及配套支持措施，有利于改善我国人口结构、落实积极应对人口老龄化国家战略、保持我国人力资源禀赋优势。多孩家庭在其家庭成长期、子女大学教育期负担的生活费用和教育支出势必增加，但随着孩子挨个独立，开始有能力孝顺父母，家庭成熟期的支出压力变小，父母在退休期能够得到的赡养更多，幸福感更强。

任务解析3　识别客户风险承受能力

一、匹配客户风险级别

为保障客户利益，确保为客户做出适用的金融投资产品配置建议，理财从业人员需要先识别客户的风险承受能力，通过分析客户的年龄、财务状况、投资经验、投资目的、收益预期、风险偏好、流动性要求、风险认识及损失度承受等情况，结合风险测评问卷结果综合衡量客户的风险承受能力。

(一) 分析客户投资风格

根据客户投资偏好表现可将投资风格大致划分为保守型、稳健型、平衡型、成长型、进取型五种投资风格，这五种投资风格对应的客户风险承受能力等级是由低到高排列的，分别以C1、C2、C3、C4、C5来表示，如图6-12所示。

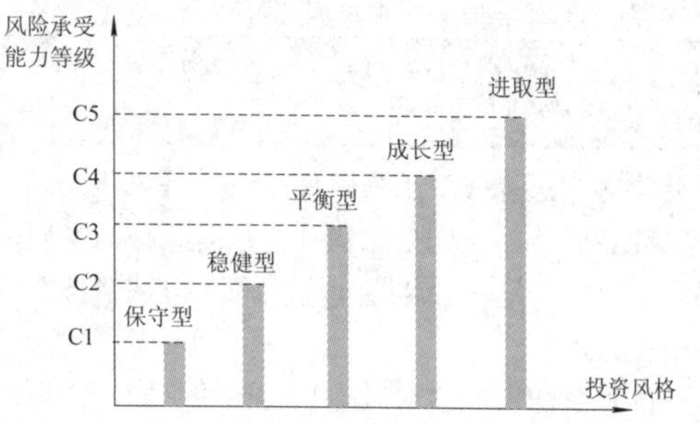

图6-12　客户风险承受能力等级划分图

风险承受度调查问卷

(二) 对不同投资风格给予理财建议

客户的投资风格的差异使其投资行为表现截然不同，将不同投资风格对应人群做画像，再针对性地制订理财规划建议可以增强理财从业人员与客户意见的一致性，也能够使客户逐渐了解自己并开展家庭理财规划。此处对不同客户投资风格的人群画像举例，并作出简要的理财建议，以供学习者参考，详见表6-13。

表6-13 客户投资风格及理财建议表

保守型	行为表现	保守型客户往往风险厌恶程度较高，对于投资风险的承受能力很低，对投资收益的要求不高，对资金安全性要求高
	人群画像	步入退休阶段的老年人群； 低收入家庭； 成员较多、社会负担较重的大家庭； 性格保守的投资者
	理财建议	为此类客户选择投资工具时集中在低风险范围，首先考虑本金安全程度，然后才考虑收益。以国债、银行存款作为主要配置，另补充货币与债券基金等中低风险产品。 整体的理财选择偏重于风险程度低的理财产品种类，基本不做高风险、高收益的投资品种的配置
稳健型	行为表现	稳健型客户的投资偏好倾向保守，风险承受能力也较低，对风险的关注甚于对收益的关心，更愿意选择风险较低而不是收益较高但风险也较高的产品，希望尽可能在确保本金安全性的基础上获得收益
	人群画像	临近退休的中老年人士； 公务员、教师、医生、军人等工作环境和收入较为稳定的人群
	理财建议	为此类客户选择投资工具时集中在中低等风险及以下的范围。一方面配置国债、存款、结构性银行存款产品，另一方面配置投向为货币市场、债券市场的净值型银行理财产品、持有债券型基金，适量定投混合型基金和指数型基金并长期持有。 整体的理财选择是偏重于风险程度较低的理财产品及工具，在高风险高收益的投资品种上占比极低
平衡型	行为表现	平衡型客户既不厌恶风险也不追求风险，会仔细分析不同的投资市场、工具与产品，对各项投资产品以及收益分配情况拥有自己的判断，从中寻找风险和收益适中的产品，力争获得社会平均水平的收益，能够承受社会平均风险。具有较为丰富的资金以及理财观念，对任何投资都比较理性，愿意接受一定本金损失风险去尝试获得收益
	人群画像	中、高收入企业员工； 海归人士
	理财建议	为此类客户选择投资工具时集中在中等风险及以下的范围，在保险及储蓄产品配置完善的基础上选择基金、股票作为主要配置，补充房产、黄金等投资工具。如满足合格投资者要求，可适量持有私募基金、资产管理计划及信托产品。 整体的理财配置是追求风险与收益的平衡，会将中等风险产品和工具重点布局

续表

成长型	行为表现	成长型客户风险承受能力较高，追求较高的投资收益，愿意承受一定的风险，但是又不会过度冒险做风险极高的投资。他们有一定的资产基础和金融专业知识，往往选择长期持有成长价值的资产
	人群画像	企业财务人员、企业高级管理人员； 金融从业者； 企业主、创业者
	理财建议	为此类客户选择投资工具时集中在中高等风险及以下的范围，可配置开放式股票基金、大盘蓝筹股票等，另补充偏股型的基金以降低非专业操作风险。如满足合格投资者要求，可适量持有资产管理计划及信托产品。 整体的理财配置高风险产品工具的比重较高，但是会同时将中高或者中等风险的理财产品和工具进行占比分布
进取型	行为表现	进取型客户对投资的损失有很强的承受能力，偏向于较为激进的资产配置，敢于追求更高的收益和资产的快速增值，操作的手法往往比较大胆。这类客户往往比较极端，要么非常了解投资产品，对风险有清醒的认识，愿意接受较高本金损失风险；要么对风险的认知度不够，专业知识能力较低，对待投资收益不够理智
	人群画像	外汇、股票专业投资者； 金融投机者； 专业操盘投资者
	理财建议	为此类客户选择投资工具时集中在高等风险及中高等风险范围，适合配置创业板、中小板股票为主，补充期权、期货、外汇、股权等高风险投资工具，以股票型基金、指数型基金作为风险平衡手段，另根据客户兴趣开展小众投资，如艺术品、海外资产等高风险投资工具

(三) 选择与客户风险程度匹配的金融工具

通过表 6-12 可见，不同投资风格的人群所适用的理财建议选择了对不同风险等级的金融工具，也就是理财产品及工具的配置要与客户风险承受能力匹配。将金融工具按照风险等级做出分类，以便能够将客户风险承受能力等级和金融工具风险等级之间建立对应关系，从而更好地判断金融工具与客户的匹配度。

金融工具风险等级从低到高也可划分为五个等级，分别以 R1、R2、R3、R4、R5 表示，金融工具的风险等级与客户的风险承受能力等级和投资风格的对应关系具体如表 6-14 所示。

表 6-14　客户风险承受能力等级与金融工具风险等级匹配表

金融工具风险等级	可配置的金融工具	客户风险承受能力等级	客户投资风格
R1	国债、存款、大额存单、结构性存款、智能存款、年金险、货币基金、以投资货币市场为主的理财产品	C1	保守型
R2	债券基金、养老保障产品、以投资债券为主的理财产品	C2	稳健型
R3	混合型基金、股票型基金、指数型基金、A 股、B 股、信托产品、资产管理计划、黄金	C3	平衡型
R4	创业板、中小板股票、分级基金 B 份额、私募基金	C4	成长型
R5	外汇、期货、期权及其他金融衍生品	C5	进取型

二、借助金融机构的风险测评识别客户风险

理财规划的推进往往需要通过商业银行、证券机构或基金机构来实现。这些金融机构在向客户销售产品和服务时都有对客户的风险承受能力的识别要求，需要履行客户风险与产品的适配性原则，理财从业人员也可借助金融机构对客户风险承受能力测评结果更加深入细致地了解客户的风险情况。由于银行、证券、基金等金融行业所发行的产品类别有所不同，所以每个金融行业对客户的风险测评内容略有不同，在此我们以银行业为例，深入了解银行对理财客户风险识别与产品适配的内容。

为规范商业银行的理财产品销售行为，保障客户利益，确保销售“适用性”原则，商业银行按照“了解你的客户”的原则，商业银行个人理财客户的风险识别首先要通过填写“商业银行个人理财客户风险承受能力测评问卷”。在购买理财产品时对客户进行风险承受能力测评，旨在充分了解客户的年龄财务状况、投资经验、投资目的、收益预期、风险偏好、流动性要求、风险认识及风险承受损失等情况，并根据测评结果为客户提供相应风险等级的产品及服务。在客户未发生重大变化的情况下，一年做一次测评即可。如果客户的风险类型不适合购买某款理财产品，则不得向客户销售。

为了规范商业银行个人理财客户风险承受能力测评过程和服务质量，2016 年 6 月 1 日，国家发布实施商业银行客户风险等级评级标准《商业银行个人理财客户风险承受能力测评规范》，进一步提高商业银行对理财客户的服务质量、通过标准规范商业银行理财产品销售的风险匹配操作，有助于实现个人消费者合理投资，降低因不当购买理财产品而产生的风险。

(一) 客户风险类型与产品风险等级适配度

《商业银行个人理财客户风险承受能力测评规范》中对商业银行客户的风险

承受能力和理财客户风险类型按照风险承受能力由低到高的顺序进行排序，可分为保守型、谨慎型、稳健型、进取型和激进型五类。

根据理财客户风险类型不同，其适合购买的产品风险类型亦有不同，根据产品的风险大小，将理财产品按风险等级，由从低到高分为低风险、中低风险、中等风险、中高风险和高风险五类。风险承受能力越高适合购买的理财产品风险等级越高，其向下兼容适合购买的理财产品类型更加丰富。客户风险等级与理财产品风险等级适配度如表 6-15 所示。

表 6-15　理财客户风险类型与产品风险等级适配表

理财客户风险类型	产品风险等级				
	低风险	中低风险	中等风险	中高风险	高风险
激进型	适合	适合	适合	适合	适合
进取型	适合	适合	适合	适合	不适合
稳健型	适合	适合	适合	不适合	不适合
谨慎型	适合	适合	不适合	不适合	不适合
保守型	适合	不适合	不适合	不适合	不适合

(二) 客户的风险等级对应投资策略

不同风险类型的客户有自身所对应的产品风险等级，与之对应的投资策略重点也有所偏重。对于保守型的客户，适配的产品风险等级最低，在投资策略上应以风险控制作为主要着眼点；谨慎型的客户，适配的产品风险等级较低，在投资策略上应以资产的稳健发展为主；稳健型客户适配的产品风险等级为中等，其投资策略以资产的均衡成长为重点；进取型客户适配的产品风险等级为中高，投资策略以积极进取为方向；激进型客户适配产品的风险等级最高，投资策略要关注客户的风险承受极限值去完成理财产品配置。理财产品风险等级、理财客户风险类型及适合的投资策略详见表 6-16。

表 6-16　理财客户风险等级与投资策略表

产品风险等级	适合的个人理财客户风险类型	适合投资策略
低	保守	风险控制
中低	谨慎	稳健发展
中等	稳健	均衡成长
中高	进取	积极进取
高	渐进	风险承受

(三) 客户的风险类型和理财产品类型

客户仅可选择符合自身风险类型的理财产品进行购买，在购买理财产品前，理财从业人员应引导客户仔细阅读理财产品销售文本的全部内容，包括理财产品

协议书、理财产品说明书、风险揭示书、客户权益须知等，让客户充分了解理财产品的具体情况，尤其是重点了解产品的风险揭示内容，包括理财产品的投资风险、类型特点和投资存在的最不利投资情形等，当客户表示清楚风险并接受后才能完成购买。

任务解析4 观察客户理财价值观与心理

客户的理财价值观和对待开展理财行为的心理在一定程度上会影响家庭理财规划方案设计的方向，理财从业人员对客户理财价值观做出分析，了解客户对理财规划的认知，可以更容易地与客户进行交流，推动理财规划工作进度。

一、校准理财价值观

理财价值观是指个人固有的对待“理财”及“理财行为”的看法及做法。我们常将理财价值观形象地分为蚂蚁族、蟋蟀族、蜗牛族和慈鸟族四种，这四种理财价值观的具体表现及对应人群的特点如表6-17所示。

表6-17 四种理财价值观的特点

价值观类型	价值观特点	人群特点
蚂蚁族	像蚂蚁一样，先牺牲后享受，为了储备冬天的食物而在夏天辛苦工作。蚂蚁族代表了那些在工作时期全力以赴、不急于眼前享受的人	尽早实现财务独立自由、尽早退休，或者在退休后能承担远高于目前消费水平的生活。通常是仅靠储蓄就能完成的理财目标
蟋蟀族	蟋蟀族常见的价值观是“今朝有酒今朝醉”，及时享受生活。这类人比较注重当下的享受，当前消费的效用大于对未来的期待	工作期间储蓄率较低，收支两抵，其结果是一旦退休，其资产净值还不够老年生活所需，必须大幅度降低生活水准或者依靠政府救济
蜗牛族	蜗牛族主要是指将买房作为自己理财的首要目标的人。这类人为了购买到属于自己的房子，可以在吃穿上非常节省，愿意背负长期房屋贷款	蜗牛族在工作期需要长期缴纳房屋贷款，所以收入的余额既不能维持较高的生活标准，更不能为退休后储备充足的养老金，也就难以在退休时过较好的生活
慈鸟族	把子女的成长视为最大目标的一部分人。这类人愿意将自己的财富尽可能多的传承给后代，让后代可以过衣食无忧的生活，对于自己的支出却很苛刻	绝大多数的中国人都有望子成龙的心理，他们不惜靠借债供子女求学，视子女的成绩为最大的满足

当客户的行为表现出与上述的任意理财价值观一致，理财从业人员就可以深层次地找到客户所想实现的理财目标，在尊重客户意愿的基础上，通过理财规划方案帮其校准实现目标的方式。

二、观察客户心理

对理财客户的心理进行分析便于理财从业人员引导客户理性选择理财产品及工具，加强和双方的沟通深度。在理财规划设计中客户的心理表现主要为从众心理、虚荣心理、逆反心理和权威心理。

(一) 从众心理

从众是人的一种正常心理，在理财规划过程中，有些客户就会说朋友家如何、同事们如何，购买了哪款产品，进行了哪些配置，认为可以原样复制。这类客户大多没有主见，理财从业人员应引导其认识到家庭理财规划服务是个性化服务，理财规划方案也是量身定制的，其同事朋友的具体家庭状况和他本人未必一样，每一个家庭甚至每一个家庭成员的配置选择均有所不同，适合别人的未必适合自己。作为理财从业人员要向客户表现自己的专业性，诚恳表达自己能够在遵循理财规划规律和原则的方向下，针对客户的家庭情况为其制订更适合的具体方案。

(二) 虚荣心理

虚荣心强的人在生活支出上偏向于外人可见的物质方面，比如大面积住房、豪华装修、让孩子读高费用的私立学校、追逐名牌等奢侈品消费，运用这些外在的物质攀比和炫耀。理财从业人员在为这类客户服务时要保持谦虚低调，多发现客户的优点并发自内心认可和赞美，但是要委婉地向客户建议理性消费，控制不必要的消费支出。

(三) 逆反心理

逆反心理强的客户对于外界的声音往往从逆反的角度考虑，当理财从业人员提供 A、B、C 三种理财产品可供选择，但优先推荐 A 产品的时候，该用户反倒可能会排除掉 A 产品，而从 B、C 产品中选择。在面对逆反心理较强的客户时，要注意倾听该客户表达的潜台词，理解客户的真实意愿，及时调整产品的推荐方式，给客户自己更高的选择自由度，通过平和或幽默等方式尽量让沟通顺畅。

(四) 权威心理

权威心理强的客户比较倾向于选择知名机构、大型公司对接其业务需求，这样他们会更有安全感。比如购买理财产品时，他们只考虑中国银行、农业银行、工商银行、建设银行、交通银行等国有股份制银行发行的理财产品，对其余股份制银行或较小的银行机构不做考虑。在购买保险产品或投资其他理财工具时也倾向于选择权威的机构。他们认为只要是知名的就肯定差不了，对于服务、产品、价格、收益方面的敏感性相对偏低。对于这部分客户，理财从业人员要更加突出自身的服务以及专业能力，在理财规划方案设计过程中多考虑配置大型机构以及知名机构的产品，增加其安全感。

【能力拓展】

看看你的家庭现在处于哪一个家庭周期阶段，和父母沟通了解一下家庭的主要支出和收入情况。

了解你的家庭是否接触过理财规划或者理财投资，问问他们对理财规划的看法是如何的。

实战演练

讲课视频

实战演练 1　分析赵先生的家庭财务状况

【任务发布】

请根据任务展示中对赵先生家庭情况的描述和资产负债情况列表、家庭收支情况列表中的信息，整理编制赵先生的家庭资产负债表、家庭收支表。

基于两张家庭财务报表分析赵先生家庭的资产结构、财务状况，指出该家庭目前的资产结构中存在的问题并给出改进建议。

【任务展示】

48 岁的赵先生为某公司主管，妻子张某现年 45 岁，是某公司财务主管。该家庭 2020 年 12 月 31 日对家庭财务状况进行梳理并列示于表 6-18 家庭资产负债情况列表、表 6-19 家庭收支情况列表中。

表 6-18　家庭资产负债情况列表

项　目	家庭财产情况
赵先生	月薪 3 万元，年终奖 10 万元
妻子张某	月薪 1.2 万元
房屋	100 万元住房一套，80 万元郊区度假别墅一幢
汽车	2 年前 45 万元购买别克轿车一辆，预计使用年限为 10 年，当前市值为 40 万元
股票投资	3 年前投资股票 20 万元，目前市值 15 万元
国债	一年前购入 10 万元国债，目前价值 12 万元
字画收藏	以前 40 万元购买的名家字画，目前市值 100 万元
翡翠及钻石首饰	市价预估 30 万元

表 6-19　家庭收支情况列表

项　目	家庭收入情况
赵先生	月薪 3 万元，年终奖 10 万元
妻子张某	月薪 1.2 万元
日常消费支出	1 万元
汽车	每年花 1 万元购买汽车保险，1 万元油费等
保险缴费	夫妇两人从 2005 年开始每年购买中国平安保险公司的意外伤害医疗保险，每年交保费 500 元
国债	一年前购入 10 万元，目前价值 12 万元
字画收藏	消费 5 万元
翡翠及钻石首饰	市价达到了 30 万元
教育投资	每年 2.5 万元
赡养老人	每年 1.2 万元

1．请填制赵先生的家庭资产负债表(见表 6-20)。

表 6-20　赵先生的家庭资产负债表

资产	金额/元	负债	金额/元
一、流动资产		一、短期负债	
库存现金		信用卡透支	
活期存款		消费贷款	
合计		合计	
二、金融资产		二、长期负债	
债券		汽车贷款	
基金		房屋贷款	
股票		其他借款	
合计		合计	
三、不动产		总负债	
自用		净资产	
投资			
合计		净资产合计	
四、其他资产			
汽车			
其他			
合计			
总资产		负债及净资产合计	

2．请填制赵先生的家庭收支表(见表 6-21)。

表 6-21 赵先生的家庭收支表

一、收入	金额/元
工资收入(包括奖金、津贴、加班费、退休金)	
收入总额	
二、支出	
日常生活消费(食品、服饰费)	
交通费	
医疗保健费(医药、保健品、美容、化妆品)	
旅游娱乐费(旅游、书报费、视听、会员费)	
家庭基础消费(水、电、气、物业、电话、上网)	
教育费(保姆费、学杂费、教材费、培训费)	
保险费	
税费(房产税、契税、个税等)	
还贷费(房贷、车贷、投资贷款、助学贷款等)	
支出总额	
三、收入盈余	

3．请对赵先生家庭的财务指标进行计算并做合理性判断(见表 6-22)。

表 6-22 家庭财务指标

指标	数值	合理区间	分析结果
资产负债率			□合理 □不合理
储蓄率			□合理 □不合理
财务负担率			□合理 □不合理
紧急预备金月数			□合理 □不合理
财务自由度			□合理 □不合理

4．请对赵先生家庭的资产负债及收支做出分析与总结建议。

【步骤指引】

· 老师协助学生将赵先生家庭的资产负债情况列表及收支情况列表中的内容进行梳理分类，并将金额对应填列入家庭资产负债表和家庭收支表中。

· 对资产负债表和家庭收支表中的各项目中数额进行小计、合计。

· 老师引导学生回忆各项财务指标的计算公式及合理区间，学生进行计算并判断结果的合理性。

· 根据判断结果，进一步分析家庭目前资产结构及收支中存在的问题，给出改进建议。

【实战经验】

实战演练 2　挑选与客户风险承受度适配的产品

【任务发布】

基本任务

参考任务 3 中的图 6-12 客户风险承受能力等级划分图及表 6-13 客户投资风格及理财建议表，分析下列客户的风险偏好程度，根据所学的理财配置原则、规律在产品列表中选取适合客户的产品。

升级任务

参考理财规划配比的规律(即“4321”定律)，做出大致的建议配置占比。

【任务展示】

任务解答

1. 请从表 6-24 中挑选符合客户的风险偏好程度的产品填入表 6-23。

表 6-23 客户风险情况介绍列表

客户姓名	客户情况	风险偏好程度	适用产品
王金秋	王伯伯今年 40 岁，一直在老家务农，近两年农产品价格涨跌不定，王伯伯希望有一份稳定的收益		
李莫愁	李莫愁是一位国家公务员，年收入 20 万元，偏爱流动性强和收益稳定的理财产品		
王念念	王念念经常在便利店和快餐店打工，每月收入 3000 元左右，害怕风险，希望投资非常稳定，本金不会遭受损失		
赵敏	赵敏是一位中学美术老师，收入稳定，月收入 6000 元左右，希望投资一些收益稳定的理财产品		
高飞	高飞是一家上市公司的会计，对各项投资产品以及收益分配情况都有自己的判断，愿意承受一定的本金损失，偏好收益波动不大的理财产品		
刘不悔	刘不悔是一家煤矿企业的小老板，文化程度不高，偏好高风险、高收益的投资		
金三利	金三利是一名大车司机，月收入 15 000 元左右，工作非常劳累，想通过投资高风险的产品实现暴富		
钟灵儿	毕业于某金融名校的金融工程专业，担任上市公司的财务顾问，了解投资产品，愿意承担高风险以获得高收益		

2. 请从表 6-24 中选择产品填入表 6-23，并判断产品的本金收益情况在表 6-24 最后一列进行对应勾选。

表 6-24　可选择产品列表

产品名称	产品类型	风险程度	主要投向	本金及收益 是打√，不是打×
华夏双债债券	债券型基金	R2	债券	□保本　□保收益 □固定收益　□浮动收益
周周惠赢挂钩利率 B 款 7 天滚动	结构性存款	R1	存款	□保本　□保收益 □固定收益　□浮动收益
平安安心灵活配置混合 A	混合型基金	R3	股票	□保本　□保收益 □固定收益　□浮动收益
平安股息精选沪港深股票 C	股票型基金	R4	股票	□保本　□保收益 □固定收益　□浮动收益
平安深证 300 指数增强	指数型基金	R4	股票	□保本　□保收益 □固定收益　□浮动收益
平安养老富盈 5 号	养老保障产品	R2	流动性资产、固定收益类资产	□保本　□保收益 □固定收益　□浮动收益
生猪期货	期货	R5	固定资产	□保本　□保收益 □固定收益　□浮动收益
平安银行一年期定期存款	存款	R1	信贷	□保本　□保收益 □固定收益　□浮动收益

【步骤指引】

- 老师带领学生梳理每个客户的风险偏好情况，对客户进行 5 类区分并填入表 6-23 中的风险偏好程度列表。
- 老师带领学生温习已在项目四中学习过的理财产品，引导学生通过机构网站、手机 APP 了解其余的理财产品，划分产品的风险等级并对应客户风险偏好等级。
- 老师带领学生复习项目五中的理财规划规律和目标，结合本项目内容做不同类型产品的组合搭配。
- 老师带领学生复习家庭理财配置原则，做出合理的产品配比建议。

【实战经验】

项目七

正式启动家庭理财规划工作

项目概述

本项目通过让学生完成初步形成家庭理财规划方案和出具正式的家庭理财规划书两个任务，掌握设计家庭理财规划的过程中需考虑的八项主要因素，合理设计家庭的储蓄、保险、投资等理财分项规划；理解并运用家庭理财规划中常见的专业术语，能够向客户出具正式的家庭理财规划书，使学生具备制作一份完整的、具有较高可行性和实用性的家庭理财规划方案的能力。完成本项目将对其掌握的理财规划知识和专业胜任能力做出初步考查，使学生为尽快进入理财行业工作做好准备。

项目背景

各财富管理机构依赖于专业成熟的服务团队，以丰富多样的金融产品工具和便利的现代化科技手段为支撑，为在管客户提供综合化资产管理及理财服务。

虽然各类财富管理机构各具优势，但是都需要通过初步形成家庭理财规划方案和正式出具家庭理财规划书两步操作才能将一系列为客户服务的内容作出呈现。表7-1展现了各类财富管理机构的优势和劣势及其客户和产品定位，表7-2展现了不同财富管理机构能为客户提供的产品、服务和特征。

表7-1　各类财富管理机构的优劣势及定位对比

机构	优　势	劣　势	客户和产品定位
银行	庞大的客户基础，渠道优势突出	经营理念、管理模式和投资渠道存在制约	定位公众客户及高净值客户，提供基础结算服务、存贷款服务及多种理财产品
信托	投资范围宽松，可运用股权、债权、物权及其他可行方式运用信托资金	受政策调控影响较大，不占有项目和渠道	定位高净值客户，与产业高度结合，以非标准化产品为主，转型压力较大
保险	资金来源稳定，客户规模较大，追求绝对收益	资金主要来自集团资产，其他中小险企的资金占比不高	为自身保险资金和其他中小险企提供服务，行业投资风格较为保守

续表

机构	优势	劣势	客户和产品定位
基金	贴近市场，风控和治理结构完善，具备一定投研能力	除几家龙头公司外，几乎没有独立渠道，严重依赖银行，销售成本较高，产品设计同质性较强，追求相对收益	公募定位大众客户，私募定位中高净值客户，以二级市场投资为主
证券	渠道、客户资源具备一定优势，投研团队完整，投融资两端均可对接	影响力不足，发展定位不清晰，产品风险及波动率相对较高	定位中高净值客户，大力发展资产证券化、分级和量化对冲产品

表 7-2　各类财富管理机构提供的产品、服务和特征

项目	信托公司	商业银行	证券公司	基金公司	保险公司
产品	单一资金、集合信托计划	银行理财	定向、集合、专向资产管理计划	公募基金、专户	分红险、投连险、万能险等
特征	以受托人名义对外投资，对合格投资者私募发行，账户独立核算	按客户风险评估公募或私募发行，独立核算	独立核算，分账管理，私募发行，资金由银行托管	专户独立管理，私募发行，资金由银行托管	独立核算，公幕发行，分设账户，无托管
风险	中等	较低	总体偏高	总体偏高	较低
法律关系	信托关系	代理关系	代理关系	代理关系	保险与代理关系
法律依据	《信托公司管理法》《信托法》《信托投资公司资金信托计算管理办法》	《商业银行个人理财业务管理暂行办法》《商业银行法》及《风险管理指引》等	《证券公司客户资产管理业务试行办法》《证券法》等	《基金管理公司特点客户资产管理业务试点办法》《证券投资基金法》等	《分红保险管理暂行办法》《保险法》《投资连结保险管理暂行办法》等
监管部门	银保监会	银保监会	证监会	证监会	银保监会
许可机制	备案制	备案制	备案制	审批制	备案制

项目演示

如图 7-1 所示，淼淼要正式启动对客户的理财规划工作了，小琪也跟着步入到启动客户理财规划的工作阶段，配合淼淼完成客户的理财规划书的编制工作。小琪为了能更好地完成工作，制订了图 7-2 所示的学习计划。

图 7-1　淼淼与张先生交谈

图 7-2　学习计划

思维导图

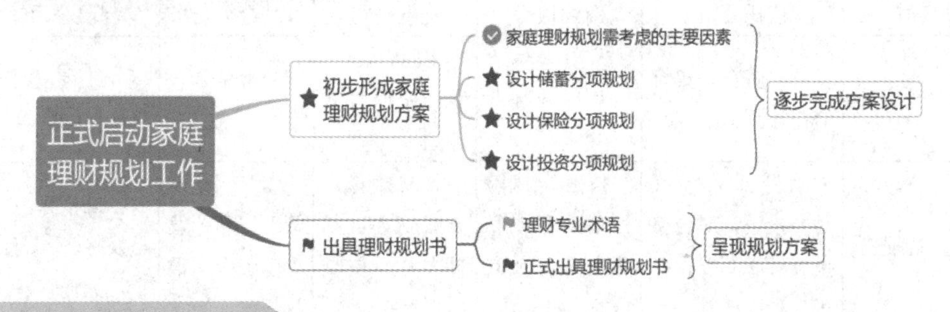

思政聚焦

《理财从业人员职业道德准则》中要求理财从业人员在为客户提供专业服务时，应该从客户利益出发，做出合理、谨慎的专业判断。理财从业人员在撰写“家庭理财规划报告书”时应当向客户披露可能对报告书内容客观性及独立性产生影响的各种因素。

教学目标

知识目标

◎设计家庭理财规划需要考虑的主要因素。

◎理解理财规划书的主要结构与内容。

◎领悟理财分项规划的作用。

能力目标

◎合理设计家庭理财分项规划。

◎熟练运用专业理财规划术语。

◎撰写理财规划书。

学习重点

◎掌握理财分项规划的设计原则和步骤。

◎把握家庭理财规划书的主要结构和内容。

任务1　初步形成家庭理财规划方案

【任务描述】

- 熟悉家庭理财规划需要考虑的八个主要因素。
- 合理设计家庭储蓄、保险、投资等理财分项规划。

任务解析1　家庭理财规划需考虑的主要因素

家庭理财规划的目标是在确保客户财富安全的基础上实现稳步增长。为了实现这一目标，家庭财富分配既要考虑家庭正常活动支出，也要考虑未来不确定的支出和资产的增值。如图7-3所示，在初步形成家庭理财规划时必须综合考虑以下八项因素。

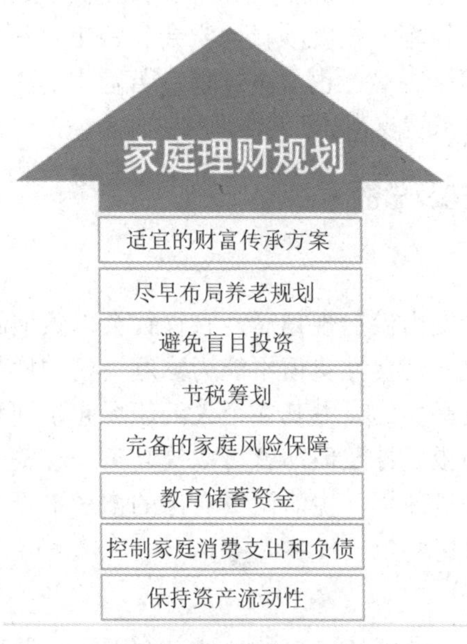

图7-3　家庭理财规划需考虑的主要因素

一、保持资产流动性

资产流动性是指资产转换为支付手段的能力。客户资产中流动性最强的是现金、活期存款、货币市场基金，其次是定期存款、国债。如图7-4所示，一般情况下，流动性最强及较强资产的价值至少应该是收入的3倍。但是在现实生活中，中年人家庭因其上有老、下有小，家庭面临的不确定性支出较多，风险水平较高，建议其持有流动性较强的资产超过收入的3倍以上，用以满足家庭日常开支，预防因突发事件而导致的款项支出。

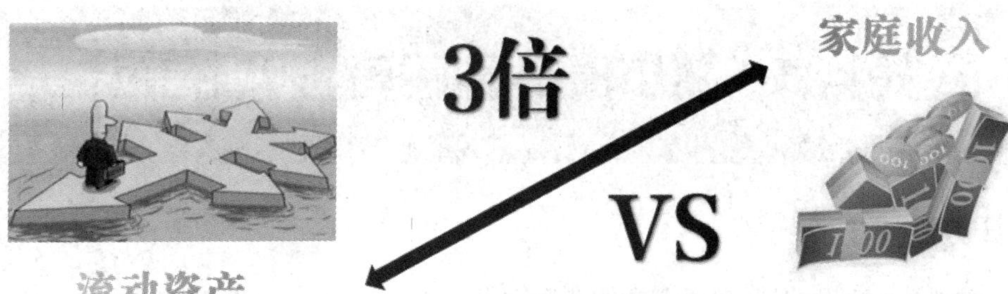

图 7-4 流动资产和家庭收入

二、控制家庭消费支出和负债

家庭财务状况稳健合理是家庭理财的首要目标，家庭的消费支出和负债对家庭的财务状况具有直接的影响，需要进行合理控制。

(一) 控制消费性支出

控制消费性支出是家庭“节流”的一个重要方面，尤其在家庭资产累计的最初阶段，相比寻求高收益率的投资项目，学会省钱更容易达到理财规划的目标。这里的“节流”并不等于吝啬，也不是提倡过苦行僧的生活，而是把钱花在刀刃上，控制必要的合理性消费支出。

(二) 控制负债结构及总额

1. 控制负债结构

在对家庭日常消费支出做出规划后，它往往会以负债的形式存在，如信用卡欠款、消费贷款等，这些消费性负债不能为家庭资产的增长做出贡献，所以对其进行总量控制是十分有必要的。尤其在个人的职场起步期和家庭组建初期，将超额的消费性负债转化为投资性负债，就可以提高家庭总资产的增值速度，加速现金流的周转。而在家庭成熟期，生活消费支出的增加不可避免，这时投资性负债的额度就要做出相应调整。

2. 控制负债总额

有的家庭会选择背负过高的投资性负债，家人长期承担较重的压力，导致生活品质低下，家庭风险承受能力极低，这与通过理财让家庭奔向幸福的目标背道而驰；有的家庭选择活在当下，今朝有酒今朝醉，不愿意背负投资性债务或者负债率很低，这样会限制家庭财富的长远发展，在家庭收入增长乏力时就会面临资产不足、运转艰难的问题。以上两种情况的家庭风险承受能力都很差，一旦有意外情况发生，就会使家庭陷入困境。所以，家庭理财规划中对负债总额的控制十分重要。

如图 7-5 所示，家庭负债率是个动态的数值，需要根据家庭的具体情况细化安排。总体上可以参考将家庭的总负债和总收入的占比控制在 40%以内，将家庭的

总负债和总资产的占比控制在 25%～30%以内，这样比较有利于实现家庭资产负债结构的大体平衡。当然，上述的消费性负债也需要计入家庭负债总额中，受家庭负债的总额的控制。

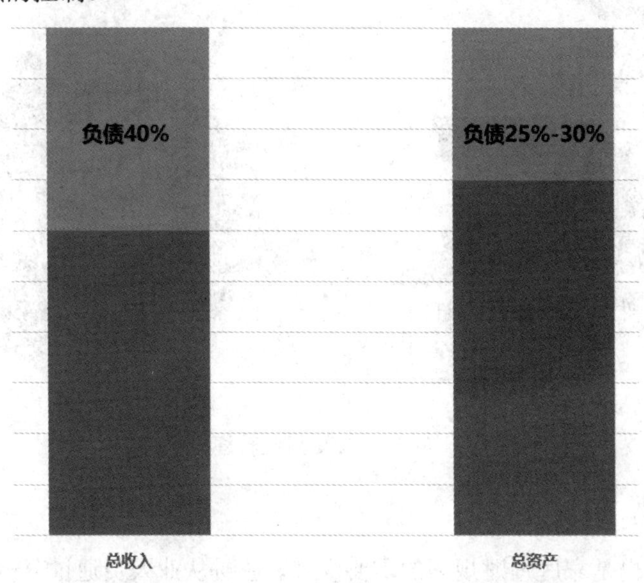

图 7-5　家庭负债控制图

三、教育储蓄资金

子女的教育是每个家庭不可忽视的部分，为了孩子受教育的长远计划，家长要提前为孩子的教育资金做好储蓄规划，以达到分散教育资金支出的压力，同时，通过教育储蓄资金还可以实现稳定收益，合理运用教育储蓄存款还可以实现避税功能。

子女教育支出是不少中国家庭消费支出中的主要支出。尤其在孩子的学前和中小学教育阶段，教育消费支出压力最大。粗略计算，从孩子开始启蒙教育到大学毕业，在教育培训方面的支出就高于 30 万元，如果再继续攻读硕士、博士学位或出国留学，其教育累计消费支出会达到 60 万元以上。可见，家长要为孩子的教育培养提前“备好弹药”，做好充足的教育资金储备。

四、完备的家庭风险保障

家庭面临的意外事件，如家人的疾病和身亡会对家庭的幸福感造成直接的影响。对这些客观存在的风险我们无法完全规避，但是做好预防措施和风险转移方案能够为家庭筑建一道防护墙，守护家庭幸福。

如图 7-6 所示，运用科学的保险规划方案，以定额可知的支出将家庭风险转移给保险公司，是为家庭提供完备的风险保障所能采取的最佳方式。理财规划方案中可以选择意外险、重疾险、教育险、养老险等类型的保险为家人做足保障，可以为家庭财产购置必需的保险，如汽车交强险、车损险、第三者责任保险和家庭房屋损毁保险等。

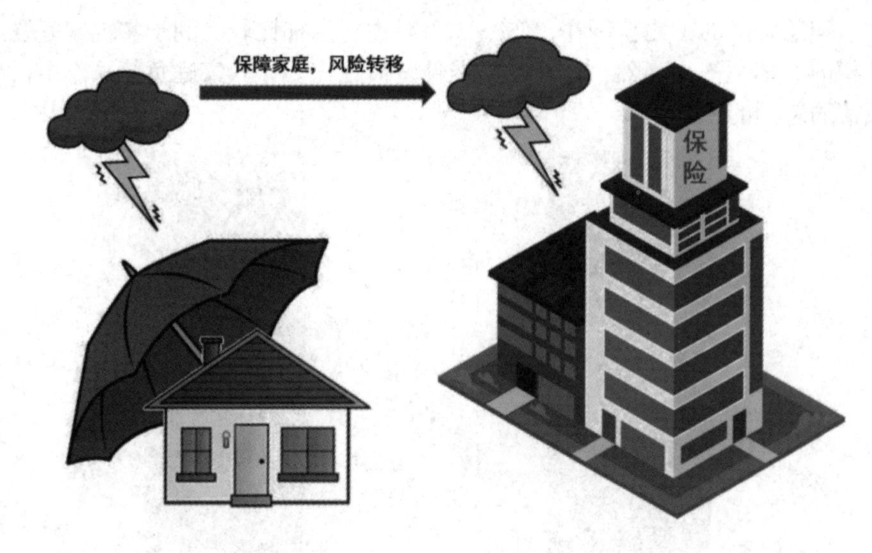

图 7-6　家庭风险转移

五、节税筹划

节税筹划也是家庭理财规划的重要内容。理财从业人员通过分析客户的经营、投资等经济活动，充分利用国家的税收优惠政策，凭借专业知识帮助客户进行事先筹划和安排，一方面帮助客户在参与经济活动中减少或延缓税费支出，另一方面也避免客户因为对税务专业知识的不了解而导致偷税、漏税等违法行为的发生。

六、避免盲目投资

随着经济的发展和人们对理财需求的多样化，金融市场中可供客户选择的理财产品越来越多。理财从业人员如果想要为客户实现稳定的投资收益，降低投资风险，就必须充分掌握“游戏规则”。专业理财从业人员要根据个人或家庭财务状况量身定做理财规划方案，通过理财规划方案的有效实施，实现资产的稳步增值，最终帮助客户实现财务自由的高层次理财追求。在进行投资时必须保持理智，要对市场做研究、对产品做研读、对需求做分析、对收益目标做合理定位，将资金进行阶段性的比例分配后再进行投入。不能以“赌一把”的投机心态激进地开展投资，否则可能会“竹篮打水一场空”，造成巨大损失。

七、尽早布局养老规划

要想在退休后的老年阶段保持较高的生活质量，就要未雨绸缪，早做养老规划的布局。尤其是对家庭中的经济支柱，越早实施养老规划越好。趁年轻有稳定工作时将部分收入用于购置养老保险、坚持养老储蓄、定投收益稳定的债券型基金等方式实施养老规划，运用这些工具来让本金积少成多，充分利用时间价值、享受复利回报，为应对退休后的收入急剧减少、医疗支出增加、生活质量降低等老年问题早做打算，更有利于在退休前实现养老规划目标。

课外链接：基金定投

基金定投是指在固定的时间，以固定的金额委托银行定期将资金扣划至指定的基金账户中的基金投资方法。其投资门槛低，一方面通过自动扣款实现强制储蓄。另一方面由于资金是按期投入的，其投资的成本也比较平均。

因为普通投资者很难适时掌握正确的投资时点，常常可能是在市场高点买入，在市场低点卖出。而采用基金定期定额投资方式，不论市场行情如何波动，每个月固定一天定额投资基金，长期投资后其成本被拉平。

八、适宜的财富传承方案

一般财富净值越高的家庭资产构成越复杂，财产在继承环节可能发生的法律风险越高，在财富的分配与传承上的诉求也就越强烈。理财从业人员在初步形成的财富传承方案中要考虑客户关注的便利性、费用成本、交易难度、法律风险等因素，在细致考虑客户的接受程度下，为其家庭资产做到充分的风险规避考量，确保财富能够实现安全让渡。

被继承人选择通过房产实现财富继承时，继承人需要承担因房屋产权转移产生的评估费、印花税、土地增值税、公证费、房屋产权登记费等费用，并且房产的过户手续较为繁杂。而如果被继承人选择通过投保大额人身保险和财产保险作为财富传承的方式则不需要支付任何费用。所以，客户资产形式的不同直接决定其在传承过程中产生的费用和传承难易程度不同。在初步形成家庭理财规划时应判断客户是否具有财富传承的需求，对有需求的客户完成传承方案的设计。

任务解析 2　设计储蓄分项规划

完善的家庭理财规划方案是一套综合性方案，针对不同的家庭需求和资产形式，综合考量后设计多个分项规划并设定各自的具体目标。本任务主要介绍基础的储蓄规划、保险规划、投资规划等家庭理财分项规划。

储蓄规划是家庭理财规划的基础，也是理财从业人员切入客户家庭理财规划的着力点，能够帮助理财从业人员引导客户养成计划资金支出的习惯，潜移默化地影响客户的消费观，帮助客户奠定理财的基础能力，是对客户理财认知的最基本检验。

对储蓄规划设定合理的目标，通过组合配置储蓄产品形成一套储蓄方案，引导客户执行实施，不仅能防患于未然，让客户在家庭面临缓冲财务危机时有能力应对，还能为家庭的长期财务目标积累启动资金。

一、设计储蓄规划所需遵循的原则

理财从业人员在设计储蓄规划时需要遵循五项基本原则，即为客户留足支付日常开支的现金、建立长期储蓄规划目标、收入储蓄优先化、长期连续实施以及利率比较原则(见图 7-7)。遵循这些原则有利于储蓄规划内容的完善和实施以及目标的实现。

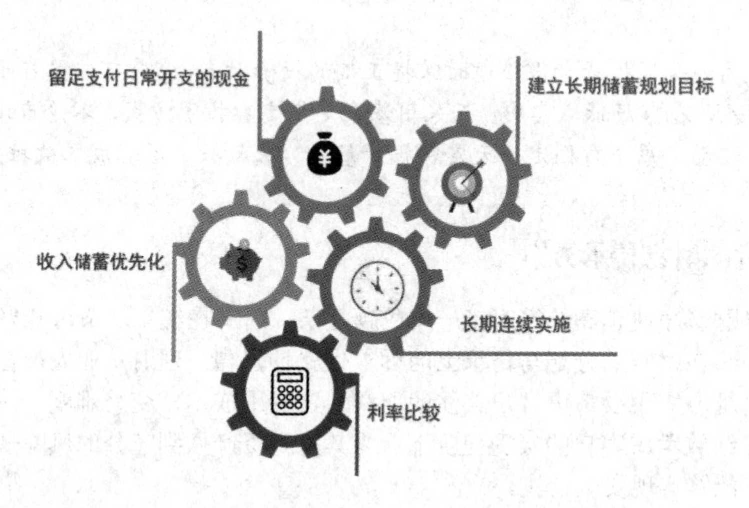

图 7-7　储蓄规划所需遵循的五项原则

(一) 留足支付日常开支的现金

拥有盈余资金是储蓄规划开展的前提。在为客户做储蓄规划时务必考虑为客户留足家庭日常开支使用的现金，在不影响家庭日常运转的情况下设计储蓄规划。

(二) 建立长期储蓄规划目标

储蓄规划是一项长期规划，理财从业人员需要与客户充分沟通，事先建立较长期限的储蓄规划目标，通过对长期目标的分段来确定平时的储蓄数额，逐步增加储蓄基数，积累收益。

(三) 收入储蓄优先化

在了解一个家庭的收入情况时，理财从业人员应首先帮助客户衡量家庭目前的储蓄占比是否在合理区间，如果未达到，则应在预留出家庭必备开支和应急资金后优先补足储蓄份额，这样一方面有利于让储蓄占比尽可能合理化，另一方面还能够让客户有效地控制非必要支出，帮助客户塑造正确的消费观。

(四) 长期连续实施

要想较好地实现储蓄规划的目标，就要引导客户日积月累、定时定额地进行

储蓄，保持储蓄的连续性和长期性。如果客户可以在每月提取工资的 10%～15% 购买定期存单，一年结束后会有 12 张一年期的定期存单；从第二年起，每个月都会有一张到期的定期存单，若不提取则会自动续存，经年累月就会形成一笔可观的储蓄资金。

(五) 利率比较

利率是衡量储蓄收益的关键指标，也是比较选择不同储蓄品种所应考虑的重要指标。为实现客户收益的最大化，在起存金额、储蓄时间、储蓄额度、取款要求等条件相同的情况下，要比较各银行的报价，优先选择利率高的银行存入。在条件相同的情况下，应购买国债替代储蓄存款。

二、设计储蓄规划需考虑的因素

为理财客户做好储蓄规划需要考虑储蓄金额、存款类型、存款技巧、储蓄优惠政策等因素。根据以上储蓄规划涉及的因素具体操作如下：

(一) 根据客户收入来源计算储蓄金额

针对客户收入结构的不同，储蓄资金的投入数额的计算方式应有所区别，以便储蓄金额在全部资产中的比重大致合理。例如，以固定薪资为主要收入来源的客户和以自营事业为主要收入来源的客户，其应考虑的储蓄金额方式就有所区别：

对以工作薪资作为主要收入来源的客户而言，需要将客户家庭每个月的必备生活开支剔除后再将余下资金按用途分为若干份，根据每份资金后续用途的缓急选择适当的储蓄品种存入，尽量避免不必要的随意性支出。

对以自营事业作为主要收入来源的客户而言，其每月收入额不稳定，获得收入后首先需要将经营所需本金进行剔除，对实现的利润参考“4321 定律”和“标准普尔象限图”进行储蓄资金数额投入。

(二) 选择合适的存款产品

在家庭储蓄规划中，最常使用的是银行存款和存款类产品。遵循收益和必要支出统筹兼顾的原则，根据不同存款的特性与客户资金支出的用途情况来衡量存款的适用性，做出具体存款存入组合安排，综合形成合理的储蓄规划方案。

1. 对比银行存款的灵活性和收益性

虽然银行存款是最传统的投资理财方式，具有很高的安全性和收益性，遵循期限与利率成正比，与存取的灵活性成反比的一般规律，但是在做储蓄规划设计时，具体存款产品的选择必须建立在对各种银行存款特性充分了解的基础上。

(1) 整存整取。整存整取利率高、收益好，但存款具有期限限制，如违反约定的期限提前取款则会丧失原约定的收益。图 7-8 所示为 2021 年 4 月平安银行不同存期的整存整取利率。

整存整取

人民币50元起存，支持10种外币

稳定收入 | 省心方便

币种	产品	年利率	存期	起购金额
人民币	整存整取	2.8000% 可质押	5年	50.00元
人民币	整存整取	2.8000% 可质押	3年	50.00元
人民币	整存整取	2.5000% 可质押	2年	50.00元
人民币	整存整取	1.9500% 可质押	1年	50.00元
人民币	整存整取	1.6500% 可质押	6个月	50.00元
人民币	整存整取	1.4000% 可质押	3个月	50.00元

图 7-8 平安银行整存整取利率

(2) 活期存款。活期存款利率低、收益差，但存取十分方便，灵活性很高。图 7-9 所示为平安银行公布的有关活期存款的约定。目前活期存款利率执行 2015 年 10 月 24 日调整后的 0.35%，各银行可在此基准利率上浮动调整。

存款

活期存款

指不规定存期，客户可随时凭存折或发展卡存取，存取款金额不限的储蓄存款。

人民币1元起存，多存不限。活期储蓄存款按季结付付息，按结息日挂牌活期利率计息，每季末月的20日为结息日，结息日的次日为入息日。

外币起存不低于等值10元人民币。外币活期储蓄存款计息港币、英镑全年按365天计息，美元及其它币种全年按360天计息，存期按实际天数计算。

外币活期储蓄存款每年结息一次，结息日为6月20日。

客户凭密码可在我行全国所有营业网点之间通存通兑。如果未到结息日储户提取全部活期储蓄存款，银行按清户日挂牌公告的活期存款利率计算利息。

图 7-9 平安银行活期存款的说明

(3) 通知存款。通知存款在一定程度上平衡了定期存款和活期存款的收益性和灵活度，它对存款的存期不做约定，按照存款人提前通知银行取款的天数对应 1 天或者 7 天通知存款的利率计息。图 7-10 所示为平安银行公布的通知存款利率及存取规则，它也遵循灵活性越高利率越低的规律，7 天通知存款的利率高于 1 天通知存款。

通知存款

流动性高于定期存款，利率优于活期存款

利率表

7天/1天是通知存款的2种类型，非存期，支取前存款人需提前7天/1天进行支取登记

币种	人民币		英镑	港币	美元
年利率	0.5500%	1.1000%	0.0100%	0.0100%	0.0100%
提前登记天数	1天	7天	7天	7天	7天

图 7-10　平安银行通知存款利率及说明

(4) 定活两便存款。定活两便存款对存款的存期不做约定，既有定期之利，又有活期之便，收益率根据实际存期就近靠档。表 7-3 为现行执行的 2015 年 10 月人民银行公布的各类存款利率表，定活两便存款利率为整存整取同档次利率的 6 折。可见，定活两便存款的利率低于整存整取存款，但是远高于活期存款利率。

表 7-3　人民银行公布的各类存款利率

项　目	年利率/%
一、活期存款	0.35
二、定期存款	
(一) 整存整取	
三个月	1.10
半年	1.30
一年	1.50
二年	2.10
三年	2.75
(二) 零存整取，整存零取，存本取息	
一年	1.10
三年	1.30
(三) 定活两便	按一年以内定期整存整取同档次利率打六折执行
三、协定存款	1.15
四、通知存款	
一天	0.80
七天	1.35

(5) 银行存款类产品。银行存款类产品是在传统银行存款的基础上创新而来的，由项目四相关内容可知，普通型银行存款产品的本质还是整存整取、通知存款等存款，它的特性与对应的存款类型一致，只是在存入金额和客户属性上做出利率的档位区分。对同一个客户而言，如果他可以满足银行设置的档位区分的标准，那一般情况下选择银行存款类产品可获得更高的收益。

2. 根据客户资金支出时间匹配存款产品

家庭储蓄规划是家庭理财规划的一部分，为实现整体的理财规划目标而服务。理财从业人员初步形成理财规划方案时，要充分考虑客户的资金使用安排，当客户资金支出可预期时，将资金支出的时间与存款期限进行匹配，根据客户资金支出的计划选择存款类型，确保在储蓄规划实现收益最大化的过程中不影响客户的资金使用。当然，客户未来的资金使用不是总能提前确定的，这就需要理财从业人员提前对资金做出预备方案，运用较为灵活的存款产品来应对客户的资金周转需求。

(1) 可预期资金支出时的存款产品选择。

在可以确定资金支出时间或事项的情况下，往往会选择期限长于 1 年的整存整取存款来应对远期支出，会选择期限 3～6 个月的整存整取存款应对 1 年以内的家庭支出，同时要储备覆盖家庭生活支出 3～6 个月的活期储蓄产品应对家庭的临时支出。

(2) 无法预期资金支出时的存款产品选择。

对于无法预期资金支出时间或不明确事项的支出，可考虑存入 7 天通知存款作为备用资金，获取高于活期的收益，避免存入整存整取后因提前支取时损失利息。也可以根据未来在可能发生支出的大致时间范围，核算对应期限的整存整取利率和定活两便利息，将其与 1 天或 7 天通知存款做比较，选择利息高者存入。

(三) 合理运用存款技巧

1. 整存整取产品的运用技巧

整存整取产品在储蓄规划中的使用率较高，但是整存整取产品不可做部分提前支取，理财从业人员可根据银行设定的金额将客户整存整取资金的一部分划分为若干份，以便客户可以在提前支取时只提取需要的额度，并将利息损失降低到最低。另外，要对存入的整存整取款项选择到期自动续存，保证收益连续的同时又可以减少到银行办理续存手续的次数。

2. 大额可转让定期存单的运用技巧

大额可转让定期存单可在货币市场中转让流通，如客户有大额暂时闲置资金，建议一部分购买大额可转让定期存单。这样一方面客户可以享有较高利息收入，另一方面还能在遇到紧急用钱的情况时将存单转让、融资。

3. 零存整取产品的运用技巧

零存整取产品是在资金存入时约定存期，存款人每月固定时间存入固定金额，在约定存期到期后一次性支取本息的一种储蓄方式，存期一般分一年、三年和五

年。该种存款每月存入金额门槛很低，非常适合消费支出缺少规划的客户，对于此类型的客户可以把零存整取作为强制储蓄的产品进行部分配置。

(四) 充分利用储蓄优惠政策

作为理财从业人员，要了解国家和银行的储蓄优惠政策，在为客户做储蓄规划时充分考虑政策因素并加以利用。如图 7-11 所示，2000 年中国人民银行发布了《教育储蓄管理办法》，并于 2020 年进行修订，其中明确指出教育储蓄免征利息个人所得税。

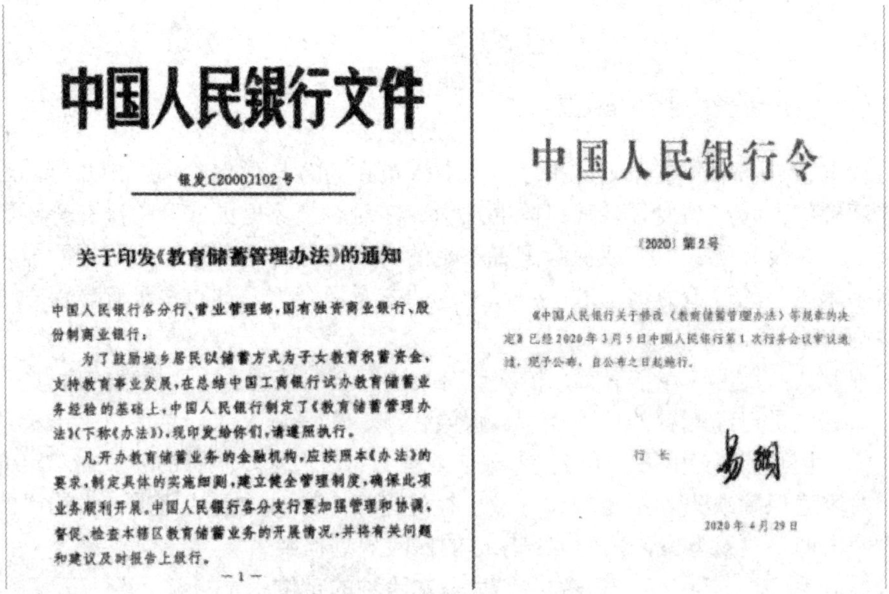

中国人民银行文件

银发〔2000〕102 号

关于印发《教育储蓄管理办法》的通知

中国人民银行各分行、营业管理部，国有独资商业银行、股份制商业银行：

为了鼓励城乡居民以储蓄方式为子女教育积蓄资金，支持教育事业发展，在总结中国工商银行试办教育储蓄业务经验的基础上，中国人民银行制定了《教育储蓄管理办法》（下称《办法》），现印发给你们，请遵照执行。

凡开办教育储蓄业务的金融机构，应按照本《办法》的要求，制定具体的实施细则，建立健全管理制度，确保此项业务顺利开展。中国人民银行各分支行要加强管理和协调，督促、检查本辖区教育储蓄业务的开展情况，并将有关问题和建议及时报告上级行。

— 1 —

中国人民银行令

〔2020〕第 2 号

《中国人民银行关于修改〈教育储蓄管理办法〉等规章的决定》已经 2020 年 3 月 5 日中国人民银行第 1 次行务会议审议通过，现予公布，自公布之日起施行。

行长　易纲

2020 年 4 月 29 日

图 7-11　《教育储蓄管理办法》相关文件

对于有子女教育储蓄需求的家庭，则可考虑利用该政策，选择将教育储蓄列入储蓄规划，达到家庭节税、减少支出的目的。

任务解析 3　设计保险分项规划

保险规划作为家庭理财规划的构成部分，在家庭的各个生命周期阶段发挥作用，它不仅体现在风险转移上，还体现在为客户获得长期收益、节税免税、资产传承上，为家庭搭建有效的安全防护网。风险是客观存在的，随时随地都有可能发生且不可避免，当一个家庭没有提前做好风险防范及转移措施时，突如其来的风险就会给家庭带来损失。相较于靠家庭持有资产或举债去弥补风险带来的损失，选择提前配置保险产品来转移风险则更加明智。

一、设计保险规划需遵循的原则

理财从业人员需遵循以下五项基本原则做出能够覆盖客户家庭风险的保险规

划，即根据客户需求配置保险、保险方案要量力而行、保额至重、重视高额损失并对保险规划方案动态管理，如图 7-12 所示。

图 7-12 保险规划原则

(一) 根据客户需求配置

根据客户需求配置原则是指理财从业人员在为客户做保险理财规划时，应秉持让配置的保险产品发挥转移风险的理念，在对客户家庭的实际情况充分了解的情况下，为没有配置保险或保险配置不足的客户设计符合其家庭实际保障需求，覆盖基本风险的保险方案。若客户已配置的方案不合理，如重复配置、保额过高等，则应给予调整建议。

理财从业人员应在了解客户情况后对其进行全面梳理。需要梳理的信息包括：客户家庭成员已经配置的保险类型、保险保额、家庭总收入、总保费支出、家庭总负债、生活基本支出等。还应参考表 7-4 提供的四大基本险种的客户需求定位信息，对家庭保障缺失和不足的部分做出补足建议，针对重复或比重过大的已购置保险做出调整建议方案，构建客户家庭的保险规划框架。

表 7-4 四大基本险种的定位

险种	重疾险	寿险	医疗险	意外险
配置目的	弥补重大疾病带来的财务损失，也可用于治疗康复费用	防范被保险人突然身故，为家庭其他人提供财务保障	补偿看病住院导致的医疗费用	防范因意外带来的身故或伤残，弥补意外医疗费用
赔付方式	罹患符合条件的重疾，达到理赔条件，直接赔付保额	身故直接赔付保额	对符合条件的医疗费进行报销	身故或伤残，直接赔付；意外医疗，报销补偿
适合对象	全家人(年纪过大的老年人不建议，可能保费倒挂)	家庭经济支柱	全家人	全家人
保额设置	根据财务损失和当地医疗消费水平综合决定	根据家庭债务、子女教育、父母养老等综合财务责任而定	保费便宜，可根据实际需求购买	保费便宜，可根据实际需求购买
保障期限	定期或终身，视预算而定	20 年、30 年或到 60 岁、70 岁等，视承担家庭责任的时间而定	一年期，买一年保一年	一年期，买一年保一年

(二) 量力而行

根据保险“双十定律”，家庭每年缴纳的保费不应在家庭总收入中占据过高比例，理财从业人员要根据客户家庭情况量力而行地做出保险规划，否则将会给家庭带来比较重的经济负担，在客户收入资金的额度内合理配置保险产品才是理财从业人员应有的专业素养。尤其对收入不稳定的家庭，需要认真为客户核算家庭年缴保费额，避免因客户收入下降、导致保费断缴，让客户面临保险空窗期。

(三) 保额至重

保险产品转移家庭风险是通过杠杆性来体现的，通过可核算的较低的成本去购买较高的不可预知的风险补偿，因此要尽可能放大保险保额，才能更好地发挥杠杆效应，只有保额足够覆盖风险，才能在关键时刻发挥作用，对冲风险给家庭带来的冲击。

如图 7-13 所示，在为家庭经济支柱投保人寿保险时，需要核算家庭的负债总额和年生活支出总额，理想的足额保额需要覆盖家庭总负债余额和至少 3 年的家庭生活开支，有子女的还需要考虑覆盖子女直至大学毕业所需的教育资金。如果对家庭经济支柱配置人寿保险的保额过低，那么在他离世后，家人仍要面临生活费用不足和偿还剩余负债的压力，这就失去了配置人寿保险的实际意义。

图 7-13　人寿保险的足额保额

(四) 重视高额损失

有些家庭风险事故发生的频率虽然不高，但事故一旦发生就会给家庭造成高额损失，这类“黑天鹅”事件会引爆家庭危机，造成连锁反应，导致家庭陷入经济困境，所以必须加以重视。做保险规划时，要优先考虑在这方面情况，做好预防措施以求转移风险，避免让家庭遭受严重打击。

如图 7-14 所示，家庭中较多见的“黑天鹅”事件是发生人身意外事故、罹患重大疾病，尤其是发生在家庭中的经济支柱身上后果更加严重。所以制订保险规划时就要优先为家庭中的经济支柱配置，转移因其意外丧失劳动能力或去世导致的家庭收入中断所引起的财务危机，罹患重大疾病引起的大额治疗费用支出。在做好家庭中的经济支柱的高额保险足额配置后，再考虑为家庭中的其他成员配置。

图 7-14　转移家庭“黑天鹅”风险

(五) 保险规划方案的动态管理

客户在人生的不同阶段所适用的保单保额和保障内容有所差异，所以保险规划方案就必须动态跟踪，积极管理。理财从业人员要关注客户家庭的变化，根据变化的具体情况调整保险规划内容。

如图 7-15 所示，对刚进入社会的年轻人而言，就应该充分利用年纪轻、保费低的优势，规划高额重大疾病保障，减轻未来的重大疾病投保压力，同时转移重大疾病支出的财务风险；在组建家庭后，就应该以家庭中的主要劳动力为主去配置保险，为夫妻双方依次添加终身寿险并附加一定的医疗险和意外险；在进入三口之家后，家庭的收入较初入职场时更高更稳定，但是此时的家庭时常面临房贷和车贷的按揭还款压力，所以需要适当补充保费较低的定期寿险，转移该年龄阶段因突遇意外而导致收入中断的风险。还可以考虑配置万能及分红型保险，为孩子今后的教育资金做准备；随着人到中年后对未来养老的计划安排，需重点考虑为

图 7-15　家庭保险动态调整内容

客户增加具有一定收益的储蓄型保险产品以备未来养老之需，在退休后可享受美好的退休生活。

二、设计保险规划的基本步骤

为客户家庭设计适用的保险规划方案的过程，就是基于对整个家庭的风险进行全面分析与透彻了解的前提下，做出方便客户购买和实施的产品组合的过程。如图 7-16 所示，一套完善的保险规划方案至少需要经过以下三个基本步骤：分析家庭的风险情况、确定风险暴露点，瞄准客户具体需求，选择应对保险类型；对家庭的经济状况进行深入分析后计算覆盖客户家庭保障的保额，选定保障应覆盖的期限；分析家庭现状结构，确定家庭成员的保险配置顺序和保险产品类型的配置顺序，在同类产品中择优选择产品并进行整合，为客户免除在未知风险面前的后顾之忧。

图 7-16　保险规划的基本步骤

(一) 分析风险暴露，选择保险类型

1. 定位家庭风险阶段

保险的核心作用是转移风险，因此对整个家庭的风险进行全面透彻的分析是保险规划设计的原点。根据客户家庭风险来确定投保需求是科学投保最重要的基础。

图 7-17 是家庭风险管理的金字塔模型，理财从业人员可以遵循此模型分析客户家庭所处的风险阶段，根据客户家庭的具体情况从底部向顶部，按照“四步法”逐层为客户设计保险规划的框架。

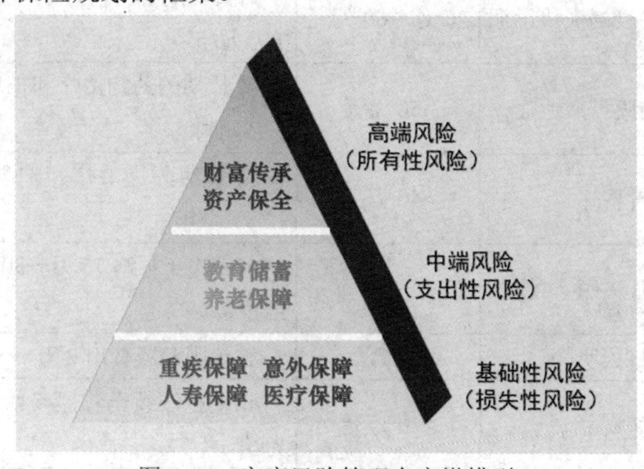

图 7-17　家庭风险管理金字塔模型

2. 分析风险，匹配保险类型

对家庭而言，其风险主要是家庭成员疾病风险、身故风险和家庭财务风险。

(1) 疾病风险。每个人都会生病，因病导致的误工财务损失也就不可避免。如果家人不幸罹患了重大疾病，整个家庭的财务很快就会捉襟见肘，甚至陷入困境。

重大疾病是家庭面临的最不可控、风险系数最大的一项风险，表 7-5 列举了 25 种重大疾病在治疗和护理当中所涉及的费用，大多数重大疾病不只有治病初期的费用，还有后续的治疗费和护理费。

表 7-5 25 种重大疾病的相关费用

序号	大病种类	治疗费用	治疗手段
1	恶性肿瘤	>30 万元	CT、伽马刀、核磁共振等为社保不报销或部分报销项目，同时 80%以上的进口特效药不在社保医疗报销范围内
2	急性心肌梗塞	10 万～30 万元	需要长期的药物治疗和康复治疗
3	脑中风后遗症	>30 万元	需要长期护理和药物治疗
4	重大器官移植术或造血干细胞移植术	>60 万元	心脏移植、肺肠移植不属于社保报销项目，器官移植后均需终身服用抗排斥药物
5	冠状动脉搭桥术	10 万～30 万元	造影属于社保部分费用报销项目，搭桥每条约 4 万元，需长期药物治疗和康复
6	终末期肾病	>60 万元	肾移植 60 万元或长期依赖透析疗法约 4000 元/月，社保部分报销透析费用
7	多个肢体缺失	10 万～40 万元	假肢 3～5 年需要更换一次，要长期进行康复治疗
8	急性严重肝炎	>15 万元	4 万～5 万元/年，并发症多，需要长期药物治疗
9	良性脑肿瘤	10 万～35 万元	需要长期的诊断和药物治疗
10	慢性肝功能衰竭失代偿期	20 万～60 万元	需要长期的药物治疗和护理治疗，3 万～7 万元/年
11	脑炎或脑膜炎后遗症	>50 万元	要长期的药物治疗和护理治疗，3 万～5 万元/年
12	深度昏迷	>40 万元	要长期药物治疗和护理治疗，8 万～12 万元/年
13	双耳失聪	20 万～40 万元	安装电子耳蜗 15 万～30 万元，1.5 万/年维护费
14	双目失明	>20 万元	移植眼角膜费用 2 万～5 万元左右
15	瘫痪	>30 万元	长期护理及药物康复治疗，5 万～8 万元/年
16	心脏瓣膜手术	10 万～25 万元	需终身抗凝药治疗

续表

序号	大病种类	治疗费用	治疗手段
17	严重阿尔兹海默病	>30 万元	需终身护理及药物治疗，5 万～8 万元/年
18	严重脑损伤	>30 万元	需终身护理及药物治疗，4 万～10 万元/年
19	严重帕金森病	>30 万元	需终身护理及药物治疗，5 万～19 万元/年，进口特效药不是医保报销药品
20	严重Ⅲ度烧伤	20 万～50 万元	需多次手术整形
21	严重原发性肺动脉高压	20 万～60 万元	心肺移植及终身药物治疗，10 万～20 万元/年
22	严重运动神经元病	>30 万元	长期护理及药物治疗，6 万～15 万元/年
23	语言能力丧失	>10 万元	依据病因治疗费不同
24	重型再生障碍性贫血	>60 万元	骨髓移植及长期药物治疗
25	主动脉手术	10 万～20 万元	放置支架，进口支架 10 万元左右

这类风险需要通过重大疾病保险和医疗保险来实现转移。其中重大疾病保险就是为了补偿被保险人在罹患重大疾病时所发生的损失而存在的。

重大疾病保险既能弥补高额的医药费用，还能给付一定的误工费、护理费，保证患者家庭的生活质量，将大部分的疾病风险进行转移，为家庭起到保护作用。

另外，家庭成员的医疗补充保险也可考虑作为保险规划的一个方面，它可以单独投保，也可作为重大疾病保险、意外疾病保险的附加选择，可使发生的医疗费用获得更高的报销率，减少家庭的医疗财务支出。

(2) 身故风险。目前我国大多为独生子女家庭，这种家庭结构意味着家庭中的主要劳动力面临上有四老下还有小的情况。如果家里的经济支柱不幸身故，家庭收入来源中断，整个家庭就会面临崩溃。这类风险需要通过意外保险和人寿保险来实现转移，它能够为家庭后续运转和家人的基本生活提供保障。

(3) 财务风险。上述的疾病风险和身故风险都会给家庭带来财务风险，另外，当我们年轻时也要为未来收入降低或退休收入减少做以考虑。这类风险可以通过年金保险、储蓄型终身寿险来实现转移。

① 年金保险是投保人向保险人一次或按期缴纳保险费，保险人在被保险人的生存期内，按年、半年、季或月给付保险金，直至被保险人死亡或保险合同期满。年金保险适合于教育金和养老金的规划，具有保值、增值的功能，理财从业人员应建议客户将年金保险作为一项长期资产持有。

② 储蓄型终身寿险的养老保障功能较强，保额采用每年复利增值，一生增值的形式，让不确定的未来有了可预期的收益；也可以选择私人定制，在人生的不同阶段领取合适的费用用于创业、婚嫁、子女教育、养老和继承等。寿险的归属性最强、争议最少，给付更加确定和安全，比较适合中产和高净值家庭更好、更稳健地管理好现金类资产。

(二) 计算合理保额，选定保障期限

保险的保额和保障期限是决定保险保费高低最主要的两个因素，它们在很大程度上决定了整个家庭保险规划方案的成本和保障力度。理财从业人员需要认真研究这两个指标，思考如何让客户花较少的钱，获得较完善的保障。

保险的保额越高，保障期限越长，保费越贵，提供的保障力度就越大。但是保险的保额额度是没有上限的，理财从业人员要根据客户的承受能力和实际需求来核算出较为适合的保额水平。保险的保额不可能一次到位，理财从业人员在做保险规划的时候不能将眼光局限于当下，而是要在与客户沟通的基础上为其家庭做出一个保额递增的长期规划方案。

理财从业人员在为客户配置重大疾病保险保额时需要参考医学统计数据：一个人罹患重大疾病后，通常需要3～5年的康复疗养时间才能够恢复到疾病前的身体状态，因此，应建议客户将重大疾病保险的保额配置为5倍的年收入较为合理。

理财从业人员在为客户配置人寿保险时，在首次配置和家庭经济能力有限的情况下，应选择杠杆更高的定期人寿保险，回归“保费姓保”的初衷，通过低保费高保额来为家庭提供财务保障。

(三) 确定配置顺序，择优整合产品

在家庭保险规划中，人员配置的顺序应该是父母先于孩子，只有父母先保障好，才能为孩子撑起保护伞。在为父母配置的过程中，应以家庭中的主要劳动力为核心，考虑双方的保险配置类型和次序。

(1) 优先为经济支柱配置人寿保险、重大疾病保险、医疗保险、意外保险。

(2) 在经济支柱的保险配置较为完备的情况下，开展另一位家庭成员的重大疾病和医疗保险，解决家庭成员的日常就医补偿问题。

(3) 因意外保险成本较低，且作为“黑天鹅”的意外事件无论发生在哪个家庭成员身上都会对家庭具有极大的打击，所以应该考虑为家庭全员配置。

(4) 为夫妻双方增加定期寿险保额，加大应对任意一方不幸去世给家庭造成的经济损失弥补力度，向家庭保险足额保障靠近。

(5) 为夫妻双方配置年金保险、储蓄型终身寿险等理财型保险，应对家庭成员的教育金和养老金问题。

在对每个家庭成员的保险配置顺序和保险类型、保险额度大致确定后，保险规划框架基本成型。理财从业人员需要对保险公司、保险市场所售的保险产品做进一步研究对比，核算适合客户的同等保障下的保费，择优搭配，完成保险产品的整合，初步形成保险规划方案。

任务解析4 设计投资分项规划

投资规划中的“投资”并不等同于一般意义上的投资行为，它是一个有步骤、

有目的的系统性过程。在此过程中，首先需要对客户的投资需求和目标进行合理性分析，在与客户的风险承受度结合后，再根据当前投资环境制订资产配置策略，指导客户实施投资规划并跟踪执行情况，及时对阶段性投资目标的实现程度做出评价。如果目标实现度较差，则应尽快做出相应调整并继续跟进客户执行实施。

投资规划分项中运用的工具主要是股票、基金等证券投资工具，另外还包含外汇、黄金、金融衍生品等金融工具。根据客户实际情况，有时也将珠宝、古董字画等投资纳入其中。对于上述的投资工具，需要根据客户的需求和风险程度进行深入分析，设计符合客户风险承受度和合理收益期望度的最优投资组合方案，该方案追求的目标是使资产的收益性、安全性和流动性三者统筹兼得，是一个从执行到反馈修正然后再次执行的动态化过程。理财从业人员在面对种类繁多的投资工具时要全面考虑，妥善选择，形成投资组合后引导客户执行实施，使投资规划发挥财富保值增值的作用，进一步加强理财从业人员和客户之间的合作，增加客户对财富管理机构的认可度和信赖感。

一、设计投资规划的基本原则

理财从业人员在设计投资规划时，需遵循四项基本原则，如图 7-18 所示，它们分别是充分利用货币资金的时间价值、注重不同投资工具的特性、建立投资组合分散风险、坚持持续投资获取稳定收益。

图 7-18　投资规划的基本原则

(一) 充分利用货币资金的时间价值

设计投资规划时，要充分利用货币资金的时间价值，善用“时间复利”效果，钱生钱、利滚利，促使货币资金的时间价值在投资规划中充分发挥作用。

投资大师巴菲特将货币资金的时间价值发挥到了极致，他十分耐心地实施“价值投资”，一旦发现被“低估”价值的股票，选择买入后他便会在较长的时间内持有，等待时间为资产投资带来增值。他从 1973 年开始买入华盛顿邮报公司股票并持有超过 40 年，1988 年购入可口可乐公司股票，直至 2020 年，《巴菲特写给股东的投资年报》中显示其仍持有可口可乐公司股票。持有期间，他可以获得客观的长期投资分红，如果卖出，则能够享受因公司的良好经营、市场增长而带来的收益。

课外链接：价值投资

巴菲特在股东大会上多次提到他的投资就是“价值投资”，这种投资策略并不是由巴菲特首创的，而是由华尔街教父格雷厄姆提出来的。格雷厄姆于 1934 年年底在《证券分析》这部划时代的著作中深刻阐述并进行了定义。

价值投资强调的是将安全边际拉到足够高的位置并以此获得安全而稳定的收益，只要股票价格低于其公司的净流动资产的 2/3，安全边际就足够高了，其核心意义是避险。

价值投资理解的风险不是证券价格的波动，而是本金的永久性损失。只要买入价格合适，就算证券价格短期波动带来的也只是短期的亏损而不是本金的永久性损失，只需静静等待价值回归便能带来预期的收益。

(二) 注重不同投资工具的特性

不同的投资工具各有所长，体现出不同的特性。理财从业人员要根据客户的实际情况和投资工具的特性进行投资组合，寻求最佳均衡点。虽然均衡状态是非常理想化的，完全的均衡状态在现实中更加难以企及，但是作为专业理财从业人员要立志向着这个方向去努力。

此处主要介绍在投资组合中最常用的基金、股票两种投资工具的特性。

1. 基金的特性和表现

基金的特性和表现如表 7-6 所示。

表 7-6 基金的特性和表现

投资工具	特性	特性表现
基金	集合理财，专业管理	通过汇集众多投资者手中的资金，积少成多，由此而产生规模效益，降低投资成本；基金管理人拥有专业化的投资研究团队和强大的信息网络，能更好地对证券市场进行全方位的动态跟踪分析
	组合投资，分散风险	一笔基金通常会投资几十种甚至上百种股票，投资者购买基金就相当于用很少的钱投资了一篮子股票。某些股票下跌所造成的损失可用其他股票上涨的盈利来弥补，因此基金具有组合投资、分散风险的优势
	利益分享，风险共担	基金投资收益在扣除由基金承担的费用后，剩下的盈余全部归基金投资者所有，并依据基金投资者所占的基金份额比例进行收益分配
	严格监管，信息透明	监管机构对基金业实行严格监管，对各种有损于投资者利益的行为给予严厉打击，并强制基金进行较为充分的信息披露
	独立托管，保障安全	基金管理人负责基金的投资操作，不负责基金的财产保管。基金财产的保管由独立的基金托管人负责，这种相互制约和相互监督的机制进一步保障了投资者利益的安全

2. 股票的特性和表现

股票的特性和表现如表 7-7 所示。

表 7-7 股票的特性和表现

工具	特性	具体表现
股票	永久性	股票的永久性也就是股票的不可偿还性，它是指股票所载有权利的有效性是始终不变的，因为它是一种无期限的法律凭证，是一种没有偿还期限的有价证券。投资者买入股票后不能要求退股，只能通过二级市场的交易来实现股票价值的兑换，需承担二级市场的流通风险
	权责性	权责性是指持有公司股票后投资人就会成为公司股东，根据持有股份类型和多少，不同程度地参与公司的经营管理，例如参加股东大会、了解公司的经营情况等。股东有权分享公司的利益，参加配股分红，当然公司因经营不善而亏损也要承担投资失败的责任
	流通性	上市公司通过发行股票而筹集资金，在公司的续存期内，筹集的资金可以用来支持上市公司业务扩张、公司发展。股票投资者在二级市场可以自由买卖股票，进行投资与变现的转换，这是股票流通性的主要体现方式。 股票流通性的强弱通常以可流通的股票数量、股票成交量以及股价对交易量的敏感程度来衡量。可流通股数越多，成交量越大；价格对成交量越不敏感，股票的流通性就越好，反之就越差。通过股票的流通和股价的变动，可以判断相关行业和上市公司的发展前景和盈利潜力
	收益性	股票的收益性表现在投资者持有股票所获得的红利收入和在二级市场的买卖差价收益，这两种收益都具有不确定性。 分红收益的大小取决于公司的经营状况、盈利水平和盈利分配政策，而价差收益即资本利得的多少则与投资者自身的技术水平有关
	风险性	股票的风险表现在价格的波动性上，一方面受经济危机、国家政策、行业政策、公司的经营状况和盈利水平等公司运转方面的不确定因素影响，另一方面受股票的供求关系、银行利率变动以及大众心理等股票二级市场行情方面的因素影响，这都体现出股票的风险性

对比基金和股票的特性，可见其在风险等级上和投资方式上具有较大差异，基金投资较适用于对金融市场有初步了解，对专业金融机构较为信赖，风险承受能力适中，对投资收益空间通道要求较窄的客户，且基金对投资人的资金额度几乎没有门槛，很适合作为投资规划分项的入门产品配置。

我们时常听说："股市有风险，入市需谨慎"，股票是受很多不确定性因素影响的高风险投资工具，适合有一定金融投资经验和分析能力且风险承受能力较强，对投资收益的空间通道要求较宽的客户配置。要通过股票收益对家庭财富带来大幅增值，则需要客户具有一定的资金实力，应建议根据客户的接受能力分段建仓、逐渐增加比重。

(三) 建立投资组合分散风险

在为客户进行投资规划时，需要结合运用不同投资工具、调整同类型投资工具的产品比重来建立投资组合，用“不把鸡蛋放在一个篮子里”的方法来达到分散风险的目的。可参考项目五任务一中学习的三种经典的家庭理财投资组合模式，在此基础上调整工具的比例和品种，进一步实现投资方案的细致化和差异化，更精准地确定投资组合的收益来源和风险侧重点。

实际上在进行投资分项规划的具体设计安排时，往往还需要进一步掌握某一类工具下的细分类别的具体情况，甚至对单个类型工具和单支产品做出风险和收益判断后才能做出正确选择，建立完善的投资组合。

下面对证券投资工具的整体风险分层和基金的细分领域风险分层做简要介绍。

1. 证券类投资工具的风险分层

依据《证券期货投资者适当性管理办法》对证券机构提供的产品或服务风险等级评价做出标准设立，能够科学有效地评估产品或服务的风险等级，并根据法律法规、监管规定以及信用风险、市场风险、操作风险、流动性风险等方面的变化及时调整产品或服务的风险等级，风险等级从低到高依次为 R1～R5，具体如表 7-8 所示。

表 7-8 证券类投资工具风险分层表

风险评级	根据特征描述评估的相关产品或服务
R1	包括但不限于国债、地方政府债、债券质押式逆回购业务、货币市场基金、本金保障型收益凭证、柜台市场经纪业务(本金保障型相关业务)、风险等级为 R1 的金融产品及相关服务
R2	包括但不限于债券公众投资者可交易的债券、风险等级为 R2 的金融产品及相关服务
R3	包括但不限于 A 股股票、B 股股票、场内交易基金、股票期权备兑开仓业务、股票期权保护性认沽开仓业务、投资顾问业务(含风险等级为 R3 的咨询服务产品)、柜台市场金融产品转让业务、风险等级为 R3 的金融产品及相关服务
R4	包括但不限于退市整理期和风险警示股票、港股通股票(包括沪港通下的港股通和深港通下的港股通)、融资融券业务、证券出借、分级基金、股票质押式回购(融入方)、约定购回式证券交易(融入方)、债券合格投资者可交易债券、创新层挂牌公司股票、基础层挂牌公司股票、个股期权买入开仓业务、股票期权保证金卖出开仓业务、权证、风险等级为 R4 的金融产品及相关服务
R5	包括但不限于场外衍生产品、风险等级为 R5 的金融产品及相关服务

在为客户进行证券配置时，需要根据客户的风险承受能力大致确定所选工具处于的风险评级等级位置，根据客户的可投资资金数量、收益诉求、金融市场的感知度以及对产品的接受程度来确定选择的工具大类。

2．基金风险分层

中国证券基金业协会在《基金募集机构投资者适当性管理实施指引(试行)》起草说明中明确指出各基金公司可自行补充指定基金产品的风险等级划分标准体系，基金公司在划分基金产品或者服务风险等级时将综合考虑流动性、到期时限、杠杆情况、结构复杂性、投资单位产品或者相关服务的最低金额、投资方向和投资范围、募集方式、发行人等相关主体的信用状况、同类产品或者服务过往业绩等因素进行基金产品或者服务风险等级的划分，表 7-9 可供参考了解具体基金类型的风险层次排序。

表 7-9　基金风险分层表

风险层次	基金类型(风险从高到低)
高风险/R5	分级基金 B 份额(股票、债券基金) 大宗商品基金 私募基金 股权基金
中高风险/R4	可转债基金 B 份额 分级基金 B 份额(债券)
中风险/R3	股票型基金 混合型基金 可转债基金 分级基金 A 份额
中低风险/R2	普通债券型基金
低风险/R1	短期理财债券型基金 货币市场基金

在为客户进行基金配置时，需要根据客户的风险承受能力和投资需求来确定基金组合，通常分为稳健型和激进型两种。稳健型根据对预期收益的大小，可以选择债券型基金或者股债混合型基金；激进型可以投资股票型基金或者偏股型基金，其风险高，收益也相对更高。对于仅要求投资资金跑赢存款利率的客户，也可以只考虑配置货币市场基金及短期理财债券型基金。

(四) 坚持持续投资获取稳定收益

持续投资并长期持有理财投资工具更能享受到资金时间价值收益。一次性或较短期的偶然性投资只能获取因市场波动带来的差值收益，但也存在因波动风险亏损的可能，这类根据市场的波动进行的短期买卖行为在性质上更偏向于投机而非投资。所以理财从业人员不能忽略投资的持续性，即便短期出现亏损，也要通过长期的收益抵销，获得稳定的收益。

2020 年 8 月 10 日，支付宝联合上海高金金融研究院发布了《2020 国人理财趋势报告》，报告显示出当下人们进行理财的一个重要趋势是大家的长期投资习惯正在养成。从支付宝 7 亿理财客户的投资行为来看，当下“基民”们平均持有

基金的时间达到 337 天。

二、设计投资规划的基本步骤

(一) 判断客户风险偏好

每个客户都有自身的风险偏好，这与客户的性格、所处的生活环境等主客观因素息息相关。客户风险偏好不能靠某一个标准简单识别出来，而是需要运用各种量化指标、问卷调查来辅助判断、综合评估。在实际操作过程中，不同的金融机构在监管的要求下，依据提供的产品和服务内容划分风险级别，同时对客户的风险定级标准做出规定，通过让客户完成相关问卷，根据客户的回复对其投资风格做出基本判断，定位出客户风险等级。

风险问卷调查结果分别对应保守型、稳健型、平衡型、成长型、进取型五类投资风格，它们对应 C1、C2、C3、C4、C5 这 5 个风险等级。对理财从业人员而言，客户投资风格和风险偏好没有好坏之分，关键是作为专业理财规划人员，如何能够准确判断出客户对某类理财工具或理财产品的接受度，只有这样才能有的放矢地设计出符合客户自身特点的资产配置。

(二) 资金性质分析

客户持有的资金性质分析是确定投资目标的必要环节，不同的资金性质影响着资产配置结构。例如，客户在短期内没有消费需求，可将大部分剩余资金用于长期投资；客户资金准备用于子女高等教育支出，就要以保证本金安全为首要前提，越临近支出日越应当采取保守的投资策略。理财从业人员应该在综合分析客户资金安全性要求和期限要求的基础上，对资金做出安全等级和期限跨度的定性判断，为制订合理的投资目标打下基础。

(三) 确定投资规划目标

投资规划目标设定的合理与否直接影响着投资规划的其他环节。要确立合理的投资规划目标，就要对客户信息进行深入细致的分析，不仅要考虑客户的风险偏好和资金性质，还要考虑初始资金的准备，未来追加资金的来源，当前市场经济环境下的资金平均报酬率，客户的自身素质和家庭成员情况等各类因素，以便理财从业人员在综合考虑影响投资目标的各方面因素后做出定量判断，最终提出明确的、合理的、切合实际的投资目标。准确的投资规划目标不仅仅是一个数值，而是要能够描述在投资规划实施后，需要多少时间，实现多少收益，达到什么目标值。投资规划的目标需要直观、量化并切实可行，这也是投资规划目标与投资目的的差别性体现。

如图 7-19 所示，将 1 万元进行投资，投资 5 年后，获得 3 万元收益，满足未来子女上大学的需要。如果到时不提取，则继续进行投资 4 年后，获得 5 万元收益，为子女毕业后提供创业启动资金，这里明确了使用多少资金，在多长期限，达到什么样的结果，清晰地表达了目标。

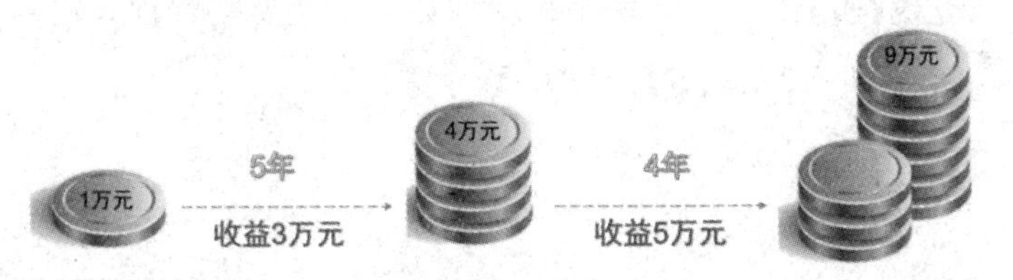

图 7-19　投资规划目标

(四) 投资环境分析

投资规划应建立在对投资环境的分析研究上，脱离投资环境谈投资就如同空中楼阁，终究会在现实中坍塌，被市场所打击。理财从业人员在进行投资前应对当下的环境做出分析，对未来的投资环境做出合理预判，包括对国内、外的宏观环境进行分析，了解经济及货币流动性情况；对投资涉及的相关行业进行分析，把握市场的总体趋势；对微观对象进行分析，掌握财务指标、核心竞争力、未来经营战略、产品的市场前景以及公司主要领导的综合素质等。理财从业人员只有通过多维度的投资环境站位分析，才能够将投资规划中选取的金融工具进行横向和纵向比较，使投资规划实施的立足点更精准。

(五) 设计资产配置方案

资产配置的总体设计是整个投资规划中的核心环节，它对具体投资实施起到提纲挈领的作用。它的核心是根据投资目标，结合投资环境，对收益和风险这对孪生兄弟做出适当调整。它的关键点是对各项资产投资的权重拟定，即在拟定各种投资的权重时，优先考虑风险还是收益取决于客户的家庭情况和投资风格。如果客户的投资风格是保守型，则应先考虑风险后考虑收益；如果是进取型，则先考虑收益后考虑风险。投资方案以追求这两者的最优平衡为目标，理财从业人员在选择投资收益更高的工具时势必会增加一部分的风险性，在控制方案风险时势必会以牺牲一部分的收益为代价。

对于资产配置方案中涉及的金融工具及产品在项目四中已有详尽介绍，在投资规划中至少要全面掌握、灵活运用其中的三类才能基本完成客户家庭的资产配置，为其量身定做出适合的投资规划设计。

【能力拓展】

在学习了家庭理财规划考虑的主要因素后，分析自身如何做到合理的消费支出。

☼ 您的家庭现在是否做了家庭理财规划呢？涉及哪些分项？还需要补充哪些？

任务 2 正式出具家庭理财规划书

【任务描述】

- 熟悉家庭理财规划中涉及的专业术语。
- 掌握家庭理财规划书的内容结构并向客户正式出具。

任务解析 1 熟悉家庭理财专业术语

制订家庭理财规划工作过程中将涉及大量的专业术语，理财从业人员要理解这些术语才能够清楚地向客户解释这些术语，推动家庭理财规划方案的启动工作。

一、理财产品及工具涉及的专业术语

(一) 与“收益”相关的专业术语

配置理财产品过程中经常会使用和“收益”“收益率”相关的术语，如“历史收益”“预期收益”“固定收益”“浮动收益率”“净值收益率”等，表 7-10 中对这些术语进行了解释。

表 7-10 “收益”相关术语释义

术 语	释 义
历史收益 历史收益率	历史收益指产品过去运营中的收益值。 历史收益率是历史收益与投资本金的比值，它包括最低、最高、平均值，有时产品运营机构还会直接标示之前的历史收益率区间值
预期收益 预期收益率	预期收益指基于产品的历史收益，结合当下市场情况，对产品未来到期可能实现的收益的估算或者预测值，它具有不确定性，不作为向客户的收益保证，仅供客户做购买行为时的参考。 预期收益率是预期收益值与投资本金的比值。2018 年发布的《商业银行理财业务监督管理办法》中要求银行出售理财产品时不可再使用“预期收益率”进行产品宣传，只能登载该理财产品或者本行同类理财产品的过往平均收益率和最高、最低收益率

续表

术　语	释　　义
固定收益 固定收益率	固定收益是指产品的收益为固定值，产品到期后会按照此数值给付收益，它是机构向客户保证的收益。 固定收益率是保证收益值与投资本金的比值，会在产品协议中明确指出，可以准确地计算
浮动收益 浮动收益率	浮动收益是指产品的收益没有固定数值，产品协议中不会对收益率进行准确约定，客户购买此类型的产品需要参考历史收益情况和未来的市场情况自行做出判断后购买，并且需要自行承担浮动收益的风险。 浮动收益率即产品到期后获得收益与本金的比值，在产品到期后如有本金损失，浮动收益率为负值
净值 净值收益率	净值是指每一单位份额产品的净资产价值。即净资产价值等于总资产减去总负债后的余额再除以全部发行的单位份额总数，它是一个变动值，理财产品或者基金产品一般是以每日、每周或每月等固定周期公布。 净值计算公式为 $$单位净值=\frac{总净资产}{产品份额}$$ 净值收益率是机构为了方便客户理解对具有净值的产品和工具核算的一个预估的年化收益率。 净值收益率的计算公式为 $$日净值收益率=\left(\frac{当前净值-初始净值}{初始净值}\right)\div 运行天数$$
收益分配方式	收益分配是指理财产品或理财工具对其投资人所应获得的收益进行的支付行为。不同的投资理财产品和工具的收益分配方式不同。 ① 银行理财产品常用的收益分配方式有：到期一次性还本付息、定期分配收益、到期还本三种方式，其收益均以现金的形式分配。 ② 我国《证券投资基金运作管理办法》对证券投资基金收益的分配有明确的规定，封闭式基金的收益分配必须采取现金方式。开放式基金按规定需在基金合同中约定每年基金收益的最多次数和基金收益分配的最低比例。分配应当采用现金方式，开放式基金的基金份额持有人可以事先选择将所获分配的现金收益，按照基金合同有关基金份额申购的约定转为基金份额；基金份额持有人事先未做出选择的，基金管理人应当支付现金。 ③ 理财型保险的收益分配可以选择现金分配和增额红利。现金分配可以选择将现金红利留存公司累计生息，以现金支取或者抵扣下一期保费等方法进行支配；增额红利则可以增加保单现有保额的形式分配红利，保单持有人只有在发生保险事故、期满或退保时才能真正拿到所分配的红利

(二) 与“投资”相关的专业术语

在选择理财产品和工具时，会接触到大量和“投资”相关的术语。如“投资方向”“投资标的”“投资风险”“直接投资”“间接投资”等，还有一些术语虽不带“投资”二字，但是也与投资息息相关，详细内容如表 7-11 所示。

表 7-11 “投资”相关术语释义

术 语	释 义
投资方向	理财规划中涉及的投资方向主要是指金融机构在金融市场上运用客户资金开展投资活动的领域，大致可分为银行理财产品、证券投资基金、股票、债券、黄金、期货等类别
投资标的	理财产品和工具的投资标的是指该产品或工具所持有的标的金融资产。大致可分为货币类、债权类、股权类，进一步可细分为现金、存款、债券、股票、基金等
投资风险	理财规划中涉及的投资风险主要是金融投资风险，它是因金融市场中的不可控因素或随机因素的影响导致实际收益与心理预期收益的偏离，所以投资风险涵盖了较预期的向上或向下偏离两种情况。只因人们厌恶损失却拥抱超额收益，往往只将损失归为风险，其实经济损失和获得额外收益都是金融投资风险的表现形式
直接投资	直接投资就是投资人直接将资金投资给融资方，资金流转于投资人与融资方之间。在家庭理财规划中，投资人通过购买股票直接获得上市公司的股权份额，与公司同命运、共进退就是直接投资行为
间接投资	间接投资则是投资人将资金付给金融中介机构，融资企业从金融中介机构处获取融资资金。在家庭理财规划中，投资人进行基金认购购买、银行理财产品购买都是间接投资行为

二、理财合同中涉及的专业术语

(一) 担保及融资担保

担保是指为了担保债权实现而采取的法律措施。担保包括保证担保、抵押担保、质押担保、留置担保及定金担保等方式，在金融机构中的定金担保主要以缴纳保证金的形式实现。个别的理财产品会附有“某某企业承担连带责任担保”字样，有了担保会增加资金安全的系数，但可能也说明这个项目的资金偿还能力偏弱，如果在理财产品的描述中有了“银行承担担保责任”的字样，资金的安全性就会得到较大的提高。

融资担保是指担保人与银行业金融机构等债权人约定，当被担保人不履行对债权人负有的融资性债务时，由担保人依法承担合同约定的担保责任的行为。融资性担保公司应当经监管部门审查批准，可以经营贷款担保、票据承兑担保、贸易融资担保、项目融资担保、信用证担保等融资性担保业务。

(二) 提前终止

公募的理财产品和理财工具都是通过把众多投资人的资金集中起来进行对某项目的投资，相关金融机构允许投资人与项目方签订合同明确权责。在大多数情况下参与有固定期限的封闭式或滚动式公募产品投资的投资人是没有权利单方面要求提前终止已与银行签订的理财合约的。所以理财从业人员在向客户配置此类公募型理财产品或工具时需要明确客户的资金使用周期，提示客户认真阅读产品说明书，避免因规划不善导致客户出现资金流动性问题。

(三) 赎回条款

赎回是指当理财机构开放产品赎回机会时，客户在此期间可提出要求终止此项理财合同并拿回本息。考虑到购买理财产品或投资工具的客户可能会有临时用款的需求，理财机构会设计一些赋予客户赎回权利的产品，在客户急需用款时触发赎回。理财从业人员在为客户做理财产品配置时，在关注提前终止条款后还需关注产品是否具有开放赎回设计，赎回时是否完整对付本息并向客户明确产品的赎回期和赎回资金清算时间、到账时间等信息。

三、其他与理财规划相关的专业术语

除了上述理财术语外，以下几个术语也常会在家庭理财规划中使用，详情如表 7-12 所示。

表 7-12　其他与理财规划相关的专业术语释义

术　语	释　义
金融监管	金融监管包括金融监督与金融管理。 ① 金融监督指金融管理机构对金融机构实施的全面性、经常性的检查和督促，并以此促进金融机构依法稳健地经营和发展。 ② 金融管理指金融管理机构依法对金融机构及其经营活动实施的领导、组织、协调和控制等一系列的活动。 2018 年以后我国的金融监管实施“一委一行两会”架构，具体是指国务院金融稳定发展委员会、中国人民银行、中国银行保险监督管理委员会、中国证券监督管理委员会
刚性兑付	刚性兑付是指投资者要求理财产品或工具的发行或代销机构在到期后必须返还投资本金和预期收入的行为。当出现产品到期不能如期兑付或兑付困难时，发行机构就需兜底，通过发行新产品回笼资金向已到期客户对付本息。在过去我国金融市场发展不成熟的阶段，刚性兑付是金融理财行业的一个不成文的规定。随着 2018 年理财新规的落地，银行理财产品向净值型转变，刚性兑付的潜规则被打破
清算期	清算期是银行对投资资金的进出进行结算处理的时间。在理财产品和工具的认购和赎回说明中常会见到“T+N”字样，即为清算期。其中，T 指的是产品到期日或申请操作日，N 代表银行清算天数。即产品到期后，投资者的本金和收益一般不能当天到账，而是进入清算期。清算期内一般不对投资资金计息，所以 N 越长的产品投资资金被耽误投资的时间越多，带来的资金损失就越大
募集期	募集期是指理财产品或工具发行机构设立的接受投资者认购产品的期限，募集期会有明确的起始日。不同类型的理财产品和工具的募集期长短不一，募集期内不对投资人资金计提利息。因此，理财从业人员在为客户配置理财产品时要考虑此因素，尽量避免选择募集期过长的产品，减少客户资金的收益折损。如果确实需要选择此类产品，需要向客户说明募集期的不计息规则

任务解析 2 编写家庭理财规划书

理财从业人员在对客户的家庭状况、财务状况、理财目标及风险特征等情况进行详尽了解的基础上，通过与客户的充分沟通，遵循理财规划原则与目标制订的基本方法，利用财务指标、统计资料、分析核算等多种手段，对客户的财务现状进行描述、分析和评议后设计出家庭理财分项规划，将以上信息进行梳理及重点内容提取后，编写出家庭理财规划书并向客户正式出具。

一、认识家庭理财规划书

家庭理财规划书是理财从业人员向其服务的家庭理财客户出具的正式的理财规划书面报告。理财规划书不是对客户单一理财行为的解读，更不是对某一个或某一类金融产品的介绍，而是理财从业人员依靠其自身的专业能力和对客户家庭状况全方位的分析得出的整套的个性化组合方案结果。

(一) 家庭理财规划书的特点

家庭理财规划书具有编制专业性、数据量化性、目标指向性的特点，如图 7-20 所示。

图 7-20 家庭理财规划书的特点

(1) 家庭理财规划书编制的专业性主要体现在其参与人员的专业要求、分析方法的专业要求以及建议书行文语言的专业要求上。

(2) 家庭理财规划书的数据量化性表现在其内容的重要组成部分都是对客户财务数据的分析，包含对客户的资产负债状况、现金流量状况、投资状况等多个指标进行量化，通过数据来分析和表述。可见，数据量化分析和对比是理财规划的操作方法，它也体现出理财规划书的专业性特点。

(3) 家庭理财规划书的目标指向性是指其整个方案的实施是指向未来的，通过回顾分析客户过往一定时期的财务状况，为今后更好地进行理财规划获取真实的、充分的决策依据。

(二) 家庭理财规划书的作用

家庭理财规划书的作用主要发挥在客户的家庭财务方面，它能够协助客户认识当前的家庭财务状况，明确客户家庭存在的财务问题，帮助客户改进家庭财务中的不足之处。

大多数客户很少审视自己的财务状况，因此，理财从业人员通过理财规划书以数据和解析的方式向客户呈现家庭财务分析的过程和结果，可以协助客户清晰地认识到当前的家庭财务状况；对客户财务状况的分析和评价，让客户明确家庭现存的财务问题；对客户家庭存在的财务问题提出相应的意见和建议，让客户知道如何改善家庭财务状况；通过理财规划书可以加强客户对家庭理财规划的理解，更加便于客户后续对方案的配合实施，较快地调整客户家庭财务状况，帮助客户改进家庭财务中的不足之处，逐步实现理财规划效益最大化。

二、编制家庭理财规划书

一份正式的家庭理财规划书应由封面、前言、免责条款、假设前提、正文、附件等构成，其主要结构如下：

(一) 封面

家庭理财规划书的封面主要包含：标题、理财从业人员所属机构名称及姓名、出具日期。样式如图 7-21 所示。

家庭理财规划书完整版

李先生的家庭理财规划书

平安银行**分行/支行

理财规划师：陈鑫鑫

二〇二〇年十二月二〇日

图 7-21　家庭理财规划书封面样例

(1) 标题：如“××家庭/××先生家庭理财规划书”，建议使用华文中宋一

号字体，清晰醒目。

(2) 理财从业人员所属机构名称及姓名：按照我国《理财从业人员工作要求》规定，理财从业人员不能单独从业，必须以所在金融机构的名义接受客户委托。所以在理财规划书封面上要明确理财从业人员所在机构名称及理财从业人员名称。建议使用略小于标题的字号。

(3) 出具日期：以大写形式书写理财规划书的出具日期更加正式。

(二) 前言

前言中向客户书写致谢辞，将此家庭理财规划书能发挥的主要作用和编制所参考和引用的资料来源作以说明，如图 7-22 所示。

尊敬的李**先生：

您好！

首先感谢您对本机构的信任，感谢您选择我为您开展理财规划方案设计服务。

我们的职责是准确评估您的财务需求，并在此基础上为您提供高质量的财务建议和服务。本理财规划将在不影响您目前的生活方式的前提下，帮助您积累财富，保障家庭财务状况，满足您的财务需求。

本理财计划是在您本人提供的目前资料和目标基础上制订的。请您仔细阅读本计划书，以确保这些资料准确无误。

本理财计划的内容严格遵守了法律的相关规定，理财计划的内容需要随着您本人状况和其他因素的变化定期进行修改和完善，望您能理解与配合。

您如果有任何疑问，欢迎您随时联系本机构，我们期待与您共同完善和执行本理财规划书中的各项实施建议。

您的理财规划师：陈淼淼

日期：2020 年 12 月 20 日

图 7-22 家庭理财规划书前言样例

(1) 致谢辞：应该写在理财规划书的开头部分，是理财从业人员对客户信任本机构并选择本人做理财规划服务工作的致谢。致谢辞的具体写法是，抬头内容为敬语加客户的称谓，如“尊敬的××先生 / 女士”，接下来换行并空两格写致谢辞，表达对客户信任本公司的感谢。

(2) 向客户介绍本理财规划书能起到的主要作用，比如“本理财规划将在不影响您目前的生活方式的前提下，帮助您积累财富，保障家庭财务状况，满足您的财务需求”。

(3) 对编制所参考和引用的资料来源做以说明：主要是列举理财从业人员在编制此份理财规划建议书的过程中收集的各种资料，如客户自己提供的资料、市场资料、政策资料等，提高理财规划书的权威性和准确性。

(三) 免责条款

免责条款是指双方当事人事前约定，为免除或者限制一方或双方当事人未来责任的条款。理财从业人员需周密考虑可能发生的各种情况，划分己方与客户方的责任。

如图 7-23 所示，免责条款一般包含的内容如下：

(1) 该理财规划书的编制是基于客户提供的资料和通常可接受的假设进行合理地估计的，因此推算出的结果可能与真实情况有一定误差，这一误差非理财从业人员的主观过错。

(2) 由于客户提供信息错误而造成的损失、客户未及时告知客户家庭或财务状况变化造成的损失本机构不承担责任。

(3) 本机构不对实现理财目标作任何保证，其中的目标是实施理财规划的参考数值，机构及理财从业人员对客户投资任何金融工具或实业工具也不作任何收益保证。

免责条款

1.本理财报告用来帮助您明确财务需求及目标，帮助您对理财事务进行更好的决策，本理财报告是在您提供的资料基础上，并基于通常可接受的假设、合理的估计，综合考虑您的资产负债状况、理财目标、现金收支以及理财对策而制定的，推算出的结果可能与您的真实请况存有一定的误差，您提供信息的完整性、真实性将会影响我们为您量身定制的个人理财计划和理财服务内容。作为我行尊敬的客户，所有信息都由您自愿提供，我们将为您严格保密。

2．所有的理财规划分析都基于您目前的家庭状况、财务状况、生活环境、未来目标和计划和您对一些金融参数的假设，都是建立在中华人民共和国目前生效的法律（含地方法规）及目前所处的经济形势下。以上内容都有可能发生变化，我们建议您定期审视您的财务日标和规划，特别是当您的婚姻状况改变时更需要如此。

3．对本理财报告中涉及的金融产品，提供产品的金融机构享有对这些产品的最终解释权。同时，除了确定收益率的金融产品外（如存款、债券），本理财报告不保证实施过程中所采用的金融产品的收益。本理财建议为参考性质，其不代表本机构及本人对实现理财日标的保证。

图 7-23 家庭理财规划书的免责条款样例

(四) 假设前提

家庭理财规划书中要对多个数据进行量化，需要基于多个假设前提条件，如

未来平均每年的通货膨胀率、股票/债券/基金年回报率、房地产及汽车的市场价值、子女教育费的年增长率、客户收入年增长率等指标，理财从业人员在编制家庭理财规划书时可以在充分分析市场状况的基础上对这些指标进行合理的假定设置，以便在家庭理财规划中运用。图7-24所示为以2019年至2020年的相关数据做出的合理假设。

宏观经济假设	
GDP 增长率	6.5%
通货膨胀率	3%
货币利率（一年定期存款）	1.5%
汇率	保持稳定
其他基本假设	
收入成长率	7%
教育费用增长率	5%
社平工资增长率	7%
养老金增长率	7%
租房价格增长率	5%
首次房屋贷款首付	30%
公积金与商业贷款利率	以目前标准计算
公积金贷款上限	80 万元(等额本息方式还款） 贷款期限 20 年
平均投资回报率	5%
以上假设指标以既往数据作为参考标准，在今后理财规划调整中或将存在未列事项。	

图7-24　家庭理财规划书的假设前提样例

(五) 正文

正文部分是整个家庭理财规划书的核心部分，它记录了理财从业人员的调查与分析结果，最能反映理财从业人员的专业水平。正文也是客户最关心的部分，其中的任何数据都可能会对客户未来的决策和行为产生影响。因此，正文的写作必须考虑周全，在写作过程中切忌粗枝大叶，一定要保证内容的准确性。正文的内容主要包括以下几个部分，可通过列表和分条陈述结合的方式更清晰地呈现给客户，以便客户能够充分理解。

1. 客户家庭的基本情况

客户家庭的基本情况包括客户本人及家庭成员的姓名、年龄、性别、婚姻状况、职业、地址、学历和联系方式等，如图7-25所示。

一、客户信息

1. 客户基本信息

客户姓名		性别	
年龄		婚姻状况	
职业		地址	
学历		联系方式	

2. 家庭基本信息

关系	成员姓名	年龄	职业	学历

图 7-25　家庭理财规划书正文-客户家庭基本情况列表样例

2. 理财目标设定与分析

理财目标的设定与分析包括短期、中期、长期目标，及其预期实现的时间和可变更性，如图 7-26 所示。

二、理财目标设定与分析

目标类别	任务描述	预计实现年限	可变更性
长期目标	建立养老金	20	可变更
中期目标	准备孩子教育金	10	不可变更
中期目标	购置改善住房	10	可变更
短期目标			
短期目标			
短期目标			
短期目标			

图 7-26　家庭理财规划书正文-理财目标设定与分析样例

3. 客户财务状况分析

客户财务状况分析包括家庭资产负债表、家庭现金流量表以及财务比率分析等。以上财务报表样例可见项目六的任务二中的样表。

4. 分项理财规划

基本的理财分项规划主要包括储蓄规划、证券投资规划、房产规划、教育规划、保险规划、节税规划、退休规划、遗产规划，另外还可结合客户需求补充税收规划、财产分配与传承规划等。

每一个理财分项规划都包含：梳理列示客户基于本分项下所涉及的财务数据，针对目前数据得出的量化指标数值做出情况分析和调整建议，选择所需使用的理财规划工具等内容。

在此以现金规划分项做示例。首先，梳理客户目前的现金及现金等价物的财务数据，如图 7-27 所示。

（1）现阶段持有现金及现金等价物总价值

细项	金额
现金	
活期存款	
定期存款	
其他存款	
货币市场基金	

图 7-27　理财规划书正文-客户现金及现金等价物财务数据列示样例

其次，根据财务数据进行指标计算，判断指标合理性并给出相应的调整建议，格式样例如图 7-28 所示。

（2）财务数据分析

流动资产总额	
月支出总额	
流动比率	
应急准备金月数	
应急准备金金额	
数据分析总结级及建议： ____________________ ____________________ ____________________ ____________________ ____________________。	

图 7-28　理财规划书正文-客户现金及等价物财务数据分析样例

最后，根据以上分析建议，对应选择适用的理财工具，可通过陈述或列表方式明确，如图 7-29 所示。

（3）现金规划工具选择

现金		银行活期存款	
银行定期	√	国债	√
货币市场基金	√	股票	
信用卡融资		证券投资基金	
保单质押融资		期货	
银行理财		信托	

图 7-29　理财规划书正文-客户现金规划工具选择样例

理财规划书范本

(六) 附件

附件主要有客户风险承受能力评分表和风险承受态度评分表等。

【能力拓展】

通过本任务中所介绍的理财规划书中必备的内容，你认为还有哪些内容或将编制在理财规划书当中？

对比给出的理财规划书范本，看看还有哪些不足之处？

实战演练　为赵先生梳理理财规划分项

实战演练
讲课视频

【任务发布】

根据项目六的实战演练：以赵先生的家庭财务状况分析的结果为基础，学生

以小组形式将项目一至项目七所学的理财规划工具和金融产品整理归类填入表内，为赵先生做好3项基础理财规划分项的梳理。

【任务展示】

请以项目六的实战演练中赵先生的家庭财务状况分析的结果为基础完成表7-13。

表7-13 理财规划分项及产品梳理

规划分项	目前状况	选择工具	对应产品建议
储蓄规划			
保险规划			
投资规划			

【步骤指引】

- 老师引领学生回顾项目一至项目七中的内容，深入理解储蓄、保险和投资理财分项规划。
- 学生将所掌握的金融产品在理财规划分项中进行归类整理。
- 学生对项目六中实战的结果进行温习并完善。
- 学生以小组形式对理财分项规划进行完善并汇总。
- 老师对每组的梳理结果进行优劣评判并督促完成不足的小组进行补充完善。

【实战经验】

项目八

家庭理财规划方案执行与跟踪

项目概述

本项目通过让学生完成协助客户签署家庭理财规划方案合同、执行家庭理财规划方案、跟踪家庭理财规划方案的执行情况等任务，使学生了解家庭理财规划中主要涉及的合同及文书资料，协助客户完成保险分项规划、投资分项规划的合同和相关文书资料的签署，把握执行家庭理财规划方案的三要素和三原则，学会在理财规划启动后为客户建立档案并完善管理，持续跟踪理财规划执行进度，有效开展执行效果的评估，为学生启动理财规划方案的执行和跟踪服务工作打下坚实的基础。

项目背景

跟踪家庭理财规划方案的执行情况是学生掌握家庭理财规划基础知识的最后阶段。完成本项目的学习内容后，学生能初步掌握理财从业人员的工作流程，具备初级的实践能力。

理财从业人员可以服务于商业银行、保险公司等金融机构。2021 年 3 月，看准网公布的理财从业人员工资变化趋势如图 8-1 所示。对于应届毕业生来说，月薪能够达到 6849 元的工作岗位屈指可数，所以学习本项目能够为学生未来顺利迈入理财行业、成为理财从业人员奠定基础。

随工作经验工资变化趋势

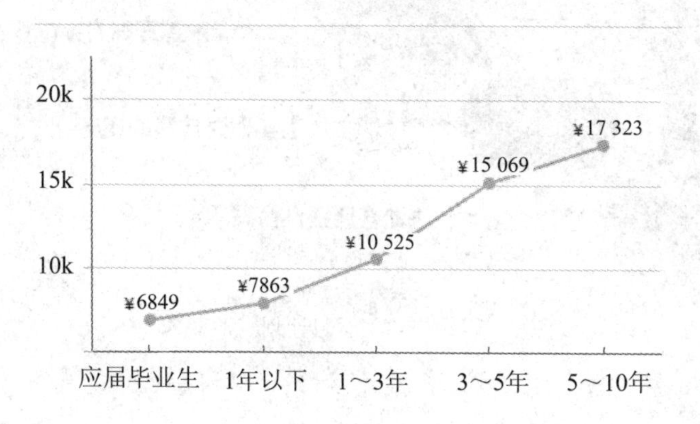

图 8-1　理财从业人员的工资变化趋势

项目演示

淼淼非常有耐心地将整个理财规划方案中涉及的理财产品合同、保险合同、基金合同中的重要条款向张先生进行解释并得到了张先生的认可，其沟通方案如图 8-2 所示。在淼淼的协助下，张先生顺利地签署了理财规划服务合同和其他配套协议。

图 8-2 沟通方案

小琪作为实习生协助淼淼完成今后的跟踪服务，在此过程中，小琪又对实施家庭理财规划方案的内容进行回顾，学习计划如图 8-3 所示。

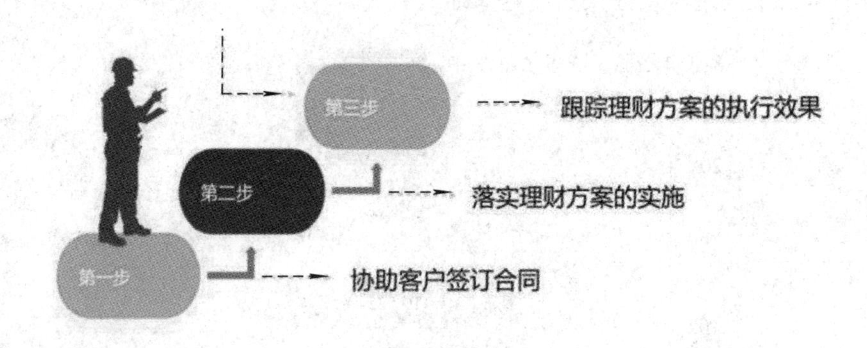

图 8-3 学习计划

思维导图

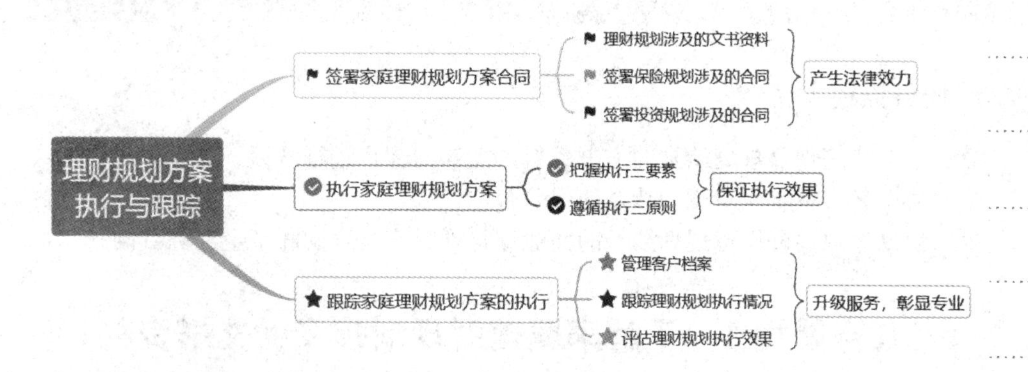

思政聚焦

《理财从业人员职业道德准则》中明确指出理财从业人员应具有“守法遵规、正直诚信、专业胜任”的良好职业素养。在执行理财规划方案的过程中，唯有守法遵规才能维护双方的正当利益；唯有保持良好的诚信品质才能获得客户的信任，以此维持长久的合作关系；唯有具有良好的专业胜任能力，才能做好理财规划的后续跟踪服务。

教学目标

知识目标

◎掌握理财规划涉及的文书资料。

◎知道执行理财规划方案的关键要素内容。

◎理解客户理财规划方案执行原则的含义。

能力目标

◎能够协助客户签订理财相关合同。

◎能够建立并管理客户档案。

◎能够开展理财规划执行的后续跟踪服务。

学习重点

◎了解理财规划涉及的文书资料内容。

◎掌握理财规划涉及的资料合同的主要内容并能够向客户进行解读。

◎熟悉客户档案的分类与管理。

◎掌握开展理财规划书执行效果评估的方法。

任务1 签署家庭理财规划方案合同

【任务描述】

- 了解家庭理财规划涉及的文书资料，能够向客户进行解读。
- 协助客户签署保险规划涉及的保险合同。
- 协助客户签署投资规划涉及的商业银行理财产品合同和基金业务合同。

任务解析1 了解家庭理财规划涉及的文书资料

家庭理财规划方案是理财从业人员向客户展示的第一份正式的书面文件，但它只是理财从业人员出具的建议书，不具备法律效力，不能实际启动理财规划方案的实施。

理财规划方案的落地是建立在客户与理财相关的金融服务机构签署合同、协议、产品说明、风险揭示书等一系列理财规划方案相关文书资料的基础上的。这些合同文书资料具备法律效力。条款中涉及很多描述双方权责内容的专业术语，客户往往感到晦涩难懂，需要专业的理财从业人员为客户提供解读服务，用通俗易懂的语言对其中的名词条款做出公正客观的解释，帮助客户校准对内容的理解，避免因理解偏差而带来损失。协助客户完成合同文书资料的签署，能够避免因此而产生的纠纷。

表8-1是理财规划中经常涉及的文书资料。

表8-1 理财规划涉及的文书资料列表

业务类型	业务内容	涉及文书	签署机构
服务类	理财咨询服务	《理财服务合同》	商业银行
	财富管理	《财富管理服务合同》	财富管理公司
	基金投资顾问	《基金投资顾问服务协议》	基金公司
交易类	保险业务	《保险合同》-主合同 《保险合同》-附加合同	保险公司
	银行理财产品	《商业银行理财产品协议》 《产品说明书》 《风险揭示书》 《客户权益须知》	商业银行
	证券投资基金业务	《基金合同》 《基金招募说明书》	基金公司
		《基金业务的交易协议》	商业银行

表 8-1 中服务类业务合同是客户和金融机构双方将金融咨询服务内容作为主体要素的合同，它一般不涉及具体的业务操作和执行，不做具体的业务交易约束，是甲、乙双方达成财富管理合作意向的框架性协议。这类合同命名时往往会有“服务”“管理”“规划”“顾问”“咨询”等字样。

交易类业务合同是客户和执行交易的相关金融服务机构将交易具体内容作为主体要素的合同，它具体到某一类产品或某一支产品，做出具体的交易约束，是甲、乙双方开展合同约定业务的具体执行协议。这类合同命名时往往会直接包含具体的业务名称，如“××保险合同”“××理财认购/销售协议”“××基金购买合同”等。

一、服务类业务合同

服务类业务合同中，客户作为甲方投资人、委托人角色，金融服务机构作为乙方管理人、受托人角色，双方在合同中对乙方向甲方提供的金融咨询服务内容做以约定，对双方权责、义务做以明确，确定服务期限、费用等具体信息。根据业务开展需要，服务类业务合同可以包含对客户做出的风险提示和金融服务机构的免责条款。

根据合同约定的服务范围不同可以将其细分为框架性服务协议和业务性服务协议。

(一) 框架性服务协议

《理财服务合同》《财富管理服务合同》这类命名中没有具体业务名称，内容里没有具体业务要素信息，客户仅委托金融服务机构对其资产进行全面规划设计。这类合同约定的内容比较宽泛，主体构成大致相同，只是签署合同的服务机构类型不同。理财服务的框架性合同主要内容如表 8-2 所示。

表 8-2　理财服务的框架性合同内容

序号	合同内容	
1	*基本信息	甲方：姓名、证件号、联系方式、电子邮箱等
		乙方：名称、地址、办公电话、联系人
2	*定义	客户定义：对合同内服务的客户做出说明
		服务定义：对合同约定的服务给予定义
3	*具体服务内容	
4	*甲、乙双方权责义务	
5	*费用约定	
6	*合同生效及争议条款	
7	☑ 机构对客户信息的使用条款	
8	☑ 客户对服务机构的信息保密条款	
9	☑ 风险揭示条款	
标*：合同必备条款　标 ☑：合同选取条款		

图 8-4 为客户与商业银行签署的服务协议的部分样例。

××银行股份有限公司财富客户服务协议

最后更新时间：2020 年 9 月

甲方（客户）：______________

证件类型：□ 居民身份证 □ 其他________证件号码：________________

联系地址：________________________________

联系电话：________________________________

电子邮箱：____________________________

乙方（银行）：____________________________

联系电话：________________________________

甲乙双方根据《中国银监会关于规范商业银行代理销售业务的通知》（银监发〔2016〕24 号）、《关于规范金融机构资产管理业务的指导意见》（2018 年 4 月 27 日）及相关法律法规，本着平等协商、诚实守信的原则，就乙方向甲方提供的服务相关事宜，达成以下协议：

第一条【定义】

（一）本协议所称“财富客户”是指凡年满 18 周岁，具有完全民事行为能力和偿还能力，符合××银行股份有限公司财富客户标准（个人金融净资产总计超过 100 万元人民币）的自然人。其中，金融净资产总计为 100 万元-600 万元（不含）的，为财富客户；金融净资产总计超过 600 万元的为私行客户。

甲方在签署本协议时达到客户标准为：□财富客户 □私行客户

（二）本协议所称“财富客户服务”是指乙方向甲方提供的产品咨询、产品增值、产品组合以及个人理财顾问等服务，其中个人理财顾问服务具体包括投资规划、理财资讯、理财规划、理财产品推介，以及退休养老金规划、保险规划、遗产及税务规划、教育金规划等专业化服务。

第二条【双方约定甲方享受乙方提供的下列服务】

（一）产品咨询服务

乙方根据甲方需求，向甲方提供本行个人理财产品及其他金融产品的咨询服务，并根据甲方自身情况和风险承受能力，有针对性地向甲方推荐个人理财产品及其他金融配套产品。

（二）产品增值服务

乙方根据甲方需求，可向甲方开通理财产品有关增值服务功能，如量身定制理财产品等。

（三）组合套餐服务

乙方根据甲方认申购的理财产品特点，向甲方提供本行其他零售产品组合配套服务，具体以甲方选择为准。

（四）理财产品推介

乙方向甲方提供本行个人理财产品销售信息，产品介绍和个性化理财产品组合。

图 8-4 商业银行理财规划服务协议部分样例

(二) 业务性服务协议

《基金投资顾问服务协议》《信托咨询服务协议》等合同中包含了“基金”“信托”等具体业务名称，将理财咨询服务范围缩小至某一类具体业务，受托方仅在该业务领域为客户做出理财规划服务。

这类合同的签署有以下两种情形：

(1) 作为财富管理框架合同签署后为深入开展其业务领域内的某分项规划而签署。

(2) 服务机构在该业务领域具有明显的专业优势，先与客户签署该业务的服务合同，再在其能够从事的业务领域内进一步扩充服务版图。如果该机构具备足够的金融业务经营权限，就可以随着不同业务领域分项规划的实施，与客户建立越来越强的信任度和了解度，进一步达成全面财富管理服务意向。如平安集团即为横跨银行、证券、保险、信托等多类型金融机构的综合性金融集团，如果成为平安集团的客户，则可以十分方便地享受到全方位的理财规划服务。

二、交易类业务合同

交易类业务合同中，客户作为甲方投资人、委托人角色，金融服务机构作为乙方受托人、执行人角色，双方在合同中对乙方受甲方委托具体的业务操作和执

行等内容加以明确，确定业务执行触发条件、操作规范等具体信息。根据业务开展需要，交易类业务合同可以包含对客户做出具体的业务或产品风险提示和金融服务机构的免责条款。

交易类业务合同是基于具体的业务类型和产品成立的，所以体系内容十分庞大。根据业务类型的不同可以将其大致分为保险类合同、银行理财产品类合同、基金类合同、信托类合同、贵金属类交易合同、期货类交易合同等。在每一类合同下，都有不计其数涵盖具体工具和产品名称的合同。

交易类业务合同的主体内容因业务特性差异而具有较大差别，条款中涉及的内容专业细致，本任务选取保险分项规划中涉及的保险合同、投资分项规划中涉及的银行理财产品合同及相关文书、基金合同及相关文书做以陈述。

任务解析 2　协助客户签署保险规划涉及的保险合同

保险分项规划执行的启动是要协助客户完成保险规划涉及的保险合同及文书资料的签署，其中需向客户解读的最主要的文书就是保险合同。理财从业人员要熟悉保险合同条款的构成、了解保险合同涉及的主要参与人及相应的权责和作用、全面掌握保险合同的主要内容。

一、保险合同条款

保险合同的条款包括基本条款和附加条款。其中基本条款是保险合同的必备条款，它是法定条款，可以独立签署。基本条款由保险人根据法律规定制定，不能因投保人的需求而进行调整，不随投保人的意愿而改变。附加条款为保险合同的选定条款，保险人根据投保人的个性化需求进行设计，用以补充保险合同双方当事人的权利和义务，在基本条款的基础上扩展或延伸，不能独立签署。

一般情况下，就保险产品而言，保险合同的基本条款和附加条款的组合形式见表 8-3，在设计具体的产品时，附加条款也不一定能够完全由投保人自由选择。保险机构推出的保险产品大多会将基本条款和附加条款组合成固定的“合同包”，客户不能仅选择签署其中的某一部分。

表 8-3　保险产品合同条款

<table>
<tr><td rowspan="3">重大疾病保险</td><td>合同基本条款</td><td>重大疾病合同基本条款</td></tr>
<tr><td>可选附加条款</td><td>附加重症监护室治疗保险条款；
附加意外伤害住院津贴保险条款；
附加疾病身故或全残保险条款；
住院医疗费用补偿保险条款；
个人意外伤害保险条款；
预防接种个人意外伤害保险条款</td></tr>
<tr><td>参考产品</td><td>e 生平安・重疾险；
平安儿童医疗保险</td></tr>
</table>

续表

人寿保险	合同基本条款	人寿保险合同基本条款
	可选附加条款	附加意外保险条款
	参考产品	平安颐享世家保险产品计划
意外伤害保险	合同基本条款	个人意外伤害保险条款； 个人交通工具意外伤害保险条款； 传染病身故保险条款
	可选附加条款	附加救护车费用补偿保险条款； 附加意外医疗保险条款； 附加住院津贴医疗保险条款
	参考产品	平安一年期综合意外保险； 平安家庭保综合意外保险
医疗补充保险	合同基本条款	医疗费用保险条款
	可选附加条款	附加医疗健康管理服务保险条款
	参考产品	平安安诊无忧·百万医疗险保险； e 生平安·医疗险
理财投资保险	合同基本条款	年金保险条款； 万能型终身寿险条款
	可选附加条款	轻症疾病保险条款
	参考产品	平安财富金瑞 2021 保险

此处以“e 生平安·百万医”意外保险为例分析其合同的基本条款和附加条款。此保险产品的基本条款为《平安意外伤害医疗和疾病医疗保险(平安 e 生保 2020 款)条款》，其部分条款如图 8-5 和图 8-6 所示。此部分条款内容是对合同的构成和合同的基本责任加以说明。

中国平安财产保险股份有限公司

平安意外伤害医疗和疾病医疗保险（平安 e 生保 2020 款）条款

注册号：C00001732512019122628112

1　您与我们的合同

在本条款中，“您”指投保人，“我们”“本公司”均指中国平安财产保险股份有限公司。

1.1　合同构成

本保险条款、保险单或其他保险凭证、投保书、与保险合同有关的投保文件、合法有效的声明、批注、批单、附加险合同、其他书面或电子协议都是您和我们之间订立的保险合同的构成部分。

“平安意外伤害医疗和疾病医疗保险（平安e生保2020款）合同”以下简称为“本主险合同”。

图 8-5　“e 生平安·百万医”保险部分基本条款(一)

2.2.3　基本责任

以下为本主险合同的基本责任，共计四项保险责任。请您特别关注本主险合同基本责任约定的医院范围，如无特别约定，被保险人在本主险**合同约定的医院范围（见 7.6）**外接受诊疗，**尤其是在私立医院，公立医院特需部、vip 部、国际部或国际医疗中心接受诊**疗的，对于因此产生的医疗费用我们将不承担基本责任项下的所有保险责任。

2.2.3.1　一般医疗保险金

在保险期间内，被保险人因遭受意外伤害事故或在等待期后因患疾病，在本主险合同约定的**医院**（见 7.6）接受治疗产生如下医疗费用的，我们依照下列约定在一般医疗保险金赔付限额内给付保险金。一般医疗保险金责任包含住院医疗保险金、指定门急诊医疗保险金和住院前后门急诊医疗保险金三个责任项目，具体如下：

住院医疗保险金：

被保险人因疾病或意外伤害经医院诊断必须住院治疗，对于被保险人**住院**（见 7.7）期间发生的必须由被保险人自行承担的合理且必要的**住院医疗费用**（见 7.8），我们在确定免赔额已抵扣完毕后，在一般医疗保险金的给付限额内按约定的赔付比例给付住院医疗保险金。

对等待期后本主险合同到期日前发生的且延续至本主险合同到期日后 30 日内的住院治疗，对于合理且必要的住院医疗费用，我们仍然按照上述约定计算并给付一般医疗保险金，但累计给付金额不超过本项保险金给付限额。

在保险期限内，被保险人**因疾病或意外住院累积超过 180 日后发生的医疗费用，不属于一般医疗保险金的保险责任范围。**

指定门急诊医疗保险金：

被保险人因疾病或意外伤害在医院进行如下治疗发生的必须由被保险人个人自行承担的合理且必要的医疗费用：

（1）门诊肾透析；

（2）门诊恶性肿瘤治疗，包括**化学疗法**（见7.11）、**放射疗法**（见7.12）、**肿瘤免疫疗法**（见7.13）、**肿瘤内分泌疗法**（见7.14）、**肿瘤靶向疗法**（见7.15）治疗费用；

（3）器官移植后的门诊抗排异治疗；

（4）**门诊手术费**（见7.16）。

我们在确定免赔额已抵扣完毕后，在一般医疗保险金的给付限额内按约定的赔付比例给付指定门急诊医疗保险金。

住院前后门急诊医疗保险金：

被保险人在住院前 30 日（含住院当日，以住院病历或出院小结为准）和出院后 30 日（含出院当日，以住院病历或出院小结为准）内发生的，与本次住院相同原因而发生的，必须由被保险人自行承担的**门诊急诊医疗费用**（见 7.17）。

图 8-6　“e 生平安・百万医”保险部分基本条款(二)

图 8-7 是“e 生平安・百万医”保险的附加条款，即《平安附加海外特定医疗保险(亚洲版)条款》。投保人自行选择是否附加条款中约定的服务。如签署本合同，购买合同中的保障内容，则投保人可享有本合同范围内的保障权益，包括 14 项医疗费用范畴及治疗期费用以及 6 项特定治疗费用。

中国平安财产保险股份有限公司

平安附加海外特定医疗保险（亚洲版）条款

注册号：C00001732522019122628082

1 您与我们的合同

在本条款中，“您”指投保人，“我们”“本公司”均指中国平安财产保险股份有限公司。

1.1 合同订立

“平安附加海外特定医疗保险（亚洲版）”合同（以下简称“本附加保险合同”）可附加于各种健康保险合同（以下简称“主险合同”）。主保险合同所附条款、投保单、保险单、保险凭证以及批单等，凡与本附加保险合同相关者，均为本附加保险合同的构成部分。凡涉及本附加保险合同的约定，均应采用书面形式。本附加保险合同由主险合同投保人提出申请，经我们同意而订立。

1.2 合同生效

本附加险合同必须与主险合同同时投保，不能单独投保。主险合同效力终止，本附加险合同效力一并终止；主险合同无效，本附加险合同一并无效。除投保年龄事项外，主险合同与本附加险合同相矛盾之处，以本附加险合同为准。本附加险合同未约定而主险合同有约定的事项，同样适用本附加险合同，以主险合同的约定为准。

本附加险合同的生效日与主险合同相同。

本附加险合同的保险期间同主险合同的保险期间。我们开始承担保险责任的时间以保单记载的起讫时间为准。

1.3 投保年龄

本附加接受的首次投保年龄为0周岁至70周岁，投保时被保险人为0周岁的，应当为出生满28日且已健康出院的婴儿。被保险人年满99周岁前（含99周岁），如您在上一个保险期间届满60日内提出重新投保申请、且经我们审核符合承保条件的，我们仍然同意承保。您在上一个保险期间届满60日后提出的投保申请，视为首次投保，需要重新核保，投保成功的需要重新计算等待期。

如果本附加险合同所附加的主险合同接受的投保年龄范围小于本附加险合同的，以主险合同为准。

1.4 保险期限

本附加险合同保险期限同主险合同，保险期限届满后，您需要重新投保。

在本附加险合同保险期间内，只要您书面向我们提出了需要前往海外进行本附加险合同保障的**特定治疗**（详见2.3）申请，并填写了《出国就医申请表》，无论是否实际前往海外进行了特定治疗，也无论是否得到保险金赔付，在保险期间届满后，我们均不再接受您的重新投保申请。

1.5 个人信息授权

由于本附加险合同的保险责任涉及经我们指定的授权服务商（由我们授权向被保险人提供海外医疗服务安排的机构，以下简称“授权服务商”）提供海外就医服务，您投保本附加险合同意味着您和被保险人同意并授权我们将我们拥有的您或被保险人的个人信息提供给授权服务商。

图8-7 “e生平安·百万医”保险部分附加条款

二、保险合同涉及的主要参与方

虽然保险合同是由投保人与保险机构签订的，但从客户开始对保险产品进行了解，到保险规划设计沟通，直至保险合同生效，乃至保险出保，这一过程涉及多个参与人员，包括投保人、被保险人、受益人、保险人、保险代理人、保险经纪人、保险公估人等。表8-4中对保险合同涉及的主要参与方的定义及职责作用分别进行描述。

表 8-4　保险合同涉及的主要参与人员

参与方性质	参与方	定　义
自然人	投保人	以自己的名义与保险人订立保险合同，并按照保险合同承担保险费支付义务的人
	被保险人	指其财产或者人身受保险合同保障，享有保险金请求权的人。 被保险人可以是投保人自己，也可以是投保人指定的其他人
	受益人	指人身保险合同中由被保险人或者投保人指定的享有保险金请求权的人。投保人、被保险人可以为受益人
法人	保险人	指与投保人订立保险合同，并承担赔偿或者给付保险金责任的保险公司。保险公司有股份有限公司和国有独资公司两种形式
自然人或法人	保险代理人	根据保险人的委托和授权，代理保险人经营保险业务，并收取代理费用的公司或个人。 保险代理人是保险人开拓保险市场的重要途径之一。他们在授权范围内，帮助保险人招揽业务，扩大业务宣传，提升保险合同签约率
	保险经纪人	为投保人提供保险经纪服务的人员，并依法收取佣金的公司或个人
法人	保险公估人	以收取酬金为条件，受保险人、投保人或被保险人委托，对保险标的进行检验、鉴定、估损以及赔款的理算等业务，出具不代表任何一方利益的保险公估报告的机构。 保险公估人的存在使保险理赔业务趋于公平、合理，有利于调停保险人与投保人或被保险人在保险理赔方面的矛盾纠纷

三、保险合同的基本内容

保险合同的基本内容是依据我国《保险法》制定的，主要参照其第 19 条规定，如表 8-5 所示，保险合同应包括以下几方面事项。

保险合同范本

表 8-5 保险合同的基本内容

事 项	具 体 内 容
人员基本信息	指投保人、被保险人、受益人的姓名、身份证号、电话、住址等
保险标的	指按照保险合同双方当事人要求确定的保险保障的对象，它直接决定保险的类型； 人的生命——人寿保险、意外保险； 可能发生的疾病——重大疾病保险、医疗保险； 财产或与财产相关的利益——财产损失保险
保险风险	指尚未发生的、能使保险对象遭受损害或事故的各种因素
保险价值	指保险标的价值，是投保人与保险人订立保险合同时确定保险金额的基础
保险金额	指投保人与保险人通过签订保险合同所确定的保险标的保障额度，等于或小于保险价值，是确定保险费的基础
保险费率	指应缴纳保险费与保险金额的比率，是保险人按单位保险金额向投保人收取保险费的标准
保险费	指投保人向保险人交付的费用，通过保险金额乘以保险费率得出。交纳保险费是投保人的义务，如不按期交纳保险费，保险合同在约定的宽限期后失效
保险理赔	指保险合同中所列明的保险标的所面临的潜在风险发生后，保险公司依据保险合同规定，履行赔偿或给付责任的行为。保险理赔是保险功能的直接体现
保险期限	指保险合同的有效期限，是保险合同当事人享有权利和履行义务的起讫时间段，是保险费率的重要决定因素
违约责任	违约责任是指合同当事人(既可能是投保人、被保险人，也可能是保险人)因其过错导致合同不能如约履行时，基于法律规定或合同规定所必须承担的法律后果
争议处理	争议处理是指保险合同双方当事人发生纠纷时的解决方式，包括协议、仲裁、诉讼三种方式
订立时间	是确定保险合同当事人享有权利、履行义务的起始、消灭时间的依据
其他事项	投保人和保险人可以约定与保险有关的其他事项

练一练

请扫二维码，阅读完整的保险合同，将上述十项基本保险内容对应找出。

任务解析3　协助客户签署投资规划涉及的商业银行理财产品合同和基本业务合同

一、协助客户签署商业银行理财产品合同

客户在认购商业银行理财产品时，需要阅读并签署《理财产品说明书》《客户权益须知》《风险揭示书》和《理财产品合同》，《产品说明书》《风险揭示书》《客户权益须知》是《理财产品合同》不可分割的组成部分，与该合同具有同等效力。所以，这些文书的内容是客户购买银行理财产品时必须阅读并确认知晓的，理财从业人员要协助客户准确理解其中的专业用语，完成资料签署。

(一) 理财产品说明书

《理财产品说明书》是每一款理财产品都必备的说明性文件，客户通过阅读《理财产品说明书》，可以清楚地了解理财产品的信息。客户阅读完毕无异议后，需在充分知晓产品特性和风险特征的情况下签字确认后购买。

《理财产品说明书》主要包括声明、产品概述、产品投资范围、产品交易规则、产品估值方法、产品相关费用、投资收益及分配、信息披露、风险揭示、其他重要事项等内容。

图 8-8 为平安银行“平安理财-智享价值 180 天(净值型)人民币理财产品说明书”的声明和产品概述部分内容，图 8-9 为客户阅知后的签字确认页。

认购期	2020 年 4 月 15 日 9:00 - 2020 年 4 月 23 日 24:00（不含），平安银行保留延长或提前终止产品认购期的权利。认购期初始面额 1 元人民币为 1 份。 如有变动，产品实际认购期以平安银行公告为准。
认购登记日	2020 年 4 月 24 日，如产品认购期提前终止或延长，实际认购登记日以平安银行实际公告为准。
成立日	2020 年 4 月 24 日，如产品认购期提前终止或延长，实际成立日以平安银行实际公告为准。
产品存续期	产品为定期开放式理财产品，无特定存续期限，实际到期日以银行公告为准。
交易日	指上海证券交易所、深圳证券交易所及全国银行间债券市场同时开放交易的工作日。
开放日	每个交易日为理财产品的开放日。平安银行有权调整开放频率并提前3个交易日公告。平安银行于产品成立后的每个交易日计算单位份额净值，每个交易日后两个交易日内公布其单位份额净值。 投资者在开放日之外的日期和时间提出申购申请的，其对应的开放日为下个开放日，其申购的单位份额净值为下个开放日的单位份额净值。 估值方法详见**“四、产品估值方法”**。
份额确认日	指申购/赎回指令有效性的确认日，即申购所在开放日后的第 2 个交易日及赎回份额对应的投资到期日后的第 2 个交易日。
投资周期	本产品成立后，单笔产品认/申购对应的开放日T日起，每180个自然日为一个投资周期，即该笔认/申购的投资到期日为T+180日（若投资到期日为非交易日则顺延至下一交易日）。
初始封闭期	本产品自成立日（含）起的60个自然日为封闭期，即2020年4月24日至2020年6月22日，封闭期不接受申购。
申购和赎回	每个份额确认日对其对应的开放日24:00前的申购申请进行确认。 申购申请在申购所在开放日24:00前允许撤单，平安银行有权拒绝受理超过开放日24:00的申购撤单申请。申购以申购所在开放日的净值为基准计算投资者申购份额； 认/申购确认后，投资者可以对其持有的份额在该份额对应的每个投资周期的投资到期日之前发起赎回申请，赎回申请将在该投资到期日后第2个交易日进行确认，赎回申请在该投资到期日24：00之前可以撤销，赎回金额以该投资周期投资到期日的净值计算（若投资到期日为非交易日则顺延至下一交易日），赎回资金将于赎回份额确认日后的第2个交易日内转入投资者账户。详细内容见**“三、产品交易规则”**。 以上规则如有调整，以平安银行的公告为准。
自动再投资	产品对未接收到赎回指令的产品份额执行自动再投资。即产品份额对应的每个投资周期的投资到期日 24：00 之前，投资者未赎回的产品份额默认再投资，该份额自动进入下一投资周期。
最低持有份额	1 万份
最高持有份额	3 亿份
持有份额调整	平安银行有权调整以上最低持有份额和最高持有份额，并于新的规则实施前 3 个工作日进行公告。
巨额赎回比例	**本产品巨额赎回比例为 10%。发生巨额赎回时，平安银行有权接受或拒绝预约赎回申请。**
业绩比较基准	40%×上证综指+60%×中债综合指数（全价），该业绩比较基准不构成平安银行

平安理财-智享价值 180 天（净值型）人民币理财产品说明书

一、银行销售的理财产品与存款存在明显区别，具有一定的风险。
二、本理财产品向有投资经验个人投资者和机构投资者（仅指家族信托）销售。
三、本理财产品为非保本浮动收益型产品。平安银行对本理财产品的本金和收益不提供保证承诺。投资者应该充分认识投资风险，谨慎投资。请详细阅读《平安理财-智享价值 180 天（净值型）人民币理财产品风险揭示书》内容，在充分了解并清楚知晓本理财产品蕴含风险的基础上，通过自身判断自主参与交易，并自愿承担相关风险。
四、平安银行郑重提示：在购买本理财产品前，投资者应确保自己完全明白该投资的性质和所涉及的风险，详细了解和审慎评估本理财产品的资金投资方向、风险类型等基本情况，在慎重考虑后自行决定购买与自身风险承受能力和资产管理需求匹配的理财产品。
五、在购买本理财产品后，投资者应随时关注该理财产品的信息披露情况，及时获取相关信息。

一、产品概述

本期人民币理财产品为开放式净值型理财产品。投资者在购买本理财产品时需要清楚明白产品特性和风险特征。

产品名称	平安理财-智享价值 180 天（净值型）人民币理财产品
产品代码	ZXD200001
产品管理人	本理财产品的管理人为平安银行，负责本理财产品的投资运作和产品管理。产品管理人或将在理财产品说明书约定的情况下变更为平安银行的理财子公司，详细内容请投资者查阅本产品说明书第“九、其他重要事项”。
产品托管人	本理财产品的托管人为平安银行
登记编码	理财信息登记系统登记编码是 C1030720000034，投资者可依据该编码在“中国理财网（www.chinawealth.com.cn）”查询该产品信息。
募集方式	公募理财产品
运作方式	开放式理财产品，投资者可以按照说明书约定的开放日和场所，进行认（申）购或者赎回理财产品。
投资性质	混合类产品
产品风险评级	**三级（中等）风险**（本风险评级为平安银行内部评级结果，该评级仅供参考。）
适合投资者	本产品向机构投资者（仅指家族信托）和有投资经验个人销售。其中，平安银行建议，经我行风险承受度评估，个人投资者评定为“进取型”、“成长型”、“平衡型”的客户适合购买本产品。
计划发行量	上限不超过人民币 500 亿元。平安银行有权按照实际情况进行调整。
规模下限	下限不低于 1 亿元。如本理财自计划开始认购至理财计划成立日之前，理财产品认购金额未达 1 亿元，平安银行有权宣布该产品不成立。
交易金额	认购起点金额 1 万元人民币，以 1 元人民币的整数倍递增。
产品份额	产品份额以人民币计价，每单位为 1 份。认购期初始面额 1 元人民币为 1 份。

图 8-8　“平安理财-智享价值 180 天(净值型)人民币理财产品说明书”-部分

民币理财产品权益须知》共同构成投资者与平安银行之间的理财产品协议。

本理财产品仅向依据中华人民共和国有关法律法规及本说明书规定可以购买本理财产品的有投资经验个人投资者**和机构投资者（仅指家族信托）**发售。

在购买本理财产品前，请投资者确保完全了解本理财产品的性质、其中涉及的风险以及投资者的自身情况。若投资者对本理财产品说明书的内容有任何疑问，请向平安银行各营业网点理财经理或投资者经理咨询。

本产品说明书中任何其他收益表述均属不具有法律约束力的用语，不代表投资者可能获得的实际收益，亦不构成平安银行对本理财产品的额外收益承诺。

本理财产品只根据本产品说明书所载的内容操作。

本理财产品不等同于银行存款。

本理财产品说明书由平安银行负责解释。

本产品投资者已阅读并领取《平安理财-智享价值 180 天（净值型）人民币理财产品说明书》，共 14 页，充分理解本产品的收益和风险，自愿购买。

投资者签字：　　　　　　　　日　　期：

图 8-9　“平安智享价值 180 天(净值型)人民币理财产品说明书”签字确认页

(二)《客户权益须知》

为了让客户能更顺利地在商业银行完成理财业务的办理，《客户权益须知》对业务办理流程和风险测评流程作出说明，公布产品的信息披露方式和机构的联系方式，以便客户能够选择适合的产品并维护自身权益。

《客户权益须知》主要由四个部分组成：声明、业务办理流程告知、风险测评流程告知、理财信息披露以及客户咨询渠道。图 8-10 为《平安银行理财产品客户权益须知》的详细内容。

平安银行理财产品客户权益须知

尊敬的平安银行理财客户：

您好。为便于您在我行顺利办理理财业务，请仔细阅读以下客户权益内容，选择适合产品并维护自身权益。任何疑问请详询理财经理或拨打我行全国统一联系电话 95511-3。请您注意，我行销售的理财产品包括我行发行的理财产品及我行代销的平安理财管理有限责任公司（简称“平安理财”）发行的理财产品。请您在选择购买时注意区分。除非特别说明，下述“理财产品”、“本理财产品”或“产品”均不区分我行发行的还是我行代销的平安理财的产品。

一、客户认购理财产品办理流程

1、开立或持有平安银行借记卡，该卡用于本理财产品的理财资金划转及兑付。

2、接受并完成客户风险承受能力评估，并根据评估结果选择适合的产品。

3、认真阅读《产品说明书》、《风险揭示书》、《平安银行理财产品客户权益须知》、《理财产品销售协议书》以及其他有关文件（如有），确认已同意相关内容、充分了解相关风险并无疑问和异议后，签字确认。

4、可通过柜台、网银、电话银行、手机银行办理理财产品购买手续，但对于具体理财产品，我行将根据产品风险等级和市场情况自行确定发售渠道。我行建议您采用网银渠道进行理财产品购买，系统会提示您进行每一步操作，产品办理更加方便快捷。

二、风险测评流程

1、客户风险测评采用《平安银行客户风险承受度评估报告》进行，您须回答涉及自身财务状况、投资经验、投资风格、投资目的、风险承受能力五个方面共 15 小题，得出风险测评结果。

2、客户首次购买理财产品前必须在我行网点进行风险测评，有效期 1 年，期间认购理财产品无需再次测评；若您超过 1 年未再次进行风险测评或判断自身风险承受能力产生变化，应在我行网点或网银重新进行风险测评；否则无法继续购买理财产品。

3、风险测评评级定义、及各评级与理财产品风险等级的匹配关系详见下表：

客户风险测评等级与理财产品风险登记匹配表					
理财产品风险类型 / 客户风险测评等级	低风险	中低风险	中等风险	中高风险	高风险
保守型（C1）：风险承受能力极低，目标是保证本金不受损失和保持资产的流动性，希望投资收益极度稳定，不愿承担风险以换取收益，适合投资于保本为主的投资工具。	√				
稳健型(C2)：风险承受能力较低，目标是在尽可能保证本金安全的基础上能有一些增值收入，追求较低的风险，对投资回报的要求不高，适合投资于本金损失风险很小，具有较小升值能力的投资工具。	√	√			
平衡型(C3)：风险承受能力中等，目标是接受一定本金损失风险可能，获得一定的收益，适合投资于有温和升值能力，而投资价值有温和波动的投资工具。	√	√	√		
成长型(C4)：风险承受能力较强，目标是获取有较高的收益，偏向于较为激进的资产配置，了解投资产品，对风险有清醒的认识，愿意接受较高本金损失风险。适合投资于能够提供升值能力，而投资价值有波动的投资工具	√	√	√	√	
进取型(C5)：风险承受能力最强，目标是获取可观的资本增值，资产配置以高风险投资品种为主，投机性强，并愿意为此承受较大的风险，有心理准备可能损失部分或全部投资本金，适合投资于能够提供高升值能力而投资价值波动大的投资工具，最坏情况下，可能失去全部投资本金，并承担对投资所导致的任何亏损责任。	√	√	√	√	√

三、理财信息披露

1、平安理财授权平安银行的官方网站、平安银行网银、平安银行口袋银行 APP 作为平安理财产品的信息披露场所。

2、理财产品收益率、产品终止或提前终止、产品延期、产品清算、产品净值、结构性产品挂钩标的市场表现等信息，我行将在银行网站发布公告，请您及时登录平安银行的官方网站（bank.pingan.com）、平安银行网银、平安银行口袋银行 APP 或到平安银行各营业网点或拨打 **95511-3** 查询。

3、重大事项披露和披露方式：对于我行或平安理财认为已经、即将或可能对各自发行的理财产品的全体投资者利益有重大影响的事项，我行将在 3 个工作日内或收到平安理财通知的 3 个工作日内（针对代销平安理财产品的情形），通过平安银行的官方网站或/及银行认为适当的其他方式进行公告。

4、我行/平安理财有权根据市场情况调整投资范围、投资品种或投资比例，根据《产品说明书》的相关约定在网站或/及银行认为适当的其他方式进行公告后方可调整；您若不愿接受该调整，可以在公告里告知的期限内或在公告未有告知的情况下于公告后 5 个工作日到网点、平安银行口袋银行 APP 等办理提前赎回该理财产品的相关手续。未在约定时间内提出赎回申请的视同对此调整无异议，继续持有该理财产品。

5、我行/平安理财根据相关法律和国家政策规定，需要对已约定的收费项目、条件、标准和方式进行调整时，根据《产品说明书》的相关约定在网站或/及银行认为适当的其他方式进行公告后方可调整；您若不愿接受该调整，可以在公告里告知的期限内或在公告未有告知的情况下于公告后 5 个工作日内到网点、平安银行口袋银行 APP 等办理提前赎回该理财产品的相关手续。未在约定时间内提出赎回申请的视同对此调整无异议，继续持有本理财产品。

6、为确保您及时获知相关信息，请您注意经常查阅上述信息披露渠道信息、也可拨打 95511-3 咨询。您预留在平安银行的有效联系方式变更的，应及时于我行柜台办理信息更新。

四、客户咨询渠道及平安银行联系方式

如您对本协议存在任何疑问或任何相关投诉、意见，请联系客服 95511 转 3、95511 转 2（信用卡）、官方网站（http://bank.pingan.com）、平安银行 APP“在线客服”、“意见反馈”、发送邮件至 callcenter@pingan.com.cn<mailto:callcenter@pingan.com.cn>、以及我行各营业网点进行咨询或反映。受理您的问题后，在规定时效内核实事项并及时联系您提供解决方案。

平安银行股份有限公司

图 8-10　《平安银行理财产品客户权益须知》

(三)《风险揭示书》

银行通过《风险揭示书》将某一理财产品的本金及收益是否具有亏损的可能性做出强调，明确其是否保证本金安全、是否保证收益，对投资可能遭受的风险损失进行揭示，使投资人充分认识投资风险，谨慎投资。

《风险揭示书》一般包含声明、风险内容揭示、确认函三部分内容。《风险揭示书》确认函如图 8-11 所示，投资人在对《风险揭示书》中的内容知晓并认可接受后，需在确认函处抄录："本人已经阅读上述风险提示，愿意承担相关风险。"后签字确认。

确认函

投资者在此声明：本人已认真阅读并充分理解《平安银行理财产品销售协议书(个人)》以及《平安理财-智享价值 180 天(净值型)人民币理财产品说明书》与上列《风险揭示书》(以下统称为"合同文件")的条款与内容，充分了解并清楚知晓本理财产品蕴含的风险。充分了解履行上述合同文件的责任，具有识别及承担相关风险的能力，充分了解本理财产品的风险并愿意承担相关风险，本人拟进行的理财交易完全符合本人从事该交易的目的与投资目标；本人充分了解任何测算收益或类似表述均属不具有法律效力的用语，不代表投资者可能获得的实际收益，也不构成平安银行对本理财产品的任何收益承诺，仅供投资者进行投资决策时参考。本人声明平安银行可仅凭本《确认函》即确认本人已理解并有能力承担相关理财交易的风险。

投资者在此确认：本人风险承受能力评级为：　　，本人已充分认识叙做本合同项下交易的风险和收益，并在已充分了解合同文件内容的基础上，根据自身独立判断自主参与交易，并未依赖于银行在合同文件条款及产品合约之外的任何陈述、说明、文件或承诺。

根据中国银行保险监督管理委员会令（2018 年第 6 号）文《商业银行理财业务监督管理办法》，请抄录以下语句并签字：

"本人已经阅读上述风险提示，愿意承担相关风险。"

银行经办人（签名）：　　　　个人投资者（签名）：

日期：　年　月　日

图 8-11　《风险揭示书》-确认函

(四)《理财产品合同》

《理财产品合同》是客户与商业银行签署的理财产品购买协议，它将买卖双方的权利和义务进行规范，具有法律效力。理财从业人员要提醒客户阅读协议并帮助其理解，确保客户本人签署确认该理财产品的投资决定是完全基于独立自主的判断，并自愿承担所购买(或赎回、撤单)理财产品产生的相关风险和全部后果。

《理财产品合同》主要内容由客户信息、声明确认和产品条款三部分构成。理财从业人员在向客户解读时尤其要重点针对以下内容展开：

(1) 产品涉及的各个时间点和产品期限、可否提前终止或赎回；

(2) 利息、收益的计算以及收益的构成和分配方式；

(3) 客户应履行的责任和拥有的权利；

(4) 纳税义务及银行免责条款。

以《平安银行理财产品销售协议书》为例，图 8-12 为该合同的客户信息和声明确认部分。

平安银行理财产品销售协议书（个人）（正面）

理财非存款、产品有风险、投资须谨慎

客户填写栏			
业务类型： 1、平安银行发行的理财产品：□购买 □预约购买 □赎回 □预约赎回 □撤单 □其他 2、代销的平安理财发行的理财产品：□购买 □预约购买 □赎回 □预约赎回 □撤单 □其他			
客户姓名		联系电话（变更填写）	
客户风险等级	□保守型 □稳健型 □平衡型 □成长型 □进取型		
产品名称及代码			
交易金额	（币种：______）		
交易份额			

银行打印栏

经办： 银行盖章：

客户确认栏

客户确认：

1.本人已经详细阅读本协议书背面的《平安银行理财产品销售协议条款》和协议书客户填写栏中产品名称及代码对应的《产品说明书》、《风险揭示书》、《平安银行理财产品客户权益须知》，已充分理解本理财产品蕴含的潜在风险，对有关条款不存在任何疑问或异议，并对协议双方的权利、义务、责任与风险有清楚和准确的理解，同意遵守本协议书项下及《产品说明书》、《风险揭示书》、《平安银行理财产品客户权益须知》的各项规定。

2.本人已签署《产品说明书》、《风险揭示书》、《平安银行理财产品客户权益须知》，已知悉本产品的全部风险，并认可本产品的申赎规则、信息披露途径及频率。

3.本人的投资决定完全基于独立自主判断作出，并自愿承担所购买（或赎回、撤单）理财产品所产生的相关风险和全部后果。

4.本人授权平安银行按委托金额于认购日冻结本人指定资金账户（卡内主账户）认购资金，并授权平安银行于认购划款日直接从此账户扣划相应的认购资金，无需通过任何方式与本人进行最后确认(购买金额、认购日及认购划款日等均详见产品说明书项下认购产品基本内容栏的相应记载)。

客户签字确认：__________ 年 月 日

第一联 银行留存联

理财经理：__________ 主管复核（如需）：__________

年 月 日

特别提示：

请认真阅读背面的《平安银行理财产品协议条款》，本协议一式三联，第一、二联银行留存，第三联客户留存

平安银行股份有限公司

图 8-12 平安银行理财产品销售协议书-部分

图 8-13 为平安银行理财产品销售协议条款，需要强调的是，该协议中明确《理才产品说明书》《风险揭示书》《客户权益须知》均构成协议不可分割的组成部分，与该协议具有同等效力。客户签署该协议即视为客户已阅读并认可该协议和《理财产品说明书》《风险揭示书》《客户权益须知》的全部内容。

平安银行理财产品销售协议条款（个人）（反面）

一、名词释义

1、平安银行理财产品：指平安银行为产品管理人发行的理财产品。

2、平安理财产品：指平安理财责任有限公司为管理人发行，平安银行代销的理财产品。

二、交易规则

客户在营业网点购买本理财产品时，须携带本人有效身份证件及平安银行借记卡，具体交易规则以本协议对应产品说明书为准。

三、权利和义务

1、客户自愿以本协议所约定的理财本金金额购买本理财产品，保证理财本金是其合法所有的资金，或其夫妻共同财产或家庭共同财产项下已经取得共有权人的同意用于购买本理财产品的资金，并将该资金用作理财合同下交易以及订立和履行本协议并不违反任何法律、法规，且不违反任何约束或影响客户或其资产的合同、协议或承诺。

2、客户承诺所提供的所有资料真实、完整、合法、有效，如有变更，客户应及时到平安银行（以下简称“银行”）办理变更手续。若客户未及时办理相关变更手续，由此导致的一切后果由客户自行承担，银行不承担责任。

3、客户购买本理财产品非存款，投资本金在产品约定的投资期内不另计存款利息，且认购/还本清算期内不计付利息。

4、因客户指定资金账户资金余额不足或处于非正常状态（包括但不限于挂失、冻结、销户等状态）导致银行无法按时办理扣款或到期理财资金及收益无法入账，或者引起其他一切风险与损失的，均由客户自行承担，银行不承担责任。

5、客户特别在此声明：同意银行于本理财产品认购划款日当日将客户指定账户内相应理财资金划转至银行理财账户，对此银行无须另行征得客户同意或给予通知，无须在划款时以电话等方式与客户进行最后确认，对于风险较高或客户单笔购买金额较大的理财产品，同样适用上述划款规则。

6、客户在签署本协议前以及通过银行的网上银行、电话银行、手机银行等方式购买的理财产品（不限本产品），确认在上述渠道销售协议的合法有效性，并确认上述系统对客户操作行为（包括但不限于购买、赎回、撤单）的终局证据，并且在双方发生争议时可作为合法有效的证据使用。

7、客户在签署本协议之前或之后购买风险等级为四级（中高）级（含）以上的理财产品的（不限本产品），在银行对该产品开放网上银行、电话银行或手机银行等电子渠道的情况下，客户可通过银行的网上银行、电话银行或手机银行购买该产品，客户接受和认可通过上述电子渠道购买该产品的法律效力。

8、银行有权收取一定的理财产品管理费，具体收费方式和标准在《产品说明书》中载明。

9、银行应按照本协议对应产品说明书中的约定将应支付的投资本金（如有，下同）及收益（如有，下同）划入客户指定交易账户。如因客户原因导致投资本金与收益无法入账的，客户应自行承担全部责任，银行不承担责任。

10、双方应对其在订立及执行本协议的过程中知悉的对方商业秘密/隐私依照法令规定保守秘密。但是任一方依照有关法律、法规或司法机关/行政机关/交易所的要求或向外部专业顾问进行披露的，不视为对保密义务的违反。双方在本条款项下的义务不因理财合同的终止而免除。

四、信息披露

银行将通过营业网点或平安银行网站（bank.pingan.com）发布有关本理财产品的相关信息，具体信息披露详见本协议对应的《产品说明书》或《客户权益须知》。**五、税收规定**

本理财产品收益为未扣税收益，客户应根据国家规定自行纳税，银行不承担此义务，但法律、法规或税务机关要求的除外。

六、免责条款

1、由于地震、火灾、战争等不可抗力导致的交易中断、延误等风险损失，银行不承担责任。

2、由于国家有关法律、法规、规章、政策的改变、紧急措施的出台而导致客户蒙受损失或本协议终止的，银行不承担责任。

3、由于银行不可预测或无法控制的系统故障、设备故障、通讯故障、停电等突发事故，给客户造成损失或银行延支付迟资金的，银行不承担赔偿责任。

4、非银行原因（包括但不限于本协议交易账户被司法机关等有权部门冻结、扣划等原因）造成的损失，银行不承担责任。

发生上述情形时，银行将在条件允许的情况下采取必要合理的补救措施，尽力保护客户利益，以减少客户损失。

六、争议处理

本协议在履行中发生的争议，由双方协商解决，协商不成的，提交银行营业网点所在地的人民法院诉讼解决。

七、协议的签署、生效及终止

1、《产品说明书》、《风险揭示书》、《客户权益须知》构成本协议不可分割的组成部分，与本协议具有同等效力。

2、客户签署本协议即视为客户已阅读并认可本协议和《产品说明书》、《风险揭示书》、《客户权益须知》的全部内容，并就投资于本理财产品做出独立判断。

3、本协议自客户签字、银行加盖业务印章或客户通过银行网上银行、电话银行、手机银行等电子渠道自行确认后生效。

4、本协议项下双方权利义务履行完毕之日，本协议自动终止。

5、如果双方存在同类型或不同类型的多份产品协议，则每份协议分别与其所对应的理财协议条款及其他协议文件单独构成一个理财产品协议书，各个协议书之间互相独立，每一份协议书的效力及履行情况均独立于其他协议书。

八、其他

1、本协议适用中华人民共和国法律；法律、法规或规章无明文规定的，可适用通行的金融惯例。如本协议履行过程中部分条款与法律、法规或规章的规定相抵触时，有关的权利和义务应按相关法律、法规或规章的规定履行。

2、本协议一式三份，银行二份，客户一份，具有同等法律效力。

3、本协议未尽事宜，以《产品说明书》、《风险揭示书》、《客户权益须知》的内容为准。

4、如客户对本协议存在任何意见或建议，可通过 95511 转 3（客服热线）、在线客服（官网：http://bank.pingan.com、口袋银行 APP、个人网银“在线客服”入口）、callcenter@pingan.com.cn（服务邮箱）等方式或通过平安银行各营业网点进行咨询或投诉。

平安银行股份有限公司

图 8-13　平安银行理财产品销售协议条款(个人)

二、协助客户签署基金业务合同

投资人进行基金业务交易前需与业务相关机构签署合同，明确交易权责和具体事项。由于基金产品不仅通过基金公司销售，也通过银行、基金服务机构等代销。所以在基金业务交易中还有可能涉及《基金公司开户须知》《风险揭示书》《基金购买合同》《基金托管协议》《基金招募说明书》等相关文件的阅读签署。

此处以客户通过平安银行认购“广发行业领先混合基金”为例，展开对《基金合同》和《基金业务交易协议》两份合同的签署的讲解。图 8-14 所示是客户通

过平安银行网上银行认购“广发行业领先混合基金”的界面，其中包含了客户需要阅读签署的《基金合同-广发行业领先混合》和《平安银行基金业务交易协议》两份合同。

现在购买 广发行业领先混合

付款账号 平安银行储蓄卡

可用：925.14元

输入金额 1.00元起购 元 费率详情 申购费率：0.15%~~1.5%~~

预计以11-16 (星期二)净值确认份额，15点后买入顺延一个交易日，11-18 (星期四)24点前可查看盈亏

本人已阅读并同意《基金合同-广发行业领先混合》《招募说明书-广发行业领先混合》《平安银行基金业务交易协议》《补充协议条款》

下一步 返回

图 8-14 平安银行“广发行业领先混合基金”认购界面

(一) 基金合同

基金合同是基金经理人、基金托管人、基金发起人为设立投资基金而订立的用以明确基金当事人各方权利和义务关系的书面文件。投资者缴纳基金份额认购款项即表明其对基金合同的承认与接受，标志着基金合同的成立。

基金合同的主要内容见表 8-6。

表 8-6 基金合同的主要内容

序号	内 容
1	募集基金的目的和基金名称
2	基金管理人、基金托管人的名称和住所
3	基金运作方式
4	封闭式基金的基金份额总额和基金合同期限，或者开放式基金的最低募集份额总额
5	确定基金份额发售日期、价格和费用的原则
6	基金份额持有人、基金经理人、基金托管人、基金发起人等基金合同所涉及当事人的权利、义务
7	基金份额持有人大会参会比例要求、大会召开前公告的要求与内容、大会召开的条件、大会议事及表决的程序和规则
8	基金份额发售、交易、申购、赎回的程序、时间、地点、费用计算方式，以及给付赎回款项的时间和方式
9	基金收益分配原则、执行方式
10	确定基金管理人、基金托管人管理费、托管费的提取、支付方式及比例
11	与基金财产管理、运用有关的其他费用的提取、支付方式
12	基金财产的投资方向和投资限制
13	基金资产净值的计算方法和公告方式
14	基金募集未达到法定要求的处理方式
15	基金合同的变更、终止与基金财产清算的事由、程序
16	争议解决方式及当事人约定的其他事项

如图 8-15 所示，在“广发行业领先混合型基金”的合同中，基金管理人为广发基金管理有限公司，托管人为中国工商银行股份有限公司。从该合同的封面及目录可见，该合同包含了表 8-6 中列示的内容。

广发混合基金合同

广发基金管理有限公司

广发行业领先混合型证券投资基金
基金合同

基金管理人：广发基金管理有限公司
基金托管人：中国工商银行股份有限公司

广发行业领先混合型证券投资基金　　基金合同

目　录

图 8-15　广发行业领先混合基金合同的封面及目录

(二) 基金业务交易协议

基金业务交易协议是投资人客户通过非基金公司渠道认购基金时与代销基金的银行、基金门户网站等机构签署的业务交易协议。对于不同的代销机构，基金业务交易协议内容略有区别，但是主体内容都包含了声明、代销身份的告知、代销行为的权责范围划分、基金投资涉及的相关合同列示、公开说明、业务规则、披露信息的阅读提示以及机构信息等。有些机构还会对基金的基本知识做介绍、对基金投资风险做提示。

《平安银行基金业务交易协议》包括证券投资基金投资人权益须知和业务交易声明两大部分。权益须知部分包括基金的基本知识、基金份额持有人的权利、基金投资的风险提示、基金交易业务流程、投诉处理和联系方式等，如图 8-16 和图 8-17 所示。业务交易声明中明确了其代理销售的身份和受理基金等投资产品的交易委托以及相关契约合同文件资料的列示。

平安银行基金业务交易协议

您自愿申请通过平安银行“平安一账通网银”办理上述基金投资业务，并保证提供信息资料的真实有效。

平安一账通网银仅作为各类基金等投资产品的代理销售渠道，对上述产品的业绩不承担任何担保和其他经济责任。

平安一账通网银受理的基金等投资产品交易委托，以上述投资产品注册登记管理机构的确认结果为准。

您作为投资者已经详细阅读并接受拟投资产品的契约合同，最新公开说明书、业务规则及所公告披露的其他信息，接受契约合同、说明书中载明的所有法律条款。您在我公司（行）投资基金时，我公司（行）仅在您需要开设基金账户时，使用您留存在我公司（行）的以下信息：**姓名、性别、联系地址、证件类型、证件号码、国籍、证件有效期、职业。**金融消费者不得利用金融产品和服务从事违法活动。

您了解并自愿承担投资产品的投资风险。

您已阅读并了解以下“证券投资基金投资人权益须知”中的详细内容：

证券投资基金投资人权益须知

尊敬的基金投资人：

基金投资在获取收益的同时存在投资风险。为了保护您的合法权益，请在投资基金前认真阅读以下内容：

一、基金的基本知识

（一）什么是基金

证券投资基金（简称基金）是指通过发售基金份额，将众多投资者的资金集中起来，形成独立财产，由基金托管人托管，基金管理人管理，以投资组合的方法进行证券投资的一种利益共享、风险共担的集合投资方式。

（二）基金与股票、债券、储蓄存款等其它金融工具的区别

	基金	股票	债券	银行储蓄存款
反映的经济关系不同	信托关系，是一种受益凭证，投资者购买基金份额后成为基金受益人，基金管理人只是替投资者管理资金，并不承担投资损失风险	所有权关系，是一种所有权凭证，投资者购买后成为公司股东	债权债务关系，是一种债权凭证，投资者购买后成为该公司债权人	表现为银行的负债，是一种信用凭证，银行对存款者负有法定的保本付息责任
所筹资金的投向不同	间接投资工具，主要投向股票、债券等有价证券	直接投资工具，主要投向实业领域	直接投资工具，主要投向实业领域	间接投资工具，银行负责资金用途和投向
所筹资金的投向不同	间接投资工具，主要投向股票、债券等有价证券	直接投资工具，主要投向实业领域	直接投资工具，主要投向实业领域	间接投资工具，银行负责资金用途和投向

图 8-16 平安银行基金业务交易协议-证券投资基金投资人权益须知部分(一)

投资收益与风险大小	投资于众多有价证券，能有效分散风险，风险相对适中，收益相对稳健	价格波动性大，高风险、高收益	价格波动较股票小，低风险、低收益	银行存款利率相对固定，损失本金的可能性很小，投资比较
不同				安全
收益来源	利息收入、股利收入、资本利得	股利收入、资本利得	利息收入、资本利得	利息收入
投资渠道	基金管理公司及银行、证券公司等代销机构	证券公司	债券发行机构、证券公司及银行等代销机构	银行、信用社、邮政储蓄银行

（三）基金的分类

1、依据运作方式的不同，可分为封闭式基金与开放式基金。

封闭式基金是指基金份额在基金合同期限内固定不变，基金份额可以在依法设立的证券交易所交易，但基金份额持有人不得申请赎回的一种基金运作方式。

开放式基金是指基金份额不固定，基金份额可以在基金合同约定的时间和场所进行申购和赎回的一种基金运作方式。

2、依据投资对象的不同，可分为股票基金、债券基金、货币市场基金、混合基金。

根据《证券投资基金运作管理办法》对基金类别的分

四、基金交易业务流程

（略。由各基金销售机构自行确定）

五、投诉处理和联系方式

（一）如您对本协议存在任何疑问或任何相关投诉、意见，请联系客服95511转3、95511转2（信用卡）、官方网站（http://bank.pingan.com）、平安银行APP“在线客服”、“意见反馈”、发送邮件至callcenter@pingan.com.cn、以及我行各营业网点进行咨询或反映。我行受理您的问题后，在规定时效内核实事项并及时联系您提供解决方案。

（二）基金投资人也可通过书信、传真、电子邮件等方式，向中国证监会和中国证券投资基金业协会投诉。联系方式如下:中国证监会________监管局:网址:www.csrc.gov.cn，联系电话________，传真:_____，电子邮箱:_______，地址__________，邮编:_____（以上根据网点所在地点临时填写）。

中国证券投资基金业协会:网址: www.amac.org.cn，电子邮箱 tousu@amac.org.cn，地址:北京市西城区金融大街 22 号交通银行大厦 B 座 9 层，邮编：100033 电话：010-58352888（中国证券投资者呼叫中心）、www.sipf.com (中国证券投资者保护网)。

（三）因基金合同而产生的或与基金合同有关的一切争议，如经协商或调解不能解决的，基金投资人可提交中国国际经济贸易仲裁委员会根据当时有效的仲裁规则进行仲裁。仲裁地点为基金合同约定的地点。仲裁裁决是终局的，对各方当事人均有约束力。投资人在投资基金前应认真阅读《基金合同》、《招募说明书》等基金法律文件，选择与自身风险承受能力相适应的基金。我公司（行）和基金管理人承诺投资人利益优先，以诚实信用、勤勉尽责的态度为投资人提供服务，但不能保证基金一定盈利，也不能保证基金的最低收益。投资人可登录中国证监会网站（www.csrc.gov.cn）查询基金销售机构名录，核实我公司（行）基金销售资格。

图 8-17 平安银行基金业务交易协议-证券投资基金投资人权益须知部分(二)

完成以上两份合同的签署前，还要提醒客户进行基金认购前《基金招募说明书》的阅读，确保客户本人对自己的投资行为的风险有所认知，对投资的产品充分了解。

课外链接：基金招募说明书

基金招募说明书也称为公开说明书，由基金管理人在基金份额发售三日前与基金合同及其他有关文件一同对外公布。它的内容比基金合同更加全面详细，包含了可能对投资人做出投资判断产生重大影响的一切信息的充分披露，包括管理人情况、托管人情况、基金销售渠道、申购和赎回的方式及价格、费用种类及比率、基金的投资目标、基金的会计核算原则、收益分配方式等，是投资人了解基金的最基本也是最重要的文件之一，是投资前的必读文件。

它虽不是需要客户签署的合同，但也是客户了解基金具体情况的具有法律效力的重要文书，所以一方面理财从业人员要提醒客户对说明书进行阅读，另一方面还要能够向客户解释其中的内容，以便客户无疑虑地进行投资交易。

广发混合基金招募说明书

【能力拓展】

登录平安保险的网站，在意外保险、医疗保险、重大疾病保险类别中各选一款产品阅读保险合同，了解他们的生效条件、保障范围等基本条款。

登录平安银行口袋银行，选 3 款理财产品阅读相应的理财协议，看看它们的投向是保本产品还是非保本产品，了解其收益来源方式。

任务 2 执行家庭理财规划方案

【任务描述】

- 把握家庭理财规划方案执行的三个关键要素。
- 遵循家庭理财规划方案执行的三原则。

任务解析 1 把握家庭理财规划方案执行要素

执行家庭理财规划方案是理财规划服务的核心环节。它是将储蓄规划、保险规划、投资规划等理财分项规划付诸实施，是帮助家庭实现资产有效配置的关键步骤，它直接决定理财规划服务的成败。为确保理财方案能够有效执行，较好地达成规划目标，应把握时间、人员和资金这三个关键的执行要素，如图 8-18 所示。

图 8-18 执行家庭理财规划方案的要素

一、家庭理财规划方案的执行三要素

(一) 时间要素

在家庭理财规划方案的执行过程中，理财从业人员要把握时间要素，对理财规划方案中的每一个分项规划的阶段时点做到心中有数，尤其需要对短期、中期、长期目标应实现的时间节点区间做出把控。理财从业人员有必要根据客户的规划执行情况制定时间安排表，将各项工作按照轻重缓急明确先后顺序，有序执行家庭理财规划方案，以节约客户的实施成本，提高方案的实施效率。

(二) 人员要素

在家庭理财规划方案的执行过程中，理财从业人员不能仅依靠自己一个人“运

筹帷幄”，而要充分调动人力资源，邀请每一个分项规划涉及的专业业务领域内更具权威的人士参与，如保险经纪人、法律顾问、会计师、证券投资顾问等，必要时还需要客户的家人加入进来共同推进方案执行，通过增强人员协作，实现方案的高效执行。

(三) 资金要素

家庭理财规划方案启动执行后，理财从业人员要密切关注客户的资金流动，尽可能为客户降低资金成本，增加运营收益。客户的临时资金往往在之前的理财规划方案中无法全面细致地体现出来，要通过在理财方案的执行过程中和客户深度沟通、建立信任后才能充分掌握。理财从业人员要随着对客户资金流动安排的了解程度的加深，尽可能为客户调整资金的合理配置运用，优化客户资金的运转效率和收益。

二、加强把握理财规划三要素的能力

理财从业人员要把握好以上三个关键的理财方案执行要素，需要加强如图8-19所示的三方面能力。

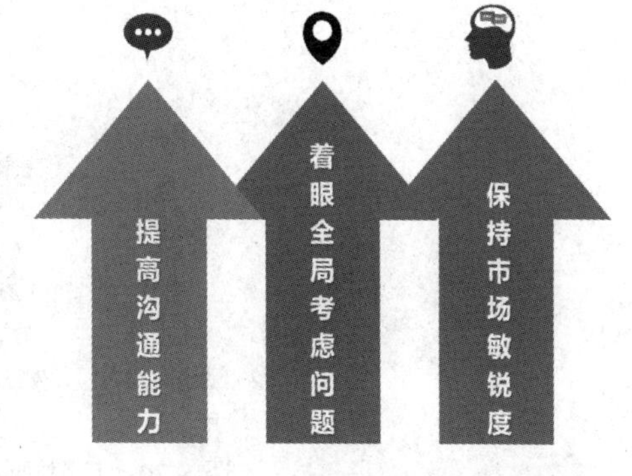

图 8-19　加强把握理财规划三要素的能力

(一) 提高沟通能力

把握时间要素，实施对客户短期、中期、长期等需求的跟踪是建立在与客户沟通的基础上的。在多方专业性人员参与理财规划方案执行时，会有大量的工作需要通过高效沟通来实现。提高沟通能力一方面要求理财从业人员要把握好沟通的频率，既要勤于沟通，也不能过度打扰；另一方面要求沟通要有质量，即客户可以准确理解表述的内容并准确实施，向客户讲清楚接下来每笔资金的运营安排和预期成本收益情况。

(二) 着眼全局考虑问题

在关注时间、人员、资金成本要素时，需要将着眼点放在整个家庭理财规划方案上，不能过于偏重某一类产品或某一个产品，而是要强调理财规划方案的总体性。对理财规划执行进度的衡量也要以全局作为基础，不能过于侧重其中某一个分项规划而忽略其他规划，要基于整个家庭理财规划方案考虑资金的调用安排、理财产品和工具的选择以及执行成本的核算等具体事项。

(三) 保持市场敏锐度

家庭理财方案的执行是一个长期过程。虽然家庭理财方案在设计时考虑了未来市场的变化趋势，但是开始执行家庭理财规划方案后，理财从业人员需要利用专业敏感度去随时捕捉宏观和微观经济信息，了解市场的实时变化，将时间、人

员、资金等要素安排根据需要进行适时微调。通过跟踪分析、比较金融市场变化趋势，来为客户选择更适合的产品，降低费率，缩减资金成本，尽可能节省财务支出，提高收益水平和整体方案执行效果，推动方案目标的达成，增强客户满意度。

任务解析 2　遵循家庭理财规划方案执行原则

在执行理财规划方案的过程中，唯有恪守诚信为本、对客户负责、连续性三个原则，才能获得客户的信任，赢得客户的尊重与认可，让理财规划方案的执行过程顺利推进且达到预期目标。理财规划方案执行三原则如图 8-20 所示，通过遵循理财规划方案的执行原则，可以帮助理财从业人员在自己的职业生涯中逐步成长，变得越来越强。

图 8-20　理财规划方案执行三原则

一、诚信为本原则

理财从业人员向客户提供理财专业服务的过程中必须秉持诚信为本的原则，以客户为中心才能顺利开展工作。理财规划的执行过程需要客户高度配合才能有效实施。例如，执行理财方案时会了解客户的婚姻家庭、资金收入等较为隐私的信息，这些信息的提供都基于客户对理财从业人员充分信任的基础上。如果理财从业人员不能秉持诚信为本的原则，就无法开启双方建立信任的大门，执行理财规划更无从谈起，所以理财从业人员与客户的一切关联均需建立在诚信为本的原则上，要不断增强客户对自己的信心，树立专业可靠的形象，彼此拥有充分的信任才能顺利执行理财规划方案。

理财从业人员在执行理财规划方案中坚持诚信为本原则的表现在：

(1) 是否按照与客户协商一致的合理的既定目标设计理财规划方案，进行资产比例配置和理财工具选择，并准确无误地执行原定规划，确保客户既定目标的实现。例如，理财从业人员是遵从和客户协商一致的理财目标还是背离客户的理财目标推荐配置产品？理财从业人员应该本着诚信为本的原则选择前者。

(2) 是否按照与客户达成共识的理财规划方案给与客户执行指导。在理财规划方案执行时，应将涉及的工具产品的真实情况如实告知客户，如风险、本金收益情况等，不能为了执行方案而将客户的利益置于不顾。例如，理财从业人员是应

按照客户适合的投资风格推荐产品还是迫于自己的销售压力推荐与客户风险承受能力不相符的产品？同样，理财从业人员应该本着诚信为本的原则选择前者。

二、对客户负责原则

对客户负责是获得客户信赖的基础。每个理财规划的分项规划方案、理财产品的确定必须经过前期深入调研搜集信息，以专业视角分析信息并做出恰当的评估，必须本着对客户负责的原则，全面搜集客户可能提供的相关信息，确保理财方案的执行。

理财从业人员在执行理财规划中体现对客户负责原则的表现在：

(1) 通过对客户情况的充分细致分析，确保设计的理财规划方案的目标合理，不过分依赖向客户做出“高收益”目标设定而获得服务机会。例如，经综合评估客户的风险偏好为“稳健性”，理财从业人员应耐心向客户解释并参照市场现状推荐符合客户风险匹配程度的产品，以供其考虑。

(2) 通过理财规划方案的执行密切跟踪，确保达到预定目标或实现比预定目标更好的效果。例如，在理财规划方案中，客户未指定保险公司和保险产品，或者指定了保险公司和保险产品，但是该公司的保险产品发生了变化，此时，理财从业人员应运用自身的专业知识为客户选择最优的保险配置方案，并将选择过程告知客户并征得客户的同意。

三、连续性原则

从理财规划方案执行到完成阶段性目标，再到完成规划目标，会跨越较长的时间，理财从业人员要坚持连续性原则，既应持续保持向客户提供信息反馈、建议和专业指导意见，又应为客户建立连续完整的信息档案并保持更新。当原理财从业人员因各种原因不得不中断服务时，也要做好交接工作，避免因人员变动对客户造成困扰，如让客户重复提供信息或再次对原有方案的沟通，会让客户有服务不到位和不专业的感受，客户交接的连续性能够保证其他人员顺利接收客户并继续为其提供优质服务。

理财从业人员在执行理财规划中体现连续性原则的表现在：

(1) 执行理财规划阶段，客户自身也处于连续变化中，理财从业人员应连续跟进客户的变化。当现行方案不再适应客户当下的情况时，需要调整理财规划方案。

(2) 理财从业人员要连续关注市场环境因素。很多经济市场的具体反映背后具有连续性、规律性。如利率、汇率、证券价格、保险费等，它们的升降是由多个点连成趋势，需要连续关注并结合现行理财规划方案的执行情况才能校准调整方向。

【能力拓展】

思考一下：作为一名理财从业人员，如何将上述介绍的三要素和三原则运用到理财规划服务工作中。

任务3　跟踪家庭理财规划方案的执行

【任务描述】

- 做好客户的档案管理。
- 跟踪家庭理财规划的执行情况。
- 评估家庭理财规划方案的执行效果。

任务解析1　管理客户档案

理财从业人员应当对理财规划方案执行过程中产生的文件资料进行存档管理，形成客户档案。

管理客户档案是理财从业人员将客户的零散信息集中分类，并对相关记录和文件的归类整理留存的过程。它是理财从业人员为理财规划方案提取有效信息的有利手段，也是理财规划方案实施跟踪的有力武器。

一、开展客户档案记录及管理工作的原因

在理财规划方案实施过程中要重视保存客户的记录和相关文件，将其分类整理形成档案的原因主要有以下三点。

1. 提高沟通效率

这些标明了日期的资料既记录了客户的要求和承诺，也记录了理财从业人员或者所在公司向客户提供的信息、意见和建议等与整个业务过程相关的重要信息。在理财规划方案的设计与执行阶段，理财从业人员做好客户档案记录，逐渐积累起客户的档案资料。这些客户资料详细地记录了客户的家庭信息、资产信息、理财目标等，是设计理财规划方案的重要依据，同时也包含了理财从业人员向客户提供的信息咨询服务、投资建议、风险提示等反馈，这使客户和理财从业人员的沟通进度可以得到确认，使沟通结果有了具体依据，避免了双方因语言沟通和理解的差异造成争议。如果以后发生了针对理财从业人员或者所在金融机构的法律纠纷，这些资料就可以作为有力的证据，从而使理财从业人员和所在金融机构能免于承担不必要的法律责任。

2. 提高服务水平

随着理财规划服务的深入，理财规划由开始执行逐步向规划目标靠近，客户档案中的信息更加详实、全面。这些真实而详细的信息、记录，都是理财从业人员不断加深对客户的了解、提升理财从业人员服务水平和维护良好客户关系管理的点滴积累，可以为后续服务水平提升和客户关系维护提供良好的支持。在理财从业人员不能再为客户继续服务时，这些资料是后续接收人员了解客户的重要渠

道，确保为客户的服务不会因此中断。

3．提高专业能力

理财规划过程中积累了许多客户资料、信息，理财从业人员对这些资料进行分析梳理的过程中就形成了对既往工作的总结和归纳，便于提高自身专业能力，为以后的工作交流和学习提供良好的研究素材。

二、客户档案的分类

将客户的档案从不同的使用需求做出分类，会更加便于理财从业人员高效提取和使用客户信息。

(一) 根据档案保管介质分类

客户档案记录主要以纸质挡案和电子挡案的形式积累形成。

1．纸质档案

客户的纸质档案是指客户在理财规划服务过程中形成的纸质文件资料，主要包括客户填写的信息表、纸质的风险调查报告、家庭资产数据表、根据客户信息得出的财务分析报告、授权书、介绍信、双方签署的纸质合同及协议等。

理财从业人员应当及时将客户纸质资料按户建档、专夹保管。客户后续发生业务产生纸质资料后，要及时更新整理，定期编制目录，打码装订成册。成册的档案进行完整编号并按照机构要求定期移交档案管理机构保管。

2．电子档案

电子档案是指被存储在计算机硬盘、移动硬盘、U 盘以及云盘中，以电子方式记录客户理财规划服务过程中产生的文件资料。电子档案主要包括产品销售过程中的录音录像资料、客户提交的电子版风险测评报告、产品说明书、风险揭示书、产品权益书、客户签署的电子协议及合同等。

相对纸质档案而言，电子档案具有读取和检索速度快、准确性高、更易于存储和保管的特点。但是电子档案有一定的操作风险，理财从业人员要做好电子档案的备份和读取权限管理，严格执行保密管理制度，避免丢失和泄露客户资料。

(二) 根据客户的资产情况分类

理财从业人员可考虑从客户资产规模和客户资产利润贡献度两个维度对客户档案进行分类。

1. 根据客户资产规模分类

对于金融机构而言，不同资产规模级别的客户会在产品的偏好、理财规划的需求上存在差异。根据客户资产规模将其档案进行分类，可以帮助理财从业人员迅速精准地对适合客户的产品及服务范围做出界定。银行机构时常根据客户资产规模将客户划分为普通客户、理财客户、财富客户以及私人银行客户；或通过区分客户资产规模发行不同级别的银行卡，如黑卡、钻石卡、白金卡、铂金卡、金卡、普通卡等。不同银行机构对于上述级别的划分有所差异，以平安银行为例，

其银行卡划分为普卡、金卡、白金卡、钻石卡和黑钻卡，对应的资产要求见表 8-7。

表 8-7 平安银行借记卡发卡资产标准

<table>
<tr><th>类型</th><th>资 产 要 求</th><th>客户级别</th></tr>
<tr><td>普卡</td><td>适合所有客户</td><td>普通客户</td></tr>
<tr><td>金卡</td><td>适合近三个月中，任意月均金融资产(按客户合计)≥人民币5 万元的客户，或者属于金卡层级的潜力客户</td><td>VIP 贵宾客户</td></tr>
<tr><td>白金卡</td><td>适合近三个月中，任意月均金融资产(按客户合计)≥人民币50 万元的客户，或者属于白金卡层级的潜力客户</td><td rowspan="2">财富客户</td></tr>
<tr><td>钻石卡</td><td>适合近三个月中，任意月均金融资产(按客户合计)≥人民币200 万元的客户，或者属于钻石卡层级的潜力客户</td></tr>
<tr><td>黑钻卡</td><td>金融资产超过人民币 600 万元</td><td>私人银行客户</td></tr>
</table>

2. 根据客户资产利润贡献度分类

金融服务机构具有实现利润的基本经营目标。按照客户资产给机构带来的收益，将客户划分为低净值客户、中净值客户、中高净值客户、高净值客户。其中高净值客户是近年来机构竞相争夺的客户群体。这部分客户拥有较大的资产量，而且保持了较高的回报率。他们一般是社会中的富裕阶层，个人投资资产总值较高，是私人银行的潜在客户群，在金融服务需求方面较一般零售客户表现出较大差异性。我国部分产品及理财工具仅可对合格投资者发售，高净值客户一般能够满足合格投资者要求。

合格投资者要求标准表

课外链接：合格投资者

不同金融业务领域对合格投资者具有的不同要求，但总体指向的是投资经验较丰富、风险承受能力较强、具备一定的资金实力的人群。他们往往是金融机构中的高净值客户群体，他们所能认购的理财产品及投资工具在风险等级上是向下兼容的。

任务解析 2 跟踪家庭理财规划的执行情况

在家庭理财规划的执行过程中，理财从业人员要对执行情况进行持续跟踪。理财规划方案是理财从业人员基于当下金融经济状况做出的相应趋势分析，是对客户现有数据加工后完成的对未来投资、收益的预估报告。但是随着时间的推移，金融经济市场和客户本身的情况会发生变化，这就需要理财从业人员对客户方案的执行情况进行跟踪，这样才能评估其执行效果，以便做出新的调整来应对变化，真正实现服务升级。

一、跟踪家庭理财规划执行情况的作用

持续跟踪家庭理财规划的执行发挥着有利于达成理财规划目标、延长客户服务周期、降低客户开发成本的作用，如图 8-21 所示。

(一) 有利于达成理财规划目标

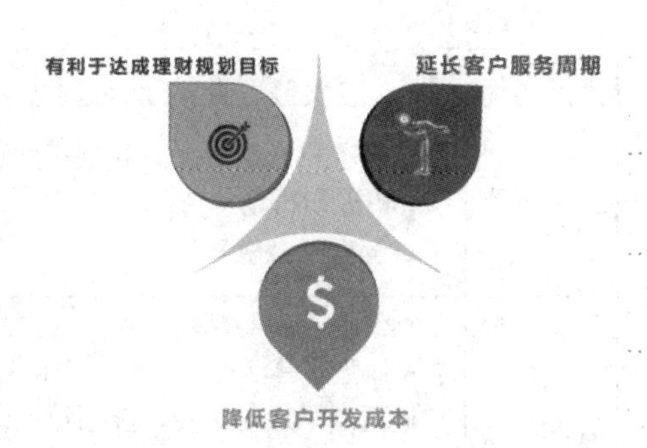

图 8-21　跟踪家庭理财规划执行情况的作用

在进入理财规划方案执行阶段后，原有理财规划方案的实施情况不可能完全契合当下情况。因此，为了达到预定的理财目标，理财从业人员要跟踪家庭理财规划的执行情况，根据新情况来不断地调整方案，进入纠偏和持续改进的过程，帮助客户及其财务安排更好地适应变化。

(二) 延长客户服务周期

理财从业人员服务的理想境界是与客户维持终身的理财服务关系，让自己逐步成为客户固有的家庭理财顾问，这就需要提升客户的黏性。在理财从业人员向客户提交理财规划方案并执行后，不断做好客户的后续跟踪服务就是一种提高客户黏性的好办法。所以，持续跟踪理财规划的执行情况，能够使客户生命周期价值实现优化，这是理财从业人员工作的努力方向。

(三) 降低客户开发成本

不论是从金融服务机构的角度出发，还是从理财从业人员的角度出发，成功开发一个新客户所需付出的成本是维护一个在管客户成本的数倍。另外，如果在管客户对机构及理财从业人员感到满意还会主动将理财经理或机构推荐给周围的人，这种宣传几乎没有成本，但其传播、带动作用却不可小觑。

二、跟踪家庭理财规划执行情况的方式

跟踪家庭理财规划执行情况可以通过电话回访、微信互动、邮件提醒、定期面谈、邀约活动等方式进行。表 8-8 对于以上提及的跟踪方式所能发挥的服务作用做了简要总结。

表 8-8　理财规划跟踪服务行为列表

服务方式	服务内容	作　用
电话回访	时常问候，节日、生日祝福； 问询客户灵活资金安排需求； 了解客户对所做规划的执行情况	保持和客户间的良好互动，通过语言增加客户与理财从业人员的熟悉度及信赖感
微信互动	产品推送、市场行情信息推送； 理财规划知识普及的文章、视频分享； 客户邀约	通过微信这一更便捷的联系方式可以为客户提供更多形式的专业服务
邮件提醒	产品推送、市场行情信息推送； 产品到期、保险续费、预约购买等业务提醒； 产品协议、资料的发送	邮件是更加正式、商务的沟通方式，便于客户查看和存储信息，对于较为重要的资料传送及后续服务的方案，均可通过邮件的方式处理

续表

服务方式	服务内容	作　　用
定期面谈	了解客户近期情况，调整理财规划方案； 分析近期市场行情； 讲解理财金融知识	面谈可以增加客户对理财从业人员的亲近感及信赖感，通过面谈理财从业人员可以对客户的家庭变化动向有所了解，便于及时调整家庭理财规划
邀约活动	邀约客户参与高端体检、红酒品鉴、高尔夫体验赛等活动，提升客户体验； 邀约参与运动比赛、金融知识讲座、客户观影等活动，加强客户认可度； 邀约客户参与机构节日抽奖、领取生日礼物等方式，增加客户活跃度	通过多样化的活动方式增强客户除理财规划需求之外的增值体验感。通过这种服务方式使客户感受到被重视和尊重，增强客户对机构和客户经理的认可度

三、提升跟踪理财规划执行情况的能力

如图 8-22 所示，提升跟踪理财规划执行情况的能力需要从提升专业水平、树立服务品牌、注重客户维护三方面展开。

图 8-22　提升跟踪理财规划执行情况能力的内容

(一) 提升专业水平

理财从业人员要不断提升专业水平，加强为客户调整家庭理财规划执行方案的及时性、准确性。这样才能把握住市场机会，在风险控制的基础上为客户尽可能多地争取收益，稳固客户的忠诚度，真正体现出跟踪服务的价值，展示自身的专业能力，增强所在团队的核心竞争力。

提升专业水平要求理财从业人员要保持对金融理财专业知识的理论学习，关注金融市场监管政策，加强对金融市场和宏观经济的数据研究，探索市场表象背后的经济规律，分析金融理财行业的大量案例，梳理家庭理财规划方案的执行工作。

(二) 树立服务品牌

理财从业人员在服务客户过程中要有树立服务品牌、展现价值创造的意识。客户的服务不能满足于成交一次，而是要做好长期的规划，通过每一次的接触和每一项业务的落地树立起自身服务品牌，让客户认可理财从业人员创造的价值。

树立服务品牌要求理财从业人员要以客户利益为先，严格遵守行业相关的政策法规和职业操守，通过自己的专业技能和优质服务获取客户的信赖和认可，从而真正实现自身与客户的共赢。不能为了完成业务指标而诱导或误导客户开展与

其自身无益的理财活动，这会对客户造成伤害，同时也会损害自身和所在机构的形象，最终得不偿失。

(三) 注重客户维护

理财规划执行过程中会触及客户的家庭隐私，客户在透露自己信息时往往持谨慎态度。信任关系并不容易形成，开发一个新客户需要从与客户接触开始，逐步熟悉，直至了解，这是一个比较长的过程。在理财服务行业中，资深理财从业人员与其在管客户因为长年的合作，彼此之间早已达成了信任和了解，所以黏性非常高。在理财规划执行中能够做好老客户的维护，充分调动老客户的资源，通过老客户的推荐接触新客户，一方面能够节省开发新客户的时间及经济成本，另一方面也有利于与新客户建立信任关系。

做好客户维护要求理财从业人员认真对待客户理财规划执行中的反馈信息和提出的要求，保持良好的态度，关心客户的个性化需求，耐心对待客户关于理财规划的问题并及时做出回应。对客户存在的认知偏差，要表示出宽容并与其研究探讨。在维护客户关系过程中，不要轻易对无法保证的内容做出承诺，让客户时时感觉到你的真诚，努力赢取客户的赞赏。

任务解析 3　评估家庭理财规划的执行效果

理财从业人员应适时地对理财规划方案的执行效果进行评估，这样才能掌握理财规划方案的阶段性实施效果，与客户及时沟通，调整理财规划方案并跟进后续的执行。开展理财规划方案执行效果评估可采取定期评估和非定期评估两种方法。

一、定期评估

定期评估是理财规划服务的重要组成部分，也是其必要内容，必须在规定的进程节点执行。理财规划方案评估的频率越高，越有利于客户实现理财规划预期目标，也越有利于理财从业人员服务团队或个人信誉与形象的塑造。当然，理财规划方案评估的频率还要考虑客户的个性化需求，评估频率增高也会增加理财规划方案的执行成本。

实际上，理财规划方案的评估、修正是理财规划服务执行过程中的有机组成部分，每次的评估和修正既可以是局部的、单个的分项规划或投资产品组合的调整，也可以是较大规模或整体方案的修改。

对开展理财规划方案的定期评估而言，需要把握定期评估的关键点和了解影响定期评估频率的因素。

(一) 定期评估的关键点

1. 总规划差异的重要性大于分项规划的差异

如果家庭理财规划整体的执行效果与预期效果差异不大，则表明理财规划方

案执行效果较好。但如果有些理财规划分项的执行效果在较长时间内与预期效果差异较大，则需对理财规划分项的内容做出修正，使之向着预期目标靠近。

2. 要制定出差异金额或比率的临界值

理财规划方案实际执行效果与预期效果之间存在差异是常态，两者不可能完全一致。但是这个差异值应该在某一合理区间内，理财从业人员需要根据月预算或年预算与实际金额之间的差异制定预警的临界值或者是差异变化比率的临界值。一旦预期效果与实际执行效果之间的差异超出临界值，则需要调整理财规划方案。

3. 注意初始阶段的特殊性

在理财规划方案执行的初始阶段，执行效果与预期效果往往存在较大差异，这是因为客户还未适应理财规划的安排，需要理财从业人员分期、按月安排规划支出，使客户循序渐进地适应理财规划安排。所以理财从业人员要了解理财规划方案在初始阶段的特殊性，耐心指导客户实施执行，如有需要可将每个分项规划的执行进度做成执行计划表以供客户参考使用，或可以选择较为复杂的若干个分项规划先行作为改善的重点对象。

4. 如果实在无法降低支出，就要设法增加收入

对客户理财规划执行评估后，如果发现客户的实际支出超出预期值，当与客户沟通并确认超支部分确实为必须支出且无法降低时，则应对理财规划的内容做出调整，争取让客户通过增加收入来弥补超额的支出，以求实现既定的理财规划目标。

(二) 影响定期评估频率的因素

1. 客户的投资金额

客户的投资金额越大，理财规划方案执行过程中的误差为客户带来的损失越大。客户会因心理负担增加而降低对理财从业人员的信任度，这对于维持长期的合作关系十分不利。为了避免因执行误差带来的损失，就需要更高频率地进行理财规划方案的评估。可见，客户的投资金额与理财规划方案评估的频率成正比，客户的投资金额将对定期评估的频率设置有重要影响。

2. 客户个人财务状况变化幅度

客户个人财务状况变化幅度越大，理财规划方案执行过程中的偏差越大。无论是客户的收入增长较快还是客户的收入下降幅度较大，都会使理财规划方案的执行效果与预期效果发生较大偏差，为避免出现此种情形，理财从业人员就需要增加理财规划方案评估的频率。可见，个人财务状况变化幅度与理财规划方案评估的频率成正比，客户个人财务状况变化幅度对定期评估的频率设置有重要影响。

3. 客户的投资风格

有的客户偏爱高风险、高收益，但是高风险可能会增加理财规划方案执行效果与预期效果保持一致的难度，所以需要提高理财规划方案评估的频率。有的客

户属于风险厌恶型，宁可接受较低的收益率，也不愿意承受高风险，注重资产的保值和稳健增值，理财规划方案的执行效果与预期效果偏差不大，就无需频繁地开展理财规划方案评估。可见，理财规划方案评估的频率与客户的风险偏好成正比，客户的投资风格对定期评估的频率设置有重要影响。

二、非定期评估

非定期评估是当市场出现某些重大突发情况(或客户自身发生意外变化)时，理财从业人员或客户认为有必要对原先设定的理财规划方案进行修正而发起的评估。它不是理财规划方案执行过程中所必经的步骤，只在下面类似的变化发生时才开展。

(一) 非定期评估的关注点

非定期评估既关注外部因素又关注客户自身因素。外部因素包括宏观经济政策、法律法规的变化以及金融市场的重大变化；客户自身因素包括其资产负债变化和理财目标变化。

1. 宏观经济政策、法律法规的变化

宏观经济政策、法律法规的变化包括政府决定对某个领域进行改革或整顿，法律法规的修订，税务、养老金、公积金政策的变化，利率、汇率政策的突然调整等。

2. 金融市场的重大变化

金融市场的重大变化包括经济形势、经济数据明显异于理财规划方案的估计值，行业变革创新、战争、自然灾害带来的新的投资机会和风险。

3. 资产负债的变化

资产负债的变化包括客户继承大笔遗产，家庭主要收入来源者病故或失业，投资移民、客户投资实物资产(如房产、商铺、汽车)的计划、客户股权投资等发生变化。

4. 理财目标的变化

理财目标的变化包括提前退休，投资产品组合期限由长期改为短期等。

(二) 非定期评估开展前的应对措施

通过上述内容可知，一旦需要启动非定期评估，必是发生了相对重大的变化。理财从业人员要在开展非定期评估前做出应对措施。

1. 外部环境发生变化

当理财从业人员意识到宏观经济环境或金融市场等外部环境发生重大变化时，应尽快了解信息并做出初步判断，主动联系客户，尽快通知并提醒客户采取正确的应对措施。

2. 客户自身情况突然发生变化

当客户自身情况突然发生变化并向理财从业人员主动告知寻求建议时，理财从业人员应该认真对待客户的求助。当客户自身情况有重大变化时，往往家庭财务状况会有较大变化，这将会对整个理财规划方案的执行安排和既定理财规划目标造成影响。所以，理财从业人员应予以高度重视，耐心了解情况并给予客户理解和支持，必要的话可与客户沟通后重新制定理财规划方案。在客户家中发生不幸的时候，务必要注意说话的语气，表现出对客户的关心与理解。

【能力拓展】

- 你认为除了表 8-8 理财规划跟踪服务行为列表中所列的内容，理财从业人员还可以通过哪些方式持续为客户进行跟踪服务？这些方式的服务内容和作用分别是什么？

- 如果让你设计一个客户信息表，你认为需要包含哪些内容？请尝试着做一个。

实战演练

讲课视频

实战演练　精准服务实战演练

【任务发布】

基础任务：根据任务展示中提供的客户类型信息、客户基本信息及常用的服务应对方式进行判断；根据客户类型列表中的客户特征和客户基本信息进行近似匹配，同时在客户服务表中选取合适的服务方式。

进阶任务：由老师组织小组按照比对结果进行客户模拟扮演沟通练习。

【任务展示】

1. 阅读了解《客户类型对比表》(见表 8-9)中理财客户的类型及其主要表现。

表 8-9　客户类型比对表

客户类型	主要表现
但求保本型	这类客户首先关注的是本金安全，总是强调是否能够保证本金安全，甚至要求在文件中列明“保证本金安全”；其次是稳健增值，收益率高点或低点无关紧要，喜欢文件中列示了“保本固定收益”或“保本浮动收益”的投资产品
风险追逐型	这类客户资产状况良好，具有大规模的可供运用的资金，既有承受客观风险的良好能力，也有承受客观风险的良好意愿，乐于尝试高风险、高收益的产品投资，不屑于保本型理财产品投资，总是希望获得不一般的高收益
爱贪便宜型	爱贪小便宜是很多人的心理特点，得到意外的收获便会感觉很高兴。希望能够得到一些额外的赠品，有点特殊待遇会让他开心
多方打听型	往往具有闲余的时间和额外的精力在多家机构咨询，以收益率为主要衡量点。以购买理财产品为主，频繁更换服务机构
便利至上型	这类客户通常选择离家最近的银行办理理财业务，不会只为了追求收益率而增加路程，认为不值得。 有些客户追求便利还在于对资金使用的方便，他们希望无论什么时候使用资金都能够便利地变现，倾向于一年以内的短期产品，例如十来天、一个月或三个月等，宁愿牺牲一定的收益率也要保持投资产品的流动性
感情顾及型	有些客户在一个机构做一段时间理财后会因为服务好而和理财从业人员建立友好的关系。如果某期理财产品收益率不如其他银行，这类客户也有点不好意思更换机构，因为这样似乎显得有点利益化
使用惯性型	这类客户习惯使用一家机构的理财产品，不愿意花费时间和精力去筛选、对比其他机构的理财产品，对某一机构的理财服务忠诚度极高。当客户对某机构的理财产品熟悉程度堪比理财规划服务人员的时候，客户对该家理财服务产品的收益状况了如指掌，就养成了只在此一家机构办理理财业务的习惯。当然这个习惯可能会因为业务的变化、地址的变迁、尝试新事物的愿望或因发生不愉快的事情等而发生变化
只图省心型	这类客户是理财服务机构和理财从业人员喜欢服务的对象，他们有着丰厚的资产却因工作繁忙而无暇顾及个人账户的资金余额和投资产品状态，所以他们宁愿选择一位尽责的专业人员协助办理，每当产品到期或有资金需要运用的时候，就会有专门的人员提醒
决策依赖型	这类客户一般懒得动脑或金融专业知识不足并且不想自己学习，对文字、数字等特别不敏感，会出于对理财从业人员的专业性而极度信任、特别友好，悉心听取意见，对于买什么产品，什么时候买卖，都交由理财人员推荐并决定，并不掺杂过多的个人意见，把财产资金安排都交给理财人员打理
自我做主型	这类客户是具有较强的自主学习意识和学习心态，追求人生价值的最高境界——自我价值的实现，竭力实现自我安排的理财生活目标，自己选择合适的投资产品

2．掌握《服务方式列表》中理财从业人员所提供的服务方式，并与表 8-10 进行匹配。

表 8-10　服务方式列表

编号	服 务 方 式
1	做好和客户的关系维护，加强私人互动与认可，定期回访并时常告知，如本机构有更优质的、具有收益率竞争性的产品会第一时间通知他
2	推荐配置固定收益的理财产品，以及基金定投、分红型保险等风险较小的产品
3	将他们频繁跨行转账所产生的费用和在其他银行购买理财产品获得的净收益与一直在我行购买理财产品所产生的收益进行对比，从而将他们留下
4	建议配置短期理财产品以保证流动性，推荐我行的手机银行及网上银行并指导客户使用
5	通过对客户的关注与引导，强化他们对本机构和多样产品的使用习惯，逐渐增强客户的依赖性和黏合度
6	按照客户的需求做相应的理财规划方案，对其所涉及的产品到期日、赎回日设置提醒，提前致电叮嘱客户注意操作。了解其资金的流动规律并做记录，在资金到期前就为他匹配对应的产品，资金到账后立即通知其进行投资计息
7	彰显本人专业的理财知识和丰富的理财规划经验，在保护客户隐私的情况下，以过往与其偏好类似的客户规划作为讲解案例，使其初步信赖并愿意由我来接手
8	交流时将专业名字浅显化表达，便于其理解。不硬灌输专业的金融知识，仅将适合客户情况的理财产品配置结果告知，做到风险提示和收益率告知，逐渐引导其将资产转移至本机构并成为忠诚客户
9	在客户多次提及其他机构会在生日或节日等时间赠送礼品的情况下，如果评估该客户的资产规模适合或具有净值潜力，则也应定期或不定期地为其准备一些心意，加强竞争力
10	在做到足够风险提示的情况下，引导客户应以理性的收益率为追求目标，然后以此作为产品规划依据配置风险中级及以上产品
11	配合客户完成理财规划的设计，增强客户的自主感、参与感以及成就感，作为理财从业人员主要提供产品范围参考及配比的合理性建议，同时协助客户完善金融理财知识体系

3．根据《客户类型对比表》中的客户情况，结合对表 8-9、表 8-10 的理解，在表 8-11 中填入客户所对应的类型和应提供的理财服务方式编号。

表 8-11　客户类型比对表

序号	客 户 情 况	客户类型	服务方式编号
1	王女士来存入 20 万元现金时由我接待，她说在其他机构办了一张信用卡，送了一桶油，准备去那个银行办张储蓄卡，过生日会送电影票		
2	李阿姨平时只存定期，购买国债时还会一再询问本金和收益能不能保证		
3	温叔叔做生意，经常需要现金的周转，大量资金放在活期账户，就在家和公司楼下的中国银行和平安银行办理业务		

续表

序号	客户情况	客户类型	服务方式编号
4	赵大爷在本机构购买过一次短期理财产品，获取的收益比活期高，我给他讲解金融知识他说学不会，交给我就放心，经常来机构内找我办理业务		
5	陈阿姨购买了一次我行的“日日生金”活期理财产品，熟悉了平安口袋银行的操作，认为非常方便，后续不断尝试着购买了更多类型和不同期限的产品		
6	张先生是一位上市公司的高管，资产丰厚，业务繁忙，没有太多的时间进行理财管理		
7	高叔叔经常外出打工，文化水平不高，每次买理财产品都很依赖我们的建议		
8	霞姐平时对理财知识非常关注，日积月累有了一些理财经验，每当向她陈述产品和理财方案时，她都能很快地了解并提出自己的看法		
9	丽丽姐经常会登录不同银行的APP对比理财报价，不断地进行短期理财投资的滚动转投，她还使用多个与金融相关的APP，以便掌握资金行情		
10	陈帅今年20出头，家里资金雄厚，从小跟着父亲了解了不少金融投资方法，上学时就进行股票投资，对于私募基金、天使投资、信托产品都非常关注		

【步骤指引】

- 老师对客户类型进行讲解，让学生能够明白不同类型的客户表现不同，服务方式不能一概而论。
- 老师对服务方式进行逐一讲解，了解客户服务可采用的主要方法。
- 学生根据客户情况进行分析，匹配客户类型并选取服务方式。
- 学生分组演练服务过程。
- 老师总结实战经验。

【实战经验】

附　录

附表 1　复利终值系数表

复利终值系数表(FVIF 表) n \ i	1%	2%	3%	4%	5%	6%	7%	8%	9%	10%	11%	12%	13%	14%	15%	16%	17%	18%	19%	20%	25%	30%
1	1.01	1.02	1.03	1.04	1.05	1.06	1.07	1.08	1.09	1.1	1.11	1.12	1.13	1.14	1.15	1.16	1.17	1.18	1.19	1.2	1.25	1.3
2	1.02	1.04	1.061	1.082	1.103	1.124	1.145	1.166	1.188	1.21	1.232	1.254	1.277	1.3	1.323	1.346	1.369	1.392	1.416	1.44	1.563	1.69
3	1.03	1.061	1.093	1.125	1.158	1.191	1.225	1.26	1.295	1.331	1.368	1.405	1.443	1.482	1.521	1.561	1.602	1.643	1.685	1.728	1.953	2.197
4	1.04	1.082	1.126	1.17	1.216	1.262	1.311	1.36	1.412	1.464	1.518	1.574	1.63	1.689	1.749	1.811	1.874	1.939	2.005	2.074	2.441	2.856
5	1.05	1.104	1.159	1.217	1.276	1.338	1.403	1.469	1.539	1.611	1.685	1.762	1.842	1.925	2.011	2.1	2.192	2.288	2.386	2.488	3.052	3.713
6	1.06	1.126	1.194	1.265	1.34	1.419	1.501	1.587	1.677	1.772	1.87	1.974	2.082	2.195	2.313	2.436	2.565	2.7	2.84	2.986	3.815	4.827
7	1.07	1.149	1.23	1.316	1.407	1.504	1.606	1.714	1.828	1.949	2.076	2.211	2.353	2.502	2.66	2.826	3.001	3.185	3.379	3.583	4.768	6.275
8	1.08	1.172	1.267	1.369	1.477	1.594	1.718	1.851	1.993	2.144	2.305	2.476	2.658	2.853	3.059	3.278	3.511	3.759	4.021	4.3	5.96	8.157
9	1.09	1.195	1.305	1.423	1.551	1.689	1.838	1.999	2.172	2.358	2.558	2.773	3.004	3.252	3.518	3.803	4.108	4.435	4.785	5.16	7.451	10.604
10	1.11	1.219	1.344	1.48	1.629	1.791	1.967	2.159	2.367	2.594	2.839	3.106	3.395	3.707	4.046	4.411	4.807	5.234	5.695	6.192	9.313	13.786
11	1.12	1.243	1.384	1.539	1.71	1.898	2.105	2.332	2.58	2.853	3.152	3.479	3.836	4.226	4.652	5.117	5.624	6.176	6.777	7.43	11.642	17.922
12	1.13	1.268	1.426	1.601	1.796	2.012	2.252	2.518	2.813	3.138	3.498	3.896	4.335	4.818	5.35	5.936	6.58	7.288	8.064	8.916	14.552	23.298
13	1.14	1.294	1.469	1.665	1.886	2.133	2.41	2.72	3.066	3.452	3.883	4.363	4.898	5.492	6.153	6.886	7.699	8.599	9.596	10.699	18.19	30.288
14	1.15	1.319	1.513	1.732	1.98	2.261	2.579	2.937	3.342	3.797	4.31	4.887	5.535	6.261	7.076	7.988	9.007	10.147	11.42	12.839	22.737	39.374
15	1.16	1.346	1.558	1.801	2.079	2.397	2.759	3.172	3.642	4.177	4.785	5.474	6.254	7.138	8.137	9.266	10.539	11.974	13.59	15.407	28.422	51.186
16	1.17	1.373	1.605	1.873	2.183	2.54	2.952	3.426	3.97	4.595	5.311	6.13	7.067	8.137	9.358	10.75	12.33	14.129	16.172	18.488	35.527	66.542
17	1.18	1.4	1.653	1.948	2.292	2.693	3.159	3.7	4.328	5.054	5.895	6.866	7.986	9.276	10.761	12.47	14.426	16.672	19.244	22.186	44.409	86.504
18	1.2	1.428	1.702	2.026	2.407	2.854	3.38	3.996	4.717	5.56	6.544	7.69	9.024	10.58	12.375	14.46	16.879	19.673	22.901	26.623	55.511	112.455
19	1.21	1.457	1.754	2.107	2.527	3.026	3.617	4.316	5.142	6.116	7.263	8.613	10.197	12.06	14.232	16.78	19.748	23.214	27.252	31.948	69.389	146.192
20	1.22	1.486	1.806	2.191	2.653	3.207	3.87	4.661	5.604	6.727	8.062	9.646	11.523	13.74	16.367	19.46	23.106	27.393	32.429	38.338	86.736	190.05
21	1.23	1.516	1.86	2.279	2.786	3.4	4.141	5.034	6.109	7.4	8.949	10.804	13.021	15.67	18.822	22.57	27.034	32.324	38.591	46.005	108.42	247.065
22	1.25	1.546	1.916	2.37	2.925	3.604	4.43	5.437	6.659	8.14	9.934	12.1	14.714	17.86	21.645	26.19	31.629	38.142	45.923	55.206	135.525	321.184
23	1.26	1.577	1.974	2.465	3.072	3.82	4.741	5.871	7.258	8.954	11.03	13.552	16.627	20.36	24.891	30.38	37.006	45.008	54.649	66.247	169.407	417.539
24	1.27	1.608	2.033	2.563	3.225	4.049	5.072	6.341	7.911	9.85	12.24	15.179	18.788	23.21	28.625	35.24	43.297	53.109	65.032	79.497	211.758	542.801
25	1.28	1.641	2.094	2.666	3.386	4.292	5.427	6.848	8.623	10.835	13.59	17	21.231	26.46	32.919	40.87	50.658	62.669	77.388	95.396	264.698	705.641
26	1.3	1.673	2.157	2.772	3.556	4.549	5.807	7.396	9.399	11.918	15.08	19.04	23.991	30.17	37.857	47.41	59.27	73.949	92.092	114.48	330.872	917.333
27	1.31	1.707	2.221	2.883	3.733	4.822	6.214	7.988	10.25	13.11	16.74	21.325	27.109	34.39	43.535	55	69.345	87.26	109.59	137.37	413.59	1192.533
28	1.32	1.741	2.288	2.999	3.92	5.112	6.649	8.627	11.17	14.421	18.58	23.884	30.633	39.2	50.066	63.8	81.134	102.97	130.41	164.85	516.988	1550.293
29	1.34	1.776	2.357	3.119	4.116	5.418	7.114	9.317	12.17	15.863	20.62	26.75	34.616	44.69	57.575	74.01	94.927	121.5	155.19	197.81	646.235	2015.381
30	1.35	1.811	2.427	3.243	4.322	5.743	7.612	10.063	13.27	17.449	22.89	29.96	39.116	50.95	66.212	85.85	111.065	143.37	184.68	237.38	807.794	2619.996
40	1.49	2.208	3.262	4.801	7.04	10.29	14.97	21.725	31.41	45.259	65	93.051	132.78	188.9	267.86	378.7	533.87	750.38	1051.7	1469.8	7523.2	36119
50	1.65	2.692	4.384	7.107	11.47	18.42	29.46	46.902	74.36	117.39	184.6	289	450.74	700.2	1083.7	1671	2566.2	3927.4	5988.9	9100.4	70065	497929

附表 2 复利现值系数表

复利现值系数表(PVIF 表) i / n	1%	2%	3%	4%	5%	6%	8%	10%	12%	14%	15%	16%	18%	20%	25%	30%	35%	40%	50%
1	0.99	0.98	0.97	0.961	0.952	0.943	0.925	0.909	0.892	0.877	0.869	0.862	0.847	0.833	0.8	0.769	0.74	0.714	0.666
2	0.98	0.961	0.942	0.924	0.907	0.889	0.857	0.826	0.797	0.769	0.756	0.743	0.718	0.694	0.64	0.591	0.548	0.51	0.444
3	0.97	0.942	0.915	0.888	0.863	0.839	0.793	0.751	0.711	0.674	0.657	0.64	0.608	0.578	0.512	0.455	0.406	0.364	0.296
4	0.96	0.923	0.888	0.854	0.822	0.792	0.735	0.683	0.635	0.592	0.571	0.552	0.515	0.482	0.409	0.35	0.301	0.26	0.197
5	0.951	0.905	0.862	0.821	0.783	0.747	0.68	0.621	0.567	0.519	0.497	0.476	0.437	0.401	0.327	0.269	0.223	0.185	0.131
6	0.942	0.887	0.837	0.79	0.746	0.704	0.63	0.564	0.506	0.455	0.432	0.41	0.37	0.334	0.262	0.207	0.165	0.132	0.087
7	0.932	0.87	0.813	0.759	0.71	0.665	0.583	0.513	0.452	0.399	0.375	0.353	0.313	0.279	0.209	0.159	0.122	0.094	0.058
8	0.923	0.853	0.789	0.73	0.676	0.627	0.54	0.466	0.403	0.35	0.326	0.305	0.266	0.232	0.167	0.122	0.09	0.067	0.039
9	0.914	0.836	0.766	0.702	0.644	0.591	0.5	0.424	0.36	0.307	0.284	0.262	0.225	0.193	0.134	0.094	0.067	0.048	0.026
10	0.905	0.82	0.744	0.675	0.613	0.558	0.463	0.385	0.321	0.269	0.247	0.226	0.191	0.161	0.107	0.072	0.049	0.034	0.017
11	0.896	0.804	0.722	0.649	0.584	0.526	0.428	0.35	0.287	0.236	0.214	0.195	0.161	0.134	0.085	0.055	0.036	0.024	0.011
12	0.887	0.788	0.701	0.624	0.556	0.496	0.397	0.318	0.256	0.207	0.186	0.168	0.137	0.112	0.068	0.042	0.027	0.017	0.007
13	0.878	0.773	0.68	0.6	0.53	0.468	0.367	0.289	0.229	0.182	0.162	0.145	0.116	0.093	0.054	0.033	0.02	0.012	0.005
14	0.869	0.757	0.661	0.577	0.505	0.442	0.34	0.263	0.204	0.159	0.141	0.125	0.098	0.077	0.043	0.025	0.014	0.008	0.003
15	0.861	0.743	0.641	0.555	0.481	0.417	0.315	0.239	0.182	0.14	0.122	0.107	0.083	0.064	0.035	0.019	0.011	0.006	0.002
16	0.852	0.728	0.623	0.533	0.458	0.393	0.291	0.217	0.163	0.122	0.106	0.093	0.07	0.054	0.028	0.015	0.008	0.004	0.001
17	0.844	0.714	0.605	0.513	0.436	0.371	0.27	0.197	0.145	0.107	0.092	0.08	0.059	0.045	0.022	0.011	0.006	0.003	0.001
18	0.836	0.7	0.587	0.493	0.415	0.35	0.25	0.179	0.13	0.094	0.08	0.069	0.05	0.037	0.018	0.008	0.004	0.002	0
19	0.827	0.686	0.57	0.474	0.395	0.33	0.231	0.163	0.116	0.082	0.07	0.059	0.043	0.031	0.014	0.006	0.003	0.001	0
20	0.819	0.672	0.553	0.456	0.376	0.311	0.214	0.148	0.103	0.072	0.061	0.051	0.036	0.026	0.011	0.005	0.002	0.001	0
21	0.811	0.659	0.537	0.438	0.358	0.294	0.198	0.135	0.092	0.063	0.053	0.044	0.03	0.021	0.009	0.004	0.001	0	0
22	0.803	0.646	0.521	0.421	0.341	0.277	0.183	0.122	0.082	0.055	0.046	0.038	0.026	0.018	0.007	0.003	0.001	0	0
23	0.795	0.634	0.506	0.405	0.325	0.261	0.17	0.111	0.073	0.049	0.04	0.032	0.022	0.015	0.005	0.002	0.001	0	0
24	0.787	0.621	0.491	0.39	0.31	0.246	0.157	0.101	0.065	0.043	0.034	0.028	0.018	0.012	0.004	0.001	0	0	0
25	0.779	0.609	0.477	0.375	0.295	0.232	0.146	0.092	0.058	0.037	0.03	0.024	0.015	0.01	0.003	0.001	0	0	0
26	0.772	0.597	0.463	0.36	0.281	0.219	0.135	0.083	0.052	0.033	0.026	0.021	0.013	0.008	0.003	0.001	0	0	0
27	0.764	0.585	0.45	0.346	0.267	0.207	0.125	0.076	0.046	0.029	0.022	0.018	0.011	0.007	0.002	0	0	0	0

续表

n \ i	1%	2%	3%	4%	5%	6%	8%	10%	12%	14%	15%	16%	18%	20%	25%	30%	35%	40%	50%
28	0.756	0.574	0.437	0.333	0.255	0.195	0.115	0.069	0.041	0.025	0.019	0.015	0.009	0.006	0.001	0	0	0	0
29	0.749	0.563	0.424	0.32	0.242	0.184	0.107	0.063	0.037	0.022	0.017	0.013	0.008	0.005	0.001	0	0	0	0
30	0.741	0.552	0.411	0.308	0.231	0.174	0.099	0.057	0.033	0.019	0.015	0.011	0.006	0.004	0.001	0	0	0	0
31	0.734	0.541	0.399	0.296	0.22	0.164	0.092	0.052	0.029	0.017	0.013	0.01	0.005	0.003	0	0	0	0	0
32	0.727	0.53	0.388	0.285	0.209	0.154	0.085	0.047	0.026	0.015	0.011	0.008	0.005	0.002	0	0	0	0	0
33	0.72	0.52	0.377	0.274	0.199	0.146	0.078	0.043	0.023	0.013	0.009	0.007	0.004	0.002	0	0	0	0	0
34	0.712	0.51	0.366	0.263	0.19	0.137	0.073	0.039	0.021	0.011	0.008	0.006	0.003	0.002	0	0	0	0	0
35	0.705	0.5	0.355	0.253	0.181	0.13	0.067	0.035	0.018	0.01	0.007	0.005	0.003	0.001	0	0	0	0	0
36	0.698	0.49	0.345	0.243	0.172	0.122	0.062	0.032	0.016	0.008	0.006	0.004	0.002	0.001	0	0	0	0	0
37	0.692	0.48	0.334	0.234	0.164	0.115	0.057	0.029	0.015	0.007	0.005	0.004	0.002	0.001	0	0	0	0	0
38	0.685	0.471	0.325	0.225	0.156	0.109	0.053	0.026	0.013	0.006	0.004	0.003	0.001	0	0	0	0	0	0
39	0.678	0.461	0.315	0.216	0.149	0.103	0.049	0.024	0.012	0.006	0.004	0.003	0.001	0	0	0	0	0	0
40	0.671	0.452	0.306	0.208	0.142	0.097	0.046	0.022	0.01	0.005	0.003	0.002	0.001	0	0	0	0	0	0
41	0.665	0.444	0.297	0.2	0.135	0.091	0.042	0.02	0.009	0.004	0.003	0.002	0.001	0	0	0	0	0	0
42	0.658	0.435	0.288	0.192	0.128	0.086	0.039	0.018	0.008	0.004	0.002	0.001	0	0	0	0	0	0	0
43	0.651	0.426	0.28	0.185	0.122	0.081	0.036	0.016	0.007	0.003	0.002	0.001	0	0	0	0	0	0	0
44	0.645	0.418	0.272	0.178	0.116	0.077	0.033	0.015	0.006	0.003	0.002	0.001	0	0	0	0	0	0	0
45	0.639	0.41	0.264	0.171	0.111	0.072	0.031	0.013	0.006	0.002	0.001	0.001	0	0	0	0	0	0	0
46	0.632	0.402	0.256	0.164	0.105	0.068	0.029	0.012	0.005	0.002	0.001	0.001	0	0	0	0	0	0	0
47	0.626	0.394	0.249	0.158	0.1	0.064	0.026	0.011	0.004	0.002	0.001	0	0	0	0	0	0	0	0
48	0.62	0.386	0.241	0.152	0.096	0.06	0.024	0.01	0.004	0.001	0.001	0	0	0	0	0	0	0	0
49	0.614	0.378	0.234	0.146	0.091	0.057	0.023	0.009	0.003	0.001	0.001	0	0	0	0	0	0	0	0
50	0.608	0.371	0.228	0.14	0.087	0.054	0.021	0.008	0.003	0.001	0	0	0	0	0	0	0	0	0

附表3　年金终值系数表

年金终值系数表(FVIFA表) n \ i	1%	2%	3%	4%	5%	6%	7%	8%	9%	10%	11%	12%	13%	14%	15%	16%	17%	18%	19%	20%	25%	30%
1	1	1	1	1	1	1	1	1	1	1	1	1	1	1	1	1	1	1	1	1	1	1
2	2.01	2.02	2.03	2.04	2.05	2.06	2.07	2.08	2.09	2.1	2.11	2.12	2.13	2.14	2.15	2.16	2.17	2.18	2.19	2.2	2.25	2.3
3	3.03	3.06	3.091	3.122	3.153	3.184	3.215	3.246	3.278	3.31	3.342	3.374	3.407	3.44	3.473	3.506	3.539	3.572	3.606	3.64	3.813	3.99
4	4.06	4.122	4.184	4.246	4.31	4.375	4.44	4.506	4.573	4.641	4.71	4.779	4.85	4.921	4.993	5.066	5.141	5.215	5.291	5.368	5.766	6.187
5	5.101	5.204	5.309	5.416	5.526	5.637	5.751	5.867	5.985	6.105	6.228	6.353	6.48	6.61	6.742	6.877	7.014	7.154	7.297	7.442	8.207	9.043
6	6.152	6.308	6.468	6.633	6.802	6.975	7.153	7.336	7.523	7.716	7.913	8.115	8.323	8.536	8.754	8.977	9.207	9.442	9.683	9.93	11.259	12.756
7	7.214	7.434	7.662	7.898	8.142	8.394	8.654	8.923	9.2	9.487	9.783	10.089	10.405	10.73	11.067	11.414	11.772	12.142	12.523	12.916	15.073	17.583
8	8.286	8.583	8.892	9.214	9.549	9.879	10.26	10.64	11.028	11.44	11.86	12.3	12.757	13.233	13.727	14.24	14.773	15.327	15.902	16.499	19.842	23.858
9	9.369	9.755	10.159	10.583	11.027	11.491	11.978	12.49	13.021	13.58	14.16	14.776	15.416	16.085	16.786	17.519	18.285	19.086	19.923	20.799	25.802	32.015
10	10.462	10.95	11.464	12.006	12.578	13.181	13.816	14.49	15.913	15.94	16.72	17.549	18.42	19.337	20.304	21.321	22.393	23.521	24.701	25.959	33.253	42.619
11	11.567	12.169	12.808	13.486	14.207	14.972	15.784	16.65	17.56	18.53	19.56	20.655	21.814	23.045	24.349	25.733	27.2	28.755	30.404	32.15	42.566	56.405
12	12.683	13.412	14.192	15.026	16.917	16.87	17.888	18.98	20.141	21.38	22.71	24.133	25.65	27.271	29.002	30.85	32.824	34.931	37.18	39.581	54.208	74.327
13	13.809	14.68	15.618	16.627	17.713	18.882	20.141	21.5	22.953	24.52	26.21	28.029	29.985	32.089	34.352	36.786	39.404	42.219	45.244	48.497	68.76	97.625
14	14.947	15.974	17.086	18.292	19.599	21.015	22.55	24.22	26.019	27.98	30.1	32.393	34.883	37.581	40.505	43.672	47.103	50.818	54.841	54.196	86.949	127.91
15	16.097	17.293	18.599	20.024	21.579	23.276	25.129	27.15	29.361	31.77	34.41	37.28	40.417	43.842	47.58	51.66	56.11	6.965	66.261	72.035	109.69	167.29
16	17.258	18.639	20.157	21.825	23.657	25.673	27.888	30.32	33.003	35.95	39.19	42.753	46.672	50.98	55.717	60.925	66.649	72.939	79.85	87.442	138.11	218.47
17	18.43	20.012	21.762	23.698	25.84	28.213	30.84	33.75	36.974	40.55	44.5	48.884	53.739	59.118	65.075	71.673	78.979	87.068	96.022	105.93	173.64	285.01
18	19.615	21.412	23.414	25.645	28.132	30.906	33.999	37.45	41.301	45.6	50.4	55.75	61.725	68.394	75.836	84.141	93.406	103.74	115.27	128.12	218.05	371.52
19	20.811	22.841	25.117	27.671	30.539	33.76	37.379	41.45	46.018	51.16	56.94	63.44	70.749	79.969	88.212	98.603	110.29	123.41	138.17	154.74	273.56	483.97
20	22.019	24.297	26.87	29.778	33.066	36.786	40.995	45.76	51.16	57.28	64.2	72.052	80.947	91.025	120.44	115.38	130.03	146.63	165.42	186.69	342.95	630.17
25	28.243	32.03	36.459	41.646	47.727	54.865	63.249	73.11	84.701	98.35	114.4	133.33	155.62	181.87	212.79	249.21	292.11	342.6	402.04	471.98	1054.8	2348.8
30	34.785	40.588	47.575	56.085	66.439	79.058	94.461	113.3	136.31	164.5	199	241.33	293.2	356.79	434.75	530.31	647.44	790.95	966.7	1181.9	3227.2	8730
40	48.886	60.402	75.401	95.026	120.8	154.76	199.64	259.1	337.89	442.6	581.8	767.09	1013.7	1342	1779.1	2360.8	3134.5	4163.2	5519.8	7343.9	30089	120393
50	64.463	84.579	112.8	152.67	209.35	290.34	406.53	573.8	815.08	1164	1669	24000	3459.5	4991.5	7217.7	10436	15090	21813	31515	45497	280256	165976

附表 4　年金现值系数表

年金现值系数表 (PVIFA 表) n \ i	1%	2%	3%	4%	5%	6%	8%	10%	12%	14%	15%	16%	18%	20%	22%	24%	25%	30%	35%	40%	45%	50%
1	0.99	0.98	0.97	0.961	0.952	0.943	0.93	0.909	0.892	0.877	0.869	0.862	0.847	0.833	0.819	0.806	0.799	0.769	0.74	0.714	0.689	0.666
2	1.97	1.941	1.913	1.886	1.859	1.833	1.78	1.735	1.69	1.646	1.625	1.605	1.565	1.527	1.491	1.456	1.44	1.36	1.289	1.224	1.165	1.111
3	2.94	2.883	2.828	2.775	2.723	2.673	2.58	2.486	2.401	2.321	2.283	2.245	2.174	2.106	2.042	1.981	1.952	1.816	1.695	1.588	1.493	1.407
4	3.901	3.807	3.717	3.629	3.545	3.465	3.31	3.169	3.037	2.913	2.854	2.798	2.69	2.588	2.493	2.404	2.361	2.166	1.996	1.849	1.719	1.604
5	4.853	4.713	4.579	4.451	4.329	4.212	3.99	3.79	3.604	3.433	3.352	3.274	3.127	2.99	2.863	2.745	2.689	2.435	2.219	2.035	1.875	1.736
6	5.795	5.601	5.417	5.242	5.075	4.917	4.62	4.355	4.111	3.888	3.784	3.684	3.497	3.325	3.166	3.02	2.951	2.642	2.385	2.167	1.983	1.824
7	6.728	6.471	6.23	6.002	5.786	5.582	5.21	4.868	4.563	4.288	4.16	4.038	3.811	3.604	3.415	3.242	3.161	2.802	2.507	2.262	2.057	1.882
8	7.651	7.325	7.019	6.732	6.463	6.209	5.75	5.334	4.967	4.638	4.487	4.343	4.077	3.837	3.619	3.421	3.328	2.924	2.598	2.33	2.108	1.921
9	8.566	8.162	7.786	7.435	7.107	6.801	6.25	5.759	5.328	4.946	4.771	4.606	4.303	4.03	3.786	3.565	3.463	3.019	2.665	2.378	2.143	1.947
10	9.471	8.982	8.53	8.11	7.721	7.36	6.71	6.144	5.65	5.216	5.018	4.833	4.494	4.192	3.923	3.681	3.57	3.091	2.715	2.413	2.168	1.965
11	10.367	9.786	9.252	8.76	8.306	7.886	7.14	6.495	5.937	5.452	5.233	5.028	4.656	4.327	4.035	3.775	3.656	3.147	2.751	2.438	2.184	1.976
12	11.255	10.58	9.954	9.385	8.863	8.383	7.54	6.813	6.194	5.66	5.42	5.197	4.793	4.439	4.127	3.851	3.725	3.19	2.779	2.455	2.196	1.984
13	12.133	11.35	10.63	9.985	9.393	8.852	7.9	7.103	6.423	5.842	5.583	5.342	4.909	4.532	4.202	3.912	3.78	3.223	2.799	2.468	2.204	1.989
14	13.003	12.11	11.3	10.56	9.898	9.294	8.24	7.366	6.628	6.002	5.724	5.467	5.008	4.61	4.264	3.961	3.824	3.248	2.814	2.477	2.209	1.993
15	13.865	12.85	11.94	11.12	10.38	9.712	8.56	7.606	6.81	6.142	5.847	5.575	5.091	4.675	4.315	4.001	3.859	3.268	2.825	2.483	2.213	1.995
16	14.717	13.58	12.56	11.65	10.84	10.11	8.85	7.823	6.973	6.265	5.954	5.668	5.162	4.729	4.356	4.033	3.887	3.283	2.833	2.488	2.216	1.996
17	15.562	14.29	13.17	12.17	11.27	10.48	9.12	8.021	7.119	6.372	6.047	5.748	5.222	4.774	4.39	4.059	3.909	3.294	2.839	2.491	2.218	1.997
18	16.398	14.99	13.75	12.66	11.69	10.83	9.37	8.201	7.249	6.467	6.127	5.817	5.273	4.812	4.418	4.079	3.927	3.303	2.844	2.494	2.219	1.998
19	17.226	15.68	14.32	13.13	12.09	11.16	9.6	8.364	7.365	6.55	6.198	5.877	5.316	4.843	4.441	4.096	3.942	3.31	2.847	2.495	2.22	1.999
20	18.045	16.35	14.88	13.59	12.46	11.47	9.82	8.513	7.469	6.623	6.259	5.928	5.352	4.869	4.46	4.11	3.953	3.315	2.85	2.497	2.22	1.999
21	18.856	17.01	15.42	14.03	12.82	11.76	10	8.648	7.562	6.686	6.312	5.973	5.383	4.891	4.475	4.121	3.963	3.319	2.851	2.497	2.221	1.999
22	19.66	17.66	15.94	14.45	13.16	12.04	10.2	8.771	7.644	6.742	6.358	6.011	5.409	4.909	4.488	4.129	3.97	3.322	2.853	2.498	2.221	1.999
23	20.455	18.29	16.44	14.86	13.49	12.3	10.4	8.883	7.718	6.792	6.398	6.044	5.432	4.924	4.498	4.137	3.976	3.325	2.854	2.498	2.221	1.999
24	21.243	18.91	16.94	15.25	13.8	12.55	10.5	8.984	7.784	6.835	6.433	6.072	5.45	4.937	4.507	4.142	3.981	3.327	2.855	2.499	2.221	1.999
25	22.023	19.52	17.41	15.62	14.09	12.78	10.7	9.077	7.843	6.872	6.464	6.097	5.466	4.947	4.513	4.147	3.984	3.328	2.855	2.499	2.222	1.999
26	22.795	20.12	17.88	15.98	14.38	13	10.8	9.16	7.895	6.906	6.49	6.118	5.48	4.956	4.519	4.151	3.987	3.329	2.855	2.499	2.222	1.999
27	23.559	20.71	18.33	16.33	14.64	13.21	10.9	9.237	7.942	6.935	6.513	6.136	5.491	4.963	4.524	4.154	3.99	3.33	2.856	2.499	2.222	1.999
28	24.316	21.28	18.76	16.66	14.9	13.41	11.1	9.306	7.984	6.96	6.533	6.152	5.501	4.969	4.528	4.156	3.992	3.331	2.856	2.499	2.222	1.999
29	25.065	21.84	19.19	16.98	15.14	13.59	11.2	9.369	8.021	6.983	6.55	6.165	5.509	4.974	4.531	4.158	3.993	3.331	2.856	2.499	2.222	1.999
30	25.807	22.4	19.6	17.29	15.37	13.76	11.3	9.426	8.055	7.002	6.565	6.177	5.516	4.978	4.533	4.16	3.995	3.332	2.856	2.499	2.222	1.999
40	32.834	27.36	23.11	19.79	17.16	15.05	11.9	9.779	8.243	7.105	6.641	6.233	5.548	4.996	4.543	4.165	3.999	3.333	2.857	2.499	2.222	1.999
50	39.196	31.42	25.73	21.48	18.26	15.76	12.2	9.914	8.304	7.132	6.66	6.246	5.554	4.999	4.545	4.166	3.999	3.333	2.857	2.499	2.222	1.999

参考文献

[1] 张阿芬. 个人理财理论与实务[M]. 厦门：厦门大学出版社，2017.

[2] 闾定军. 理财规划实务[M]. 北京：清华大学出版社，2013.

[3] 刘千霄，李韵，王晓春. 重新定义理财顾问[M]. 北京：中信出版社，2018.

[4] 熊璋，李锋. 信息时代·信息素养[M]. 北京：人民教育出版社，2019.

[5] 康建军，王波. 个人理财[M]. 北京：中国人民大学出版社，2021.

[6] 张玲，成康康，高阳. 个人理财规划实务[M]. 北京：中国人民大学出版社，2018.

[7] 唐庆华. 如何理财：现代家庭理财规划[M]. 上海：上海人民出版社，2005.

[8] 中国银行业协会银行业专业人员职业资格考试办公室. 个人理财[M]. 北京：中国金融出版社，2021.

[9] 张旺军. 投资理财：个人理财规划指南[M]. 北京：科学出版社，2008.

[10] 黎元生，俞姗，林姗姗. 个人理财规划[M]. 北京：经济科学出版社，2018.

[11] 李燕. 个人理财[M]. 北京：机械工业出版社，2014.

[12] 柴效武，孟晓苏. 个人理财规划[M]. 2 版. 北京：清华大学出版社，北京交通大学出版社，2013.

[13] 北京当代金融培训有限公司. 金融理财原理[M]. 北京：中国当代金融培训有限公司，2019.

[14] 闾定军. 个人理财实务[M]. 北京：清华大学出版社，2020.

[15] 罗瑞琼. 个人理财[M]. 2 版. 北京：中国金融出版社，2020.

[16] 杰夫・马杜拉. 个人理财[M]. 6 版. 北京：机械工业出版社，2018.

[17] 胡军晖. 个人理财规划[M]. 北京：中国金融出版社，2016.

[18] 博多・舍费尔. 财务自由之路[M]. 北京：现代出版社，2019.

[19] 陆妙燕. 理财规划方案设计[M]. 杭州：浙江大学出版社，2021.

[20] 唐宁. 我国财富管理行业发展与人才需求[J]. 山东工商学院学报，2020，34(1)：4-8.

[21] 陈维维，李艺. 信息素养的内涵、层次及培养[J]. 电化教育研究，2002(11).

[22] 叶蓓. 个人理财业务：现状、问题与发展建议[J]. 特区经济，2005(03)：87.

[23] 魏颖. 个人应如何进行投资理财规划[J]. 中国集体经济，2019(31)：94-95.

[24] 周荔，曾为群. 我国居民财产性收入：存在问题及增加策略[J]. 南华大学学报(社会科学版)，2018(01)：42-43.

[25] 陈跃气. 规范书写理财规划方案[J]. 大众理财顾问，2013(3)：90-91.

[26] 中国银行业协会，清华大学五道口金融学院. 中国私人银行发展报告 2020[R]. 北京：中国银行业协会，2020.12.

[27] 银行业理财登记托管中心. 中国银行业理财市场年度报告(2020 年)[R]. 北京：银行业理财登记托管中心，2021.1.

[28] 中国银行保险监督管理委员. 商业银行理财子公司管理办法[Z]. 2018-12-02.

[29] 中国银行保险监督管理委员. 商业银行理财业务监督管理办法[Z]. 2018-09-26.

[30] 中国银行保险监督管理委员. 理财公司理财产品销售管理暂行办法[Z]. 2021-05-11.

[31] http://www.moe.gov.cn/srcsite/A16/s3342/201804/t20180425334188.html.

[32] 关于规范现金管理类理财产品管理有关事项的通知. 中国银保监会，中国人民银行.

[33] https://r.cnki.net/KCMS/detail/detail.aspx?dbcode=GWKT&dbname=GWKTW2021& filename =CJZY00GW60c8791633610d824cea6857&.2021.

[34] 关于进一步规范商业银行结构性存款业务的通知. 中国银行保险监督管理委员会.